酸马乳营养和健康功能的微生物学基础

刘文俊　孟和毕力格 / 主编

中国轻工业出版社

图书在版编目（CIP）数据

酸马乳营养和健康功能的微生物学基础 / 刘文俊，孟和毕力格主编. -- 北京：中国轻工业出版社，2025.3. -- ISBN 978-7-5184-5220-0

Ⅰ. TS252.54

中国国家版本馆 CIP 数据核字第 2024807KZ8 号

责任编辑：邹婉羽
策划编辑：伊双双　　责任终审：唐是雯　　封面设计：锋尚设计
版式设计：砚祥志远　　责任校对：刘小透　晋　洁　　责任监印：张　可

出版发行：中国轻工业出版社（北京鲁谷东街 5 号，邮编：100040）
印　　刷：三河市万龙印装有限公司
经　　销：各地新华书店
版　　次：2025 年 3 月第 1 版第 1 次印刷
开　　本：787×1092　1/16　印张：12.5
字　　数：320 千字　插页：5
书　　号：ISBN 978-7-5184-5220-0　定价：78.00 元
邮购电话：010-85119873
发行电话：010-85119832　010-85119912
网　　址：http://www.chlip.com.cn
Email：club@chlip.com.cn

232223K1X101ZBW

本书编写人员

主　编　　刘文俊　孟和毕力格
副主编　　夏亚男　包秋华
参　编　　何秋雯　扎木苏　梁银锁

前　言

酸马乳（Koumiss）是中亚地区的传统发酵乳饮料。传统酸马乳的生产具有地域性、季节性和家庭作坊式的特点。在我国，酸马乳目前主要集中在内蒙古和新疆等蒙古族和哈萨克族集中居住地区生产和销售，由于受马匹饲养水平和马乳保藏技术的影响，主要在夏季生产。近些年，随着对酸马乳中营养成分、乳酸菌和酵母菌等微生物组成研究的开展以及酸马乳在蒙医临床实践中的效果等研究工作的进行，人们对酸马乳的营养和健康功效有了更深的认识。

在生产制作方面，酸马乳由过去的以家庭为单位的作坊式生产方式逐步转向小规模合作社式或企业加工、公司运作方式。但现阶段酸马乳的制作仍多以传统自然发酵方法为主，以传统方法发酵生产的酸马乳因制作环境、生产器具和人员经验等存在差别，导致其风味、组织状态、微生物组成等各有不同。尤其是主导酸马乳独特风味的发酵微生物——乳酸菌和酵母菌的组成因地区、制作工艺和发酵阶段的不同而不同，甚至不同牧民家庭制作的酸马乳在菌群结构上也存在差异，从而形成了酸马乳中独特的微生物多样性。

传统酸马乳自然发酵的开放状态和传统制作工艺的粗放操作对酸马乳的安全性和品质有着非常不利的影响。手工作坊式的生产技术使酸马乳制作难以标准化和工业化。因此，笔者及其研究团队从2002年开始对传统酸马乳中乳酸菌和酵母菌的组成和丰度进行研究，利用传统实验室纯培养方法对其进行了分离鉴定。随着宏基因技术的发展，从宏基因组学水平对酸马乳中的微生物多样性和互作机制进行了研究；进而在酸马乳冷藏和加工工艺等关键技术、酸马乳对慢病人群的调理等多方面都进行了深入研究。这些基础研究为本书的出版提供了大量翔实的数据和可靠的研究结果。

本书第一章由孟和毕力格编写，第二章、第五章由刘文俊、孟和毕力格编写，第三章、第六章由夏亚男编写，第四章由包秋华编写，第七章由扎木苏编写，第八章由何秋雯、梁银锁编写。全书由刘文俊、孟和毕力格统稿。本书得到国家自然科学基金项目（31301518）、内蒙古自治区科技计划项目（2021GG0388）、内蒙古自然科学基金面上项目（2016MS0316）等的资助，在此表示感谢。

由于编者水平有限，书中难免存在疏漏和不足之处，敬请广大读者批评指正。

刘文俊、孟和毕力格

2025年1月

目　录

第七章 酸马乳生产的现代化

第八章 酸马乳与机体健康

第一章

马乳与酸马乳

第一节 马乳

一、马乳的历史溯源及地域分布

家畜乳汁作为为人类提供营养的食物在世界各地的应用历史悠久，人们利用不同家畜的乳汁制作各种高营养价值的食物。其中利用最广泛、历史最久远的动物乳汁为牛乳，其次为山羊乳，此外还有绵羊乳、水牛乳、牦牛乳、骆驼乳及马乳等[1]。人类对家畜乳汁的利用历史可追溯至7000年前，已有考古发现，当时欧洲、亚洲和非洲各地均有早期干酪存在[2,3]。世界乳业发展至今，牛乳及其加工品独占鳌头，各国乳业的快速发展也是建立在奶牛养殖与牛乳加工技艺进步的基础上。而马乳及其他家畜乳，因受饲养条件和地域的限制而具有明显的区域性特点。随着各地经济社会的发展和当地畜牧业的进步，马乳及骆驼乳等地区特色乳制品的研究和开发越来越受到重视，逐渐发展成当地的特色产业。马乳因受养殖的区域性限制和产量少而较为稀缺。近年来对马乳健康功效的研究逐渐深入，加之其价格高于其他家畜乳，使其成为拉动地方乳业经济增长的重要补充部分。

人类对马乳的利用也有着悠久的历史，在哈萨克斯坦发掘的5500年前的陶器碎片上就发现了马乳的同位素特征[4]，这些考古研究证实了早期有马匹驯养和贮存马乳的事实。在我国，有关马乳酿制方法的史料记载最早出现在《汉书・百官公卿表》，其证实了马乳是由漠北传入内地[5]。北魏贾思勰在其著作《齐民要术》中详细记述了“作酪法”，即“作马酪酵法”，其中由马乳制作的“马酪酵”即酸马乳发酵剂。蒙古族现存最早的历史典籍《蒙古秘史》中详细记载了蒙古人日常挤马乳及发酵马乳的场景。宋代彭大雅所著《黑鞑事略》中详细记录了酸马乳在皮囊等容器中发酵的典型制作方法，描述了其色泽与味道等特征。意大利旅行家马可・波罗在其《东方见闻录》中称酸马乳色类白葡萄酒，而其味佳，称作“忽迷思”，同时记载了忽必烈在宫廷宴会上用马奶酒（即酸马乳）招待宾客的盛大场景。13世纪的传教士威廉・鲁不鲁乞来元传教，回国后写了一本《鲁不鲁乞东游记》，其中也详细记述了酿造“忽迷思”的方法[6-8]。可见，酸马乳酿制在元朝进入鼎盛时期并流传至今。

目前，马乳及酸马乳的制作和饮用具有显著的地域和民族文化特征，即主要传承和分布于东亚和中亚以传统的畜牧业生产为主的国家和地区，还有俄罗斯靠近中东亚的地区和外高加索等从事传统牧业的地区。此外，有报道称，欧洲的德国、荷兰、比利时、法国和波兰等国家设立了专门的马匹养殖场并加工巴氏杀菌马乳等产品，以满足人们利用马乳改善健康的需求。

二、马的产乳性能

古代马匹对人类的主要作用是运输、作战、农业耕作，同时还食用其乳和肉。随着现代社会机械化的发展和科学研究的深入，马的休闲、乳肉作用更加凸显。因市场需求的增长和民众对营养健康认知的深入，人们对马的产乳量给予了重视。

马的产乳量随马的品种和个体差异而有所不同，通常来说，马的乳房较小，在泌乳期乳汁分泌后会很快充满乳房，随时供小马驹吮吸采食。人工挤乳时，根据马的这一泌乳特点，每间隔 1.5~2h 挤一次乳，日均 4~6 次不等，我国内蒙古、新疆牧区和蒙古、中亚地区挤马乳的操作基本类同。

我国地方品种马匹产乳量普遍不高，内蒙古及新疆的各个地方品种马的日产乳量平均在 2.5~8.0kg。有饲草料补充能够显著提高马匹的乳产量[9]。2004 年，居马江等在新疆精河县对哈萨克马、蒙古马在自然条件下的产乳性能进行了记录，结果为在夏季草场自然放牧的条件下，白天挤乳 5~6 次，每匹马平均日产乳达 3.33kg，最高产乳量（个体）为 5.5kg[10]。

来自内蒙古的调查研究数据表明，母马分娩后开始自然泌乳，其产乳季节为 6—10 月，产乳期达 73d，舍饲或半舍饲状态下可达 4~5 个月。母马乳房容积小，约 2.0L。一匹母马每天每 100kg 体重产乳 2~3.5kg[11]。据侯文通报道，4~11 岁关中马哺乳期 5 个月泌乳量在 2400kg 左右，昼夜产乳量达到 15kg，挤乳时间在 100d 以上[12]。罗康石等对内蒙古乌兰察布牧区蒙古马乳产量的记录显示，牧民挤马乳一般在 6—8 月青草旺盛季节，日挤乳 4~5 次，每次约 1kg，日产乳量 4~5kg，3 个月的挤乳期单匹马产乳量 300kg 左右，到了 9 月马驹随母马出群放牧不再挤乳[13]。此外，国内还有伊犁乳用马，是由著名的乳用马品种新吉尔吉斯马与伊犁母马改良而成，泌乳性能良好，日均产乳量约 10kg，挤乳时间 120d[14]。通常视马匹的膘情和马驹体质情况调整挤乳次数，并采取夜间放牧和补饲相结合以确保马匹正常膘情及健康状态。

据报道，国外一些马的品种产乳性能比较高，如苏维埃重挽马 5 个月平均泌乳量为 2.424kg，一昼夜平均泌乳 16.2kg，而纯血马 5 个月平均泌乳量为 1.117kg，一昼夜平均泌乳 7.7kg。纯血马 5 个月泌乳量只约为苏维埃重挽马的 46%[15]。居马江等也介绍了苏维埃重挽马的产乳量，同时也介绍了优良哈萨克马的产乳量为 14.2kg，苏维埃重挽马和哈萨克马一代杂种马的产乳量为 16.2kg，布里亚特蒙古马的产乳量为 12.5kg，快步马和布蒙一代杂种马的产乳量为 15.9kg，产乳量创纪录的苏维埃重挽母马“范揪”号在 7 岁时 348d 产乳 6173kg，一昼夜产乳量最高达 28kg，平均为 17.7kg[10]。总之，不同品种和不同用途的马匹产乳量有较大的差异。

三、影响马产乳量的因素

马的产乳量受很多因素的影响，其中品种是首要因素，不同品种之间产乳量的差异主要是由遗传因素决定的，当然，后期人工选育对于马乳产量的影响也是非常关键的。除了品种之外，影响因素还有产驹胎次和产驹后的间隔时间、饲草料等。此外，季节、草场自然环境、饲养管理方式及挤乳方式和次数等也是影响产乳量的重要因素。例如在内蒙古马乳主产区，一般每年 5 月底至 9 月初是水草充足的时节，是挤马乳的黄金期，如果草场、饮水等自然条件好，可适当增加挤乳次数，增加产乳量，但也要考虑不影响母马的膘情及马驹的正常生长发育。

从周军的观察可知，产乳母马在 4 岁开始其产乳量随年龄增长而增加，10 岁达到峰值，而后产乳量减少，产驹后通常 80~90d 时产乳量达峰值[16]。在自然放牧与适当补充玉米和全价饲料的条件下，母马日产乳量为1.5~2.0kg，在这个区间内，饲料补充与产乳量呈正比，但过度补充精饲料产乳量反而会减少。可见，母马的科学饲养不仅能够确保马匹的健康和马驹的正常生长发育，也能够增加经营者的经济收入并形成良好的生产循环。

此外，挤乳马群的集中饲养和挤乳的过程管理水平都是影响产乳量的关键因素，虽然马属动物与反刍动物相比乳房炎发生率较低，鲜马乳中体细胞数量也相对少。但饲养管理水平和挤乳方法错误以及受母马乳房自身生理学和解剖结构等影响，母马可能患乳房疾病而影响马乳产量和质量。为了防范乳腺疾病的发生，应优化母马健康管理水平，增加动物福利，加强小马驹哺乳管理，确保正确的挤乳方式从而提高原料乳质量。例如，机械挤乳能够提升产乳量[17]。母马患乳腺炎会表现出炎症部位乳腺疼痛、局部水肿发热或有乳腺分泌物等临床症状，需要及时治疗，治疗期间产生的乳汁应废弃；此外，对无明显症状的亚临床乳腺炎也要注意。乳腺炎主要通过马乳中体细胞计数（SCC）和电导率（ECM）来早期诊断，如果有条件也可测定中性粒细胞（PMN）、巨噬细胞（MAC）和淋巴细胞（LYM）以及细菌菌落总数等进行分级诊断[18]。患乳腺炎母马的乳汁和乳腺分泌物中经常分离和检测到的微生物有β-溶血性链球菌（*Beta*-haemolytic *Streptococcus*）、葡萄球菌（*Staphylococcus* spp.）、铜绿假单胞菌（*Pseudomonas aeruginosa*）、放线杆菌（*Actinobacillus* spp.）和肠杆菌（*Enterobacter*）[19]。

所以，在集中饲养挤乳马群时，应特别注意饲养管理水平、小马驹喂养方式以及挤乳方式等卫生条件，从而确保鲜马乳的品质。

四、 马乳及其制品的开发

长期以来，因马乳的产量少和在特定区域生产的特点，马乳市场中工业化生产的马乳产品种类较少，多数还是以传统工艺发酵的酸马乳为主。近年来，随着市场需求增加以及研发的投入，马乳产品由单一的传统酸马乳向巴氏杀菌液态马乳、马乳粉和马乳片、风味马乳等多元化产品方向发展，个性化酸马乳产品的发展趋势越来越突出。

（一）液态马乳

液态马乳产品主要是巴氏杀菌马乳和含有马乳的乳饮料等产品。目前我国国内市场上几乎看不到巴氏杀菌马乳产品，这可能与消费者对液态马乳产品的认识和需求不高有关。同时，现有马乳加工企业规模小，装备条件也不支持高质量巴氏杀菌乳的生产。在内蒙古，曾经生产过玻璃瓶装液态马乳、添加稳定剂并进行了调味的马乳饮料以及酸马乳饮料类产品。在法国，以养殖重种马为主的农场拥有挤乳马200多匹，生产CHEVALAIT品牌巴氏杀菌乳等多种产品，实现了低温巴氏杀菌马乳的冷链销售。

目前为止，国内还没有颁布巴氏杀菌马乳的相关食品安全标准，有报道称《巴氏杀菌马乳》食品安全标准在征求意见中，也会很快变为现行标准。现有的是内蒙古自治区卫生健康委员会颁布的DBS15/011—2019《食品安全地方标准　生马乳》，对生鲜马乳的感官指标、理化指标以及细菌菌落总数等作了明确的限量规定。这些标准的颁布和实施为液态马乳产品的生产和上市流通奠定了有利条件。

巴氏杀菌马乳产品的生产对原料马乳的卫生质量和生产设备有较高的要求，巴氏杀菌因较低的温度处理和无菌包装后低温冷藏等措施能够延长鲜乳的保质期[20]。

（二）酸马乳

目前我国和蒙古及中亚各地酸马乳的生产基本还是以传统的自然发酵方式为主。国内因设备引入和市场流通的需要，酸马乳产品包装改为采用现代的饮料瓶形式，提高了产品物流配送、贮藏和利用的便利性。

酸马乳产品在很长一段时间以来因没有相应的食品安全标准而市场流通受到一定的限制。2019 年，内蒙古颁布了一系列针对传统奶制品的相关食品安全地方标准，其中关于酸马乳的标准有 DBS15/013—2019《食品安全地方标准　蒙古族传统乳制品策格（酸马乳）》和 DB15/T 1990—2020《蒙古族传统奶制品　策格（酸马乳）生产工艺规范》，这些食品安全和生产规范地方标准出台后，生产者和市场监督有了遵循依据，对酸马乳产品的生产销售以及产业培育起到了一定的促进作用。地方标准规定酸马乳必须以生马乳为原料进行发酵生产，其产品色泽呈乳白色或淡青色，具有酸马乳固有的香味，微酸，无异味，组织状态呈液态，允许有絮状或颗粒状、无正常肉眼可见外来异物等。地方标准对产品理化指标也有限定，如蛋白质含量≥16g/kg，脂肪含量≥6g/kg，酸度≥85°T、酒精含量为 0.5%~2.5%。同时也对其乳酸菌和酵母菌数量制定了最低限量，对金黄色葡萄球菌（*Staphylococcus aureus*）等有害微生物也有明确的规定。地方标准生产规范还对生马乳从净化处理至包装运输的各个生产工艺环节做了详细的规定，对于生马乳产品质量的提高和稳定具有很好的实践指导意义。

虽然酸马乳的生产有了可遵循的地方标准，但是现阶段生产者受限于融资投资难、乳品生产加工技术的掌握程度、市场运作能力以及思想观念等各种原因，酸马乳发酵目前仍需自备发酵引子或用成熟酸马乳当做发酵剂。因此，在地方标准生产规范中所列的发酵也是指传统发酵引子的使用。随着市场需求的扩大，相信不久的将来酸马乳的生产引入纯种功能性直投式发酵剂是必然结果。利用酸马乳中分离的益生菌干酪乳酪杆菌 Zhang（*Lacticaseibacillus casei* Zhang）及其他益生菌菌株复配并与酵母菌菌株混合制备冷冻干燥直投式发酵剂，应用于益生菌与酸马乳功能结合的产品，不仅能够提高生产效率，也能实现口感的大众化控制，在保留传统酸马乳风味的同时也能够满足多数人群的健康需求[21]。

传统酸马乳生产工艺因其操作粗放和自然发酵的原因，其中发酵微生物的菌群结构复杂多变和益生功能不明，品质管理有难度。因此也有报道利用通常使用的酸乳发酵剂，即德氏乳杆菌保加利亚亚种（*Lactobacillus delbrueckii* subsp. *bulgaricus*）和嗜热链球菌（*Streptococcus thermophilus*）发酵剂发酵酸马乳，并评价其色泽以及贮藏特性[22]。

（三）固态马乳

固态马乳产品指鲜马乳粉、马乳片以及酸马乳粉等，主要生产工艺有喷雾干燥和真空冷冻干燥等，喷雾干燥是成本较低的一种生产方式。在国外有成型的马乳粉产品，如法国的 CHEVALAIT 品牌。虽然国内因相关食品安全标准的问题受到一些限制，但是也有一些企业在做喷雾干燥的马乳制品。近年来，随着益生菌的研究发展也出现了添加益生菌的酸马乳粉或马乳片等产品[23]。

（四）化妆品

马乳含有丰富的维生素和脂肪酸，对皮肤具有天然防护作用。马乳成分渗透迅速，不会使皮肤油腻，可以赋予皮肤柔软、丝滑和微妙香味。例如，法国 CHEVALAIT 提供一系列有机马乳化妆品，包括肥皂、沐浴露、洗发水、护发素、身体乳、面霜等。

（五）马乳膳食补充剂

马乳因其营养组成的特殊性被国外一些企业作为特殊膳食补充剂来使用。例如，比利时的 Equilac® 马乳系列产品包含胶囊型膳食补充剂马乳制品，该公司还有巴氏杀菌马乳、马乳粉和马乳化妆品等。

第二节　酸马乳

酸马乳（koumiss、kumiss 或 kumys）是将新鲜马乳经乳酸菌和酵母菌等微生物混合发酵而制成，是一种含有少量酒精和 CO_2 的发酵乳。我国和日本又将其称为马奶酒，我国蒙古语将其称作策格（chigee），蒙古将酸马乳统称为 airag，哈萨克斯坦等突厥语系国家和地区将其称作 кымыз（qymyz）。以传统方法发酵酸马乳主要分布在我国内蒙古和新疆的蒙古族和哈萨克族生活地区，蒙古，中亚的哈萨克斯坦、乌兹别克斯坦、吉尔吉斯斯坦、塔吉克斯坦、土库曼斯坦，以及俄罗斯的图瓦共和国、卡尔梅克共和国等国家和地区[24,25]。

在我国及中亚地区，酸马乳的制作到目前为止仍多以沿用传统工艺和居家环境制作为主，即将挤下来的新鲜马乳分批次倒入已发酵酸化的酸马乳中不时搅打，并在较低室温中自然发酵。虽然随着装备及条件的改善，人们尝试过利用纯种乳酸菌培养物作为发酵剂发酵生产，但受挤乳及鲜马乳的及时冷却贮藏、运输管理以及加工者和消费者传统观念所限，酸马乳的生产还未能完全脱离传统工艺生产的状态。Danova 等根据乳酸含量将酸马乳分为强（pH 3.3~3.6）、中（pH 3.9~4.5）和弱（pH 4.5~5）3 种类型。不同的乳酸含量在于生产酸马乳时所用乳酸菌菌种不同，所形成的酸度有差异[26]。

一、酸马乳的发酵及其相关微生物

酸马乳的传统发酵是利用鲜马乳及其环境中的微生物，主要是乳酸菌和酵母菌，经自然优化选择而构成优势菌群对马乳中的乳糖等碳水化合物发酵降解产生乳酸、乙酸等有机酸，并在发酵型酵母菌和生成酒精的乳酸菌协同发酵中生成一定量的酒精，通常酒精含量在 0.5%~2.5%不等，酸度在 1.0%~1.5%。随发酵时间的不同，多数 pH 为 3.8~4.5，有时也因发酵时间延长而 pH 变得更低，并含有一定的 CO_2，摇晃易发泡。乳酸菌和酵母菌的协调发酵赋予了酸马乳清爽的酸味和马乳特有的风味及醇香的味道[27]。

在酸马乳发酵至口感比较适宜时，其中乳酸菌的数量可达 10^7~10^8CFU/mL，以同型乳酸发酵的瑞士乳杆菌（*Lactobacillus helveticus*）、干酪乳酪杆菌（*Lacticaseibacillus casei*）、植物乳植杆菌（*Lactiplantibacillus plantarum*）和乳酸乳球菌乳亚种（*Lactococcus lactis* subsp.

lactis）呈优势，还会有鼠李糖乳酪杆菌（*Lacticaseibacillus rhamnosus*）、德氏乳杆菌保加利亚亚种（*Lactobacillus delbrueckii* subsp. *bulgaricus*）、马乳酒样乳杆菌马乳酒样亚种（*Lactobacillus kefiranofaciens* subsp. *kefiranofaciens*）以及异型乳酸发酵的发酵乳杆菌（*Lactobacillus fermentum*）和短乳杆菌（*Lactobacillus brevis*）等，还会有同型乳酸发酵的乳脂乳球菌（*Lactococcus cremoris*）、嗜热链球菌（*Streptococcus thermophilus*）、屎肠球菌（*Enterococcus faecium*）、戊糖片球菌（*Pediococcus pentosaceus*）和异型乳酸发酵的肠膜明串珠菌葡聚糖亚种（*Leuconostoc mesenteroides* subsp. *dextranicum*）等。在酸马乳中分离的酵母菌有单孢酿酒酵母（*Kazachstania unispora*）、马克斯克鲁维酵母（*Kluyveromyces marxianus*）、膜醭毕赤酵母（*Pichia membranaefaciens*）、乳酸克鲁维酵母（*Kluyveromyces lactis*）、酿酒酵母（*Saccharomyces cerevisiae*）、乳酒假丝酵母（*Candida kefyr*）等，其中有乳糖发酵型克鲁维酵母为优势菌株，也有乳糖非发酵型酿酒酵母。在酸马乳中，酵母菌的数量随着 pH 的降低最后能达到 $10^6 \sim 10^7$CFU/mL，酵母菌和一些异型乳酸发酵的乳酸菌主要参与酒精的生成，并使酸马乳拥有醇味、酯香和 CO_2[28-31]。

二、酸马乳品质的控制

酸马乳是一种含有活性乳酸菌和酵母菌的发酵乳制品[32]。酸马乳中的营养组成与其原料马乳的特性和发酵微生物的代谢特点以及生产加工条件有关。因此，酸马乳的产品品质除了受原料马乳的化学组成、新鲜度和微生物污染情况以及马匹健康水平的影响之外，还受加工条件、发酵过程监控管理以及产品贮藏管理等因素的影响。

（1）应从原料马乳质量把关　具有一定生产规模的加工厂对原料马乳的验收制定了相关的验收标准，例如通过酒精试验、蛋白质等化学组分含量测试、酸度等指标以及细菌总数和大肠菌群数量的检测确保收购的原料马乳的品质。同时，将收购的原料马乳迅速冷却至 0~4℃保存，以防微生物繁殖导致酸化。加工企业与乳源牧场形成良好的互动机制，根据乳源牧场的实际情况进行挤乳时乳房清洗消毒、挤乳设备用具和运输设备的清洗消毒以及新鲜原料马乳的冷却管理等方面的知识培训，做到从原料马乳的源头抓起，保证原料马乳的新鲜度。新鲜马乳从挤出到冷却储运等过程中会不可避免地污染一定数量不同种类的微生物。因此，从原料马乳的挤出到工厂验收的环节中，减少微生物的大量繁殖是保证原料马乳品质的关键[33]，对后期的酸马乳发酵以及产品风味特征的保持具有积极的作用。

（2）改善加工厂的设备条件以及发酵过程的管理　酸马乳生产与消费量的增加促使一些家庭小作坊向工厂化转变，其中也有受过专业训练、具有乳制品企业从业经验的经营者遵循现代乳制品加工企业要求，建立专业加工厂从事酸马乳的生产。这些加工厂具有较完善的原料马乳检验收购程序和条件，已拥有原料马乳冷却贮藏罐、均质机和杀菌机、发酵罐、种子发酵罐、灌装机、原位清洗（CIP）系统以及冷库等设备条件和较为成熟的工艺流程。相比传统作坊，这些加工厂能够有效地监控从原料马乳至发酵灌装成品的各个环节，保证每批次酸马乳产品的感官和风味特征及食品安全质量符合相关要求。酸马乳生产的关键环节为发酵剂的制备以及发酵过程的监控。目前，虽然纯种乳酸菌与酵母菌直投式发酵剂还未广泛投入使用，但是可通过将发酵成熟的酸马乳经杀菌马乳多次反复驯化培养，使其中的优势乳酸菌和酵母菌得到优化，减少其他不利于正常发酵的微生物。同时，通过良好的温度和卫生管理，使其菌群结构稳定在高活性状态，在生产中循环利用。此外，还可在利用优选的自然发酵引子的同时，添加一些纯种乳酸菌发酵剂促进酸马乳的发酵。酸马乳发酵中温度的管理也是比较重要的一环，通过不同发酵阶段温度的改变控制，能够避免酸马乳过度酸化或酒精和气体的过度积累而影响鲜马乳整体风味特征。

酸马乳发酵成熟后通过良好的灌装条件，可确保成品酸马乳免受二次污染，避免贮藏和销售过程中品质下降。其中也包括有效的冷却贮藏以及冷链销售等。总的来说，良好的生产设备及有效的管理措施能够保障酸马乳产品在其有效贮藏期内的品质。

第三节 我国马乳产业发展现状及展望

我国马产业在内蒙古和新疆地区已经形成了一定规模，为马乳产业发展奠定了基础，马乳产品产量呈逐年增加的趋势。整个马产业也被各地方政府纳入政策性扶持的产业之中，例如，2020 年 12 月 15 日，内蒙古自治区乳业振兴新闻发布会指出，内蒙古乳业发展实现了七个方面的转变，其中特别指出传统乳制品业，包括马乳加工，由分散向更加注重标准化方向转变。2020 年 12 月 6 日，内蒙古自治区印发《奶业振兴三年行动方案（2020—2022 年）》，提出以乳业高质量发展为核心，推动龙头乳品企业国际化、中小乳制品企业差异化和民族乳制品特色化发展为一体，打造具有创新引领、数智驱动、产业融合发展的世界级产业集群；并特别指出推进蒙古马、双峰驼品种选育工作，培育发展马乳、骆驼乳等特色乳源基地；开展民族乳制品标准化提升行动，推动乳源基地和加工一体化建设。这一政策的出台为马乳发展注入了活力。

在未来，我国在特种乳制品加工业的发展上将逐渐改变粗放的作坊式加工，将乳品加工的先进技术融入特种乳制品加工中，实现专用发酵剂开发及其商业化应用，生产线及其设备条件自动化升级以及与冷链物流的结合，使产品质量有保障、消费者可安心购买。

参考文献

[1] 伍佰鑫，文立华，李继仁，等．世界乳用家畜乳汁研究进展［J］．中国乳业，2020，219：74-78.

[2] Sakandar H A, Zhang H. Curious case of the history of fermented milk: tangible evidence [J]. Science Bulletin, 2022, 67 (16): 1625-1627.

[3] Salque M, Bogucki P I, Pyzel J, et al. Earliest evidence for cheese making in the sixth millennium BC in northern Europe [J]. Nature, 2013, 493 (7433): 522-525.

[4] Travis J. Trail of Mare's Milk Leads to First Tamed Horses [J]. Science, 2008, 322 (5900): 368.

[5] 徐祖文．说马奶酒［J］．中国民族，1987（1）：46.

[6] 张和平，那日苏．蒙古族的马奶酒［J］．中国乳品工业，1993（4）：165-168.

[7] 齐木德道尔吉．蒙古族传统饮食文化［J］．内蒙古社会科学（汉文版），2002（4）：37-39.

[8] 图力古日，胡日查，吴海霞．《蒙古秘史》中的奶食文化研究［J］．古今农业，2021（4）：35-44.

[9] 王传锋，金鑫，李海，等．乳用马泌乳饲料在伊犁地区部分马场中的应用试验［J］．黑龙江畜牧兽医，2016（22）：180-181.

[10] 居马江，阿扎提，达娃，等．精河县养马业及其乳肉产品生产前景［J］．新疆畜牧业，2004（3）：19-20.

[11] 王黎黎．内蒙古马奶产业发展研究［D］．呼和浩特：内蒙古农业大学，2020.

[12] 侯文通，崔抗战，郑喜光．关中母马泌乳性能的研究［J］．畜牧兽医杂志，1987（3）：5-7+4.

[13] 罗康石，孙晓红，张立果，等．乌兰察布市蒙古马品种资源调查报告［J］．当代畜禽养殖业，2019（12）：7-8.

[14] 国家畜禽遗传资源委员会组编．中国畜禽遗传资源志—马驴驼志［M］．北京：中国农业出版社，2011.

[15] 莫合塔尔·夏甫开提．新疆乳用型马品种有关的前期研究进展［J］．新疆畜牧业，2016（6）：27-29.

[16] 周军．影响乳用马产乳量因素的研究［J］．中国畜牧业，2015（9）：58-59.

[17] De Palo P, Auclair-Ronzaud J, Maggiolino A. Mammary gland physiology and farm management of dairy mares and jennies [J]. JDS Communications, 2022, 3 (3): 234-237.

[18] Domańska D, Trela M, Pawliński B, et al. The Indicators of clinical and subclinical mastitis in equine milk [J]. Animals, 2022, 12 (4): 440.

[19] Motta R G, Listoni F J P, Ribeiro M G, et al. Microbiologic characterization of equine mastitis [J]. Journal of Bacteriology & Parasitology, 2014, 5 (3): 186.

[20] Grażyna Czyżak-Runowska, Jacek Wójtowski, Alicja Niewiadomska, et al. Quality of fresh and stored mares' milk [J]. Mljekarstvo, 2018, 68 (2): 108-115.

[21] Zhang W, Yu D, Sun Z, et al. Complete nucleotide sequence of plasmid plca36 isolated from *Lactobacillus casei* Zhang [J]. Plasmid, 2008, 60 (2): 131-135.

[22] Teichert J, Cais-Sokolińska D, Danków R, et al. Color stability of fermented mare's milk and a fermented beverage from cow's milk adapted to mare's milk composition [J]. Foods, 2020, 9 (2): 217.

[23] 俄合拉斯·斯巴达克．酸马奶粉的加工技术研究［D］．乌鲁木齐：新疆农业大学，2012.

[24] Zhang W, Zhang H. Handbook of animal-based fermented food and beverage technology [M]. Boca Raton: CRC Press, Fermentation and Koumiss, 2012.

[25] 石井智美, 小長谷有紀. 馬乳酒の飲用がモンゴル遊牧民の栄養に及ぼす影響. 日本栄養 [J]. 食糧学会誌, 2002, 55 (5): 281-285.

[26] Danova S, Petrov K, Pavlov P, et al. Isolation and characterization of *Lactobacillus* strains involved in koumiss fermentation [J]. International Journal of Dairy Technology. 2005, 58 (2): 100-105.

[27] 布仁特古斯, 宮本 拓, 中村昇二, 等. 中国内蒙古自治区の馬乳酒から分離した構成乳酸菌の同定 [J]. 日畜会報, 2002, 73: 441-448.

[28] 倪慧娟, 包秋华, 孙天松, 等. 新疆地区酸马奶中酵母菌的鉴定及其生物多样性分析 [J]. 微生物学报, 2007 (4): 578-582.

[29] Wu R, Wang L, Wang J, et al. Isolation and preliminary probiotic selection of lactobacilli from koumiss in Inner Mongolia [J]. Journal of Basic Microbiology, 2009, 49 (3): 318-326.

[30] 石井智美, 菊地政則, 高尾彰一. 中国内蒙古自治区のChigoからの乳酸菌と酵母の分離と同定 [J]. 日本畜産学会報. 1997, 68 (3): 325-329.

[31] 渡辺幸一. モンゴルの伝統的発酵乳 (アイラグおよびタラグ) 中の 乳酸菌および酵母の多様性 [J]. Japanese Journal of Lactic Acid Bacteria, 2011, 22 (3): 153-161.

[32] 贺银凤, 刘敏敏, 李燕军, 等. 酸马奶酒中乳酸菌和酵母菌互作关系的研究 [J]. 食品科技, 2011, 36 (5): 32-36.

[33] 刘丽平, 邓林, 王靖文, 等. 现代乳品企业加工过程中常见问题及控制措施 [J]. 轻工科技, 2023, 39 (1): 15-22.

第二章

酸马乳的理化指标及其营养成分

在所有为人类提供乳品的常见动物中，马是唯一的单胃动物，其泌乳的生理和生化过程都与复胃动物牛、羊和骆驼不同。马乳无论是理化性质还是营养成分都有自己的独特性，与牛乳和羊乳相比，马乳含有更丰富的乳清蛋白、氨基酸、不饱和脂肪酸以及含量相对较高的维生素 C、维生素 A、维生素 B_1、维生素 B_{12} 等。而酸马乳经乳酸菌和酵母菌等微生物的共同发酵，其化学组成、理化性质和营养成分也都具有不同于其他发酵乳的性质。

第一节 酸马乳的理化指标

酸马乳的理化性质随着发酵和贮藏时间发生变化，其发酵终产物主要包括：7~18g/L 乳酸、0.6%~2.5%（体积分数）乙醇和 0.5%~0.88%的 CO_2，蛋白质在发酵过程中也会水解为活性肽和氨基酸等[1,2]。根据发酵程度的不同，酸马乳可分为弱发酵酸马乳［5.4~7.2g/L 乳酸、0.7%~1.0%（体积分数）乙醇］、中发酵酸马乳［7.3~9.0g/L 乳酸、1.1%~1.8%（体积分数）乙醇］和强发酵酸马乳［9.1~18g/L 乳酸、1.9%~2.5%（体积分数）乙醇］[3,4]。

一、pH

以锡林浩特酸马乳的发酸过程为例，如图 2-1 所示，鲜马乳 pH 为 7.10，随着发酵时间的延长，鲜马乳的 pH 逐渐下降，发酵 0h 时（将鲜马乳和发酵引子混合后经过 1h 搅打），其 pH 降为 4.85，发酵 6h 其 pH 已经降低至 3.88 以下，此时酸马乳发酵基本结束。发酵 9h 时，pH 降低至 3.80 左右，此后随着发酵时间的延长，pH 基本保持不变。

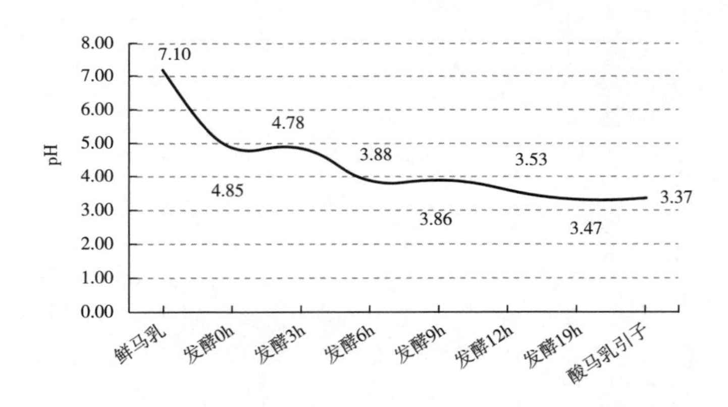

图 2-1 锡林浩特酸马乳发酵过程中 pH 的变化

二、乳酸含量

锡林浩特酸马乳发酵过程中乳酸含量的变化如图 2-2 所示。鲜马乳中乳酸含量为 1.30g/L，随着发酵时间延长，乳酸含量迅速增加，到发酵 12h 时乳酸含量为 5.20g/L，之后随着发酵时间延长，乳酸含量有所下降。特别是酸马乳引子中乳酸含量 4. 55g/L，较含量最高的发酵 12h（5. 20g/L）下降了 12. 60%。

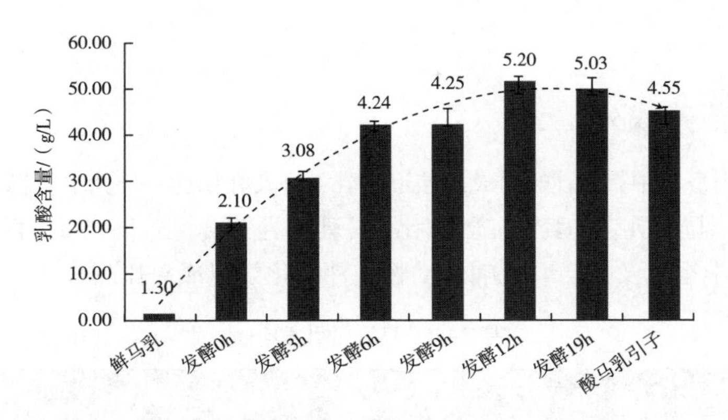

图 2-2　锡林浩特酸马乳发酵过程中乳酸含量的变化

三、蛋白质及营养元素含量

依据 GB 5009. 82—2016《食品安全国家标准　食品中维生素 A、D、E 的测定》，对酸马乳样品中蛋白质、脂肪、维生素 B_1、维生素 B_2、维生素 E 和氨基酸含量进行测定。除天冬氨酸外，酸马乳发酵过程中氨基酸的含量不发生显著变化（$P>0.05$）。相比于鲜马乳，发酵好的酸马乳其蛋白质、脂肪、维生素 B_1、维生素 B_2 和维生素 E 含量差异也均不显著（$P>0.05$），其中发酵 12h 时维生素 B_1 含量为 46. 8～70. 7μg/kg、维生素 B_2 含量为 5. 4～35. 7μg/kg。

四、乳糖含量

鲜马乳中的乳糖含量为 11. 18g/L，而发酵 0h，即将发酵引子和鲜马乳混合后、开始发酵时，乳糖含量最高为 15. 99g/L，之后随着发酵时间延长，乳糖含量降低。锡林浩特酸马乳发酵过程中乳糖含量的变化如图 2-3 所示。

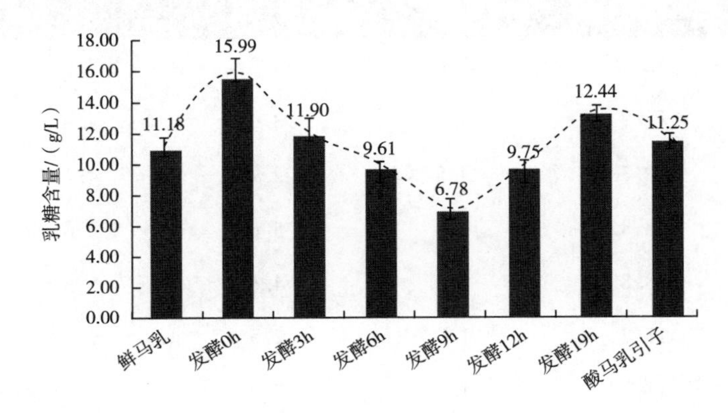

图 2-3　锡林浩特酸马乳发酵过程中乳糖含量的变化

第二节 马乳和酸马乳的营养成分

一、基本营养成分

在所有可利用畜乳中，马乳的组成最接近人乳，与人乳相比，马乳中乳糖和脂肪含量较低，蛋白质含量较高。与牛乳、羊乳、驼乳相比，马乳中乳糖含量较高，而蛋白质、脂肪含量较低[8]。马乳的化学组成及其与其他哺乳动物乳汁的化学组成对比见表2-1和表2-2。

表2-1 马乳的化学组成 单位:%（质量分数）

成分	含量
脂肪	0.2~3.5
蛋白质	1.7~3.0
酪蛋白	0.72~1.86
乳清蛋白	0.83~0.90
非蛋白氮	0.17~0.25（约占总氮的10%）
乳糖	5.6~7.1
灰分	0.3~0.5

马乳蛋白质中，酪蛋白占40%~60%，与人乳（40%）接近，这一比例在泌乳期中变化不大。马乳酪蛋白组成中，β-酪蛋白约占50%，αs1-酪蛋白和αs2-酪蛋白占40%，γ-酪蛋白占比<10%。

表2-2 马乳与其他哺乳动物乳汁的化学组成对比

单位:%（质量分数）

乳汁来源	总固形物	脂肪	蛋白质	乳糖	灰分
人	12.2	3.8	1.0	7.0	0.2
乳牛	12.7	3.7	3.4	4.8	0.7
山羊	12.3	4.5	2.9	4.1	0.8
绵羊	18.8	7.5	5.6	4.6	1.0
猪	18.8	6.8	4.8	5.5	—
马	11.2	1.9	2.5	6.2	0.5
驴	11.7	1.4	2.0	7.4	0.5
骆驼	13.4	4.5	3.6	4.5	0.8

续表

乳汁来源	总固形物	脂肪	蛋白质	乳糖	灰分
水牛	17.5	7.5	4.3	4.8	0.8
牦牛	17.7	6.7	5.5	4.6	0.9
瘤牛	13.5	4.7	3.2	4.9	0.7
美洲野牛	14.6	3.5	4.5	5.1	0.8
驯鹿	35.0	18.0	10.5	2.6	1.5
家兔	32.8	18.3	11.9	2.1	1.8
印度大象	31.9	11.6	4.9	4.7	0.7
北极熊	47.6	33.1	10.9	0.3	1.4
灰海豹	67.7	53.1	11.2	0.7	—

注："—"为数据缺失。

马乳容易被人体消化吸收，其营养价值较高[9]。传统的酸马乳呈乳白色或稍带黄色，是由乳酸菌和酵母菌共同发酵而成的乳饮料。鲜马乳加工成酸马乳后，除乳糖含量减少外，其他营养物质基本不减少；乙醇、乳酸、脂肪酸含量明显增加，碳水化合物含量明显减少，维生素含量增加，且形成了二氧化碳及一些芳香物质[23]。马乳中酪蛋白仅占1.05%，而可溶性蛋白质却占1.03%，所以马乳容易被消化吸收[10]。因此，饮用马乳不易造成胃不消化或胃胀气。马乳脂肪含量显著低于人乳，灰分含量高于人乳，乳糖含量与人乳相近并且高于牛乳。乳糖可以促进肠道乳酸菌生长，保护胃肠道免受感染，同时对于钙吸收有重要的功能作用，还能阻止肝内脂肪堆积。总体来说，马乳更适合作为母乳的替代品[11]。酸马乳在微生物的作用下更利于人体吸收，在发酵过程中产生的活性物质也对人体有一定益处。

二、氨基酸

马乳和酸马乳的氨基酸组成及其含量与人乳非常相近，并且含有所有必需氨基酸，其中赖氨酸、缬氨酸等的含量在马乳和酸马乳中比在人乳中含量更高[13]。其进入胃肠道后形成的凝块柔软且细小，不会出现类似牛乳中酪蛋白形成的大的乳凝块而导致消化不良[9]。酸马乳中含量最高的氨基酸是天冬氨酸，虽然它不是必需氨基酸，但是它在人体中具有重要的作用。有研究报道，天冬氨酸对心肌能量代谢和心肌保护起着重要作用[12]。马乳中精氨酸、半胱氨酸含量较高，而这两种氨基酸在一定程度上是淋巴细胞免疫、红细胞免疫等多种免疫功能的调节剂，对创伤介导的免疫抑制也有一定的缓解和恢复作用，并且会产生较强的免疫增强作用，还能增加抗坏血酸的稳定性[18]。人乳和马乳都含有丰富的牛磺酸，其对于婴幼儿的大脑发育来说是必不可少的营养元素，对比来说牛乳中牛磺酸含量极低，仅为痕量[19]。采用GB/T 5009.124—2003《食品中氨基酸的测定》的方法，对采集自锡林浩特市不同地区的17份酸马乳样品中的氨基酸组成及其含量进行测定，结果见表2-3。

表 2-3 锡林浩特酸马乳样品中氨基酸的组成及其含量

单位:%（质量分数）

序号	样品编号	SM1	SM2	SM3	SM4	SM5	SM6	SMN1	SMN2	SMN3	SMN4	SMN5	SMN6	SMN7	SMN8	SMN9	SMN10	SMN11
1	谷氨酸（Glu）	0.37	0.36	0.37	0.31	0.32	0.31	0.23	0.32	0.36	0.35	0.29	0.23	0.30	0.33	0.30	0.26	0.27
2	精氨酸（Arg）	0.11	0.10	0.11	0.08	0.08	0.08	0.07	0.09	0.10	0.10	0.09	0.08	0.09	0.09	0.09	0.08	0.08
3	脯氨酸（Pro）	0.17	0.16	0.16	0.14	0.15	0.14	0.11	0.15	0.16	0.16	0.14	0.13	0.15	0.15	0.13	0.13	0.13
4	丝氨酸（Ser）	0.09	0.09	0.09	0.07	0.08	0.07	0.05	0.08	0.08	0.08	0.08	0.06	0.08	0.07	0.07	0.06	0.06
5	酪氨酸（Tyr）	0.08	0.08	0.08	0.06	0.07	0.06	0.05	0.07	0.08	0.08	0.07	0.06	0.06	0.07	0.07	0.06	0.06
6	天冬氨酸（Asp）	0.17	0.17	0.17	0.13	0.14	0.14	0.11	0.14	0.15	0.16	0.15	0.13	0.14	0.15	0.14	0.13	0.13
7	甘氨酸（Gly）	0.04	0.04	0.04	0.03	0.03	0.03	0.03	0.03	0.03	0.04	0.04	0.03	0.03	0.03	0.03	0.03	0.03
8	丙氨酸（Ala）	0.08	0.08	0.08	0.07	0.07	0.07	0.05	0.07	0.06	0.08	0.07	0.07	0.07	0.07	0.05	0.06	0.06
9	半胱氨酸（Cys）	0.04	0.04	0.04	0.04	0.04	0.04	0.02	0.04	0.04	0.04	0.03	0.03	0.03	0.04	0.04	0.03	0.03
10	缬氨酸（Val）	0.11	0.11	0.11	0.10	0.10	0.10	0.08	0.10	0.11	0.11	0.10	0.08	0.10	0.10	0.09	0.09	0.09
11	甲硫氨酸（Met）	0.03	0.03	0.03	0.03	0.03	0.02	0.02	0.02	0.05	0.03	0.02	0.02	0.03	0.03	0.04	0.03	0.03
12	异亮氨酸（Ile）	0.10	0.09	0.09	0.08	0.08	0.08	0.06	0.09	0.09	0.09	0.08	0.07	0.08	0.08	0.08	0.07	0.07
13	亮氨酸（Leu）	0.18	0.17	0.18	0.15	0.16	0.15	0.11	0.16	0.18	0.17	0.14	0.13	0.15	0.15	0.15	0.14	0.14
14	苯丙氨酸（Phe）	0.08	0.08	0.08	0.07	0.07	0.07	0.06	0.07	0.08	0.08	0.07	0.06	0.07	0.07	0.07	0.06	0.06
15	赖氨酸（Lys）	0.15	0.14	0.14	0.12	0.12	0.11	0.09	0.12	0.13	0.14	0.12	0.11	0.12	0.12	0.12	0.11	0.11
16	苏氨酸（Thr）	0.08	0.07	0.07	0.06	0.06	0.06	0.05	0.06	0.07	0.07	0.06	0.06	0.06	0.06	0.06	0.05	0.05
17	组氨酸（His）	0.05	0.05	0.05	0.04	0.04	0.04	0.03	0.04	0.05	0.05	0.04	0.04	0.04	0.04	0.04	0.04	0.04
18	EAA	0.77	0.75	0.76	0.64	0.66	0.63	0.49	0.67	0.75	0.74	0.64	0.55	0.65	0.66	0.63	0.58	0.60
19	NEAA	1.15	1.12	1.13	0.94	0.97	0.94	0.72	0.99	1.06	1.07	0.95	0.82	0.96	0.99	0.90	0.82	0.85
20	TAA	1.91	1.87	1.89	1.58	1.63	1.56	1.21	1.66	1.80	1.81	1.59	1.37	1.60	1.65	1.53	1.41	1.45
21	EAA/TAA	40.10	40.14	40.15	40.68	40.60	40.12	40.56	40.35	41.34	40.92	40.20	40.23	40.29	39.98	41.27	41.57	41.54
22	EAA/NEAA	66.94	67.05	67.08	68.58	68.36	67.00	68.24	67.64	70.48	69.26	67.23	67.32	67.47	66.60	70.27	71.13	71.07

注：SM 表示从蒙古采集的酸马乳；SMN 表示从内蒙古采集的酸马乳；TAA，氨基酸总量；EAA，必需氨基酸总量，包括表中 10~17 种氨基酸；NEAA，非必需氨基酸总量。

17 份酸马乳样品的氨基酸含量无显著差异（$P>0.05$）。17 份酸马乳的 17 种氨基酸中，含量最高的均为谷氨酸，含量最低的均为甲硫氨酸。9 种必需氨基酸中，含量最高的是亮氨酸，其次是赖氨酸和缬氨酸；非必需氨基酸中，含量最高的是谷氨酸，其次是天冬氨酸和脯氨酸；与高玎玲等研究的内蒙古 4 种家畜乳蛋白质和氨基酸检测结果相一致[4]。

三、脂肪

马乳平均脂肪含量为 1.87%，相对于其他畜乳，脂肪含量更加接近人乳[14]，发酵成酸马乳后脂肪含量有略微增高，马乳脂肪含量约为牛乳的一半，并且质量优于牛乳[15]。马乳中的饱和脂肪酸（UFA）含量低，不饱和脂肪酸含量相对较高，如 $C_{13:0}$ 和 $C_{17:1}$ 脂肪酸，含量分别为 1.84%和 1.5%；并且其主要以易于吸收的中链脂肪酸为主。其中 $C_{18:3}$ 可作为马乳的一个标志性不饱和脂肪酸，对提高智力、调节血脂等有功效。而马乳中的不饱和脂肪酸与常饮用的牛乳相比，比例更接近人乳，如亚油酸平均含量为 16.01%、α-亚麻酸平均含量为 12.73%，这两种脂肪酸人体不能合成，被认定为必需脂肪酸。亚油酸还是合成前列腺素 E 的前体，同时可以预防胃溃疡[16]。采用气相色谱和气相质谱对 17 份锡林浩特酸马乳样品的脂肪酸组成及其含量进行测定，结果如表 2-4 所示。

由表 2-5 可知，通过对 17 份酸马乳样品检测 37 种脂肪酸，除 SMN4 外，其余酸马乳样品均是不饱和脂肪酸含量（平均 56.06%）高于饱和脂肪酸（SAFA）含量（平均 42.07%）。UFA 中，α-亚麻酸甲酯（$C_{18:3n3}$）含量最高（平均 20.79%），具有预防心脑血管疾病、调节人体血脂平衡、延缓衰老等多重功效，在营养学界有“植物黄金”的美誉[6]；仅 SMN3 中含有少量的二十四碳烯酸甲酯（$C_{24:1}$）；SMN2 和 SMN6 中含有极少量的二十碳五烯酸甲酯（EPA），EPA 属于 ω-3 系不饱和脂肪酸，是大脑和脑神经所需的重要营养成分，可促进婴幼儿智力发育，缓解老年人阿尔茨海默病症状。Mann 研究表明，体内 UFA 含量与糖尿病发生率呈负相关，糖尿病患者体内 SAFA 含量高于正常人[7]。酸马乳高含量的 UFA 含有的共轭双键对预防和治疗糖尿病有作用，为研究酸马乳对降低 2 型糖尿病模型动物血糖水平、调节脂类代谢、降低血脂水平的效果提供了理论依据[8]。

四、维生素

马乳中含有丰富的维生素 A、维生素 C、维生素 E、维生素 B_1、维生素 B_2、维生素 B_{12} 和泛酸等，其中维生素 C 含量最高，可达 98~135mg/L，是牛乳的 5~10 倍、人乳的 2~3 倍。经发酵后的酸马乳维生素 B_{12} 和维生素 C 含量更为丰富[17]。马乳中的维生素 E 含量与牛乳相比也较高，对于延缓衰老和防治心血管疾病是有益的[20]。维生素 B_2 参与人体内生物氧化酶的催化过程。缺乏维生素 B_2，会影响生物氧化，还会引发舌炎、眼结膜炎等。维生素 B_2 可能对于缓解心绞痛、偏头痛、慢性肾炎水肿、预防癌症有一定的作用[21]。而马乳中的维生素 B_2 含量较高，饮用马乳可以实现以上这些生理功能。对采集自锡林浩特市不同地区的 17 份酸马乳样品中的维生素组成及其含量进行测定，结果如表 2-5 所示。

表 2-4 锡林浩特酸马乳样品中脂肪酸的组成及其含量

单位:%

脂肪酸	SM1	SM2	SM3	SM4	SM5	SM6	SMN1	SMN2	SMN3	SMN4	SMN5	SMN6	SMN7	SMN8	SMN9	SMN10	SMN11
$C_{6:0}$	0. 120	0. 070	0. 180	0. 065	0. 080	0. 070	0. 080	0. 125	0. 100	0. 200	0. 140	0. 150	0. 100	—	0. 070	0. 085	—
$C_{8:0}$	2. 530	2. 320	2. 640	1. 620	1. 710	1. 620	1. 720	1. 730	1. 600	2. 820	2. 170	2. 140	2. 050	1. 620	2. 000	1. 725	1. 420
$C_{10:0}$	5. 920	5. 850	5. 920	3. 820	3. 900	3. 810	3. 710	3. 685	3. 350	6. 720	4. 710	4. 800	4. 880	4. 310	5. 290	3. 690	3. 510
$C_{11:0}$	1. 390	1. 380	1. 390	1. 250	1. 270	1. 250	1. 130	1. 105	1. 100	1. 610	1. 450	1. 210	1. 400	1. 340	1. 130	1. 185	1. 070
$C_{12:0}$	6. 650	6. 640	6. 620	5. 090	5. 160	5. 080	4. 520	4. 470	4. 250	8. 060	5. 770	5. 755	6. 120	5. 660	6. 490	4. 620	4. 450
$C_{13:0}$	0. 190	0. 190	0. 190	0. 180	0. 180	0. 180	0. 160	0. 150	0. 160	0. 240	0. 190	0. 180	0. 200	0. 180	0. 180	0. 160	0. 150
$C_{14:0}$	6. 670	6. 660	6. 630	5. 880	5. 940	5. 870	5. 430	5. 320	4. 940	8. 110	6. 220	6. 510	6. 740	6. 440	7. 270	5. 410	5. 330
$C_{15:0}$	0. 300	0. 300	0. 290	0. 250	0. 250	0. 250	0. 310	0. 310	0. 310	0. 350	0. 250	0. 330	0. 310	0. 250	0. 380	0. 300	0. 300
$C_{16:0}$	20. 820	20. 790	20. 760	19. 070	19. 150	19. 060	20. 520	20. 110	19. 170	21. 710	20. 310	21. 560	21. 940	21. 710	24. 170	20. 320	20. 610
$C_{17:0}$	0. 220	0. 230	0. 220	0. 160	0. 160	0. 160	0. 200	0. 190	0. 180	0. 260	0. 180	0. 235	0. 200	0. 170	0. 270	0. 170	0. 180
$C_{18:0}$	1. 090	1. 090	1. 080	0. 835	0. 830	0. 870	1. 020	0. 955	0. 870	0. 940	0. 950	1. 075	0. 900	0. 740	1. 010	0. 860	0. 940
$C_{20:0}$	—	—	—	0. 030	0. 030	0. 030	0. 040	0. 040	0. 020	0. 020	0. 030	0. 035	0. 020	0. 030	—	0. 030	—
$C_{21:0}$	—	—	—	—	—	—	0. 020	0. 020	0. 020	—	—	0. 020	—	—	0. 030	—	—
$C_{14:1}$	0. 600	0. 600	0. 600	0. 695	0. 700	0. 690	0. 580	0. 570	0. 580	0. 740	0. 680	0. 590	0. 730	0. 770	0. 650	0. 610	0. 600
$C_{15:1}$	0. 150	0. 160	0. 150	0. 140	0. 140	0. 140	0. 190	0. 190	0. 180	0. 140	0. 130	0. 150	0. 140	0. 130	0. 180	0. 180	0. 170
$C_{16:1}$	5. 850	5. 850	5. 840	6. 220	6. 220	6. 210	6. 460	6. 235	6. 170	5. 960	6. 310	5. 720	7. 060	7. 120	6. 720	6. 390	6. 860
$C_{17:1}$	0. 480	0. 480	0. 480	0. 410	0. 400	0. 400	0. 560	0. 530	0. 510	0. 500	0. 450	0. 590	0. 560	0. 490	0. 630	0. 465	0. 490
$C_{18:1n9c}$	17. 790	17. 790	17. 820	16. 170	16. 140	16. 140	20. 890	19. 390	16. 580	15. 730	16. 540	17. 690	17. 650	17. 840	17. 220	18. 393	19. 600

$C_{18:2n6t}$	0.030	0.030	0.030	0.030	0.030	0.030	0.040	0.735	0.030	0.020	0.040	0.040	0.040	0.040	0.020	0.040	0.030
$C_{18:2n6c}$	6.380	6.380	6.400	10.885	10.700	10.880	9.870	9.680	9.390	10.350	9.150	5.735	6.390	8.050	5.980	12.135	11.280
$C_{18:3n6}$	0.110	0.110	0.110	0.180	0.170	0.180	0.150	0.160	0.190	0.080	0.160	0.190	0.140	0.140	0.120	0.145	0.130
$C_{20:1}$	0.030	0.030	0.030	0.075	0.060	0.070	0.090	0.075	—	0.070	—	0.035	0.060	0.080	0.050	0.055	0.060
$C_{18:3n3}$	19.610	19.600	19.640	23.905	23.730	24.010	19.110	22.270	27.700	12.570	21.520	22.675	19.580	20.030	17.410	20.180	19.850
$C_{20:2}$	0.140	0.140	0.140	0.180	0.170	0.180	0.190	0.190	0.180	0.220	0.160	0.120	0.110	0.140	0.130	0.200	0.180
$C_{20:3n6}$	—	—	—	—	—	—	0.030	0.030	0.020	0.030	0.020	—	—	—	—	0.015	—
$C_{22:1}$	0.410	0.360	0.340	0.320	0.330	0.300	0.270	0.200	0.230	0.370	0.250	0.260	0.300	0.490	0.460	0.325	0.460
$C_{20:3n3}$	0.460	0.450	0.460	0.465	0.460	0.460	0.380	0.410	0.440	0.290	0.440	0.450	0.420	0.360	0.360	0.370	0.370
$C_{20:4}$	0.030	0.030	0.030	0.030	0.030	0.030	0.040	0.040	0.040	0.030	0.040	0.025	0.020	—	—	0.040	—
$C_{22:2}$	0.030	—	0.030	0.040	0.040	0.040	0.040	0.045	0.040	0.050	0.040	0.050	0.040	—	0.060	0.045	—
$C_{20:5}$	—	—	—	—	—	—	—	0.010	—	—	—	0.010	—	—	—	—	—
$C_{24:1}$	—	—	—	—	—	—	—	—	0.030	—	—	—	—	—	—	—	—
UFA	52.100	52.010	52.100	59.745	59.320	59.760	58.890	60.760	62.310	47.150	55.930	54.330	53.240	55.680	49.990	59.588	60.080
SAFA	45.900	45.520	45.920	38.250	38.660	38.250	38.860	38.210	36.070	51.040	42.370	44.000	44.860	42.450	48.290	38.555	37.960

注：SM 表示从蒙古采集的酸马乳；SMN 表示从内蒙古采集的酸马乳；$C_{6:0}$，已酸甲酯；$C_{8:0}$，辛酸甲酯；$C_{10:0}$，癸酸甲酯；$C_{11:0}$，十一烷酸甲酯；$C_{12:0}$，十二烷酸甲酯；$C_{13:0}$，十三烷酸甲酯；$C_{14:0}$，十四烷酸甲酯；$C_{14:1}$，9-十四碳烯酸甲酯；$C_{15:0}$，十五烷酸甲酯；$C_{15:1}$，顺-10-十五碳烯酸甲酯；$C_{16:0}$，十六烷酸甲酯；$C_{16:1}$，9-十六碳烯酸甲酯；$C_{17:0}$，十七烷酸甲酯；$C_{17:1}$，顺-10-十七碳烯酸甲酯；$C_{18:0}$，硬脂酸甲酯；$C_{18:1n9c}$，顺-9-十八碳烯酸甲酯；$C_{18:2n6t}$，反亚油酸甲酯；$C_{18:2n6c}$，亚油酸甲酯；$C_{18:3n6}$，γ-亚麻酸甲酯；$C_{18:3n3}$，α-亚麻酸甲酯；$C_{20:0}$，二十烷酸甲酯；$C_{20:1}$，二十碳烯酸甲酯；$C_{21:0}$，二十一烷酸甲酯；$C_{20:2}$，顺-11, 14-二十碳二烯酸甲酯；$C_{20:3n6}$，顺-8, 11, 14-二十碳三烯酸甲酯；$C_{22:1}$，芥子酸甲酯；$C_{20:3n3}$，顺-8, 14, 17-二十碳三烯酸甲酯；$C_{20:4}$，二十碳-5, 8, 11, 14-四烯酸甲酯；$C_{22:2}$，顺-13, 16-二十二碳二烯酸甲酯；$C_{20:5}$，二十碳五烯酸甲酯；$C_{24:1}$，二十四碳烯酸甲酯；UFA，不饱和脂肪酸；SAFA，饱和脂肪酸。

表 2-5　锡林浩特酸马乳样品中维生素的组成及其含量

样品编号	维生素 A/(μg/kg)	维生素 B_1/(μg/kg)	维生素 B_2/(μg/kg)	维生素 C/(mg/kg)	维生素 E/(μg/kg)
SM1	84.6	49.5	35.7	49.7	4091.0
SM2	8.7	46.8	25.1	47.0	2619.0
SM3	84.7	58.0	30.2	50.5	3244.0
SM4	48.3	53.5	5.4	36.2	1014.0
SM5	6.7	64.8	10.5	29.2	832.7
SM6	42.7	52.9	9.4	26.7	571.2
SMN1	92.1	51.5	16.0	49.2	1123.0
SMN2	58.8	70.7	14.6	46.8	796.9
SMN3	15.7	62.0	17.9	61.1	151.2
SMN4	28.3	60.9	15.9	49.2	1659.0
SMN5	49.7	88.2	23.5	50.6	6001.0
SMN6	89.4	54.9	29.9	62.3	834.8
SMN7	52.0	169.6	16.8	34.2	1064.0
SMN8	44.8	115.7	14.3	44.3	601.8
SMN9	42.0	316.2	15.3	38.6	382.5
SMN10	28.0	195.2	16.0	37.7	320.3
SMN11	30.8	176.0	23.8	59.6	509.8

注：SM 表示从蒙古采集的酸马乳；SMN 表示从内蒙古采集的酸马乳。

由表 2-5 可知，维生素 C 含量较高，为 26.7～62.3mg/kg；维生素 B_2 含量最低，为 5.4～35.7μg/kg。这主要与原料马乳的高维生素 C 含量（平均达 100mg/kg）和低维生素 B_2 含量有关[5]，维生素 B_2 会形成光增感作用而更加促进光线氧化作用，马乳中维生素 B_2 主要为结合型，所以马乳维生素 B_2 的促进光线氧化作用远低于其他乳类。不同采样地区的酸马乳中维生素 C 含量有显著差异，这可能是由于饲草料或马匹种类不同导致原料乳鲜马乳中维生素 B_2 的含量本就存在较大差异。此外，由于每个牧民家庭制作方法不同，特别是发酵温度和搅打时间不同，导致酸马乳产品的发酵程度不同。据报道牛乳在日光下直射几分钟到十几分钟，维生素 C 100%被破坏；在非直射日光下经过 6h，维生素 C 100%被破坏，而马乳中维生素 C 的破坏少得多。而且，每个牧民家庭环境中的微生物组成差异较大，不同菌株发酵产生的维生素含量也不同[5]。

五、矿物质

酸马乳中的矿质元素含量由高到低依次为：钙、钾、钠、镁、磷、锌、铁、铜、锰、硒。其中钙含量最高。锡林郭勒地区酸马乳中微量元素含量如下：钙含量为753.0mg/kg，钠含量为194.0mg/kg，钾含量为425.8mg/kg，铁含量为0.99mg/kg，锌含量为2.2μg/kg，铜含量为443.1μg/kg，锰含量为91.7μg/kg。虽然马乳中的矿物质含量比牛乳和羊乳低，约为0.3%[24]，但是马乳中钙磷比为1.49∶1，与人乳相似，这样的钙磷比非常利于钙的吸收，可以维持骨骼健康以及保证骨骼的正常发育。而游离在体液中的钙对人体正常生理生化反应有着重要的调节作用[22]。酸马乳中含量较高的钾、钠对于维持人体细胞内外正常渗透压、神经肌肉应激性、心肌正常功能具有重要作用；酸马乳中含有少量的锌，李全宏研究发现，锌可调节人体内多种酶的活性，被誉为“生命之花”[25]。酸马乳中含有极少量的硒（平均5.58μg/kg），巨拴科等研究发现，适量的硒摄入可增强机体免疫力，抗氧化、抗衰老，防癌、抗癌，硒被称为“抗癌之王”[26]。依据GB 5009.268—2016《食品安全国家标准　食品中多元素的测定》对锡林浩特酸马乳样品中矿质元素的组成及其含量进行测定，结果见表2-6。

表2-6　锡林浩特酸马乳样品中矿质元素的组成及其含量

样品编号	磷/(mg/kg)	钾/(mg/kg)	钠/(mg/kg)	镁/(mg/kg)	钙/(mg/kg)	锰/(mg/kg)	锌/(mg/kg)	硒/(μg/kg)	铁/(mg/kg)	铜/(mg/kg)
SM1	513.4	530.10	160.20	57.97	756.10	0.05	2.24	8.81	0.99	0.15
SM2	501.0	666.00	92.08	62.54	787.40	0.07	2.25	7.42	0.65	0.15
SM3	498.9	532.50	107.40	57.22	779.00	0.06	2.31	7.79	0.46	0.14
SM4	371.4	415.10	105.30	35.68	440.70	0.07	2.59	5.48	0.61	0.15
SM5	387.4	510.70	96.30	39.85	616.20	0.08	2.45	5.07	0.24	0.11
SM6	373.9	463.30	138.30	37.60	595.10	0.08	2.56	5.38	0.60	0.15
SMN1	279.9	372.10	113.70	30.29	485.00	0.07	2.14	5.02	0.37	0.12
SMN2	378.1	447.00	94.65	35.04	533.60	0.07	2.28	5.14	0.42	0.12
SMN3	372.9	489.30	123.30	44.03	607.30	0.08	2.41	5.32	0.57	0.14
SMN4	498.3	603.40	235.10	61.09	855.50	0.09	2.84	9.08	0.39	0.12
SMN5	341.9	412.90	141.35	46.38	395.30	0.12	2.19	4.47	0.46	0.12
SMN6	339.6	367.00	98.39	37.38	573.90	0.09	1.66	4.29	0.38	0.10
SMN7	427.0	503.00	108.10	46.71	774.90	0.09	2.18	5.42	0.50	0.10
SMN8	329.9	340.60	62.02	32.83	534.70	0.07	1.93	4.61	0.98	0.13
SMN9	443.5	514.35	88.44	62.59	816.20	0.12	1.85	3.82	0.34	0.08
SMN10	345.8	513.40	96.34	44.12	533.70	0.11	1.96	3.94	0.58	0.11
SMN11	339.8	487.80	72.08	36.42	524.40	0.10	2.42	3.90	0.46	0.07

注：SM表示从蒙古采集的酸马乳；SMN表示从内蒙古采集的酸马乳。

参考文献

[1] Matuszewski T, Supinska-Jakubowska J. Microbiologia Mleczarstwa [M]. Warszawa: PIWR, 1949.

[2] Pijanowski E, Chemii Z. Technologii Mleczarstwa [M]. Warszawa: PWR i L, 1971.

[3] Kosikowski F V. Cheese and Fermented milk Foods [M]. 2nd ed. Edwards Brothers Inc, Ann Arbor, Michigan, 1977.

[4] Berlin P J, Koumiss International Dairy Federation, Annual Bulletin [M]. Brussels, 1962: 4~16.

[5] 张列兵, 刘金山, 李锋格. 马奶三相菌混合正交发酵试验及酸马乳品质评定问题的研究 [J]. 中国乳品工业, 1990, 18 (6): 246-254.

[6] 桥本日出人, 李少英, 孟和毕力格, 等. 内蒙古民族传统乳制品的制作技术方法 [M]. 呼和浩特: 内蒙古农业大学、日本国际协力事业团, 1998.

[7] Ishii S. Study on the kumiss (airag) of Mongolian nomads after severe cold in the winters of 2000 and 2001 [J]. Milk Science, 2003, 52: 49-52.

[8] 孙天松. 中国新疆地区传统发酵酸马奶的化学组成及乳酸菌生物多样性研究 [D]. 呼和浩特: 内蒙古农业大学, 2006.

[9] 王瑞珍. 酸马奶的营养成分与保健特性 [J]. 养殖技术顾问, 2012 (10): 247-248.

[10] 额尔登孟克, 潘琳, 阿木尔图布兴, 等. 传统发酵乳制品酸马奶的研究进展 [J]. 内蒙古农业大学学报 (自然科学版), 2016, 37 (2): 134-140.

[11] 刘亚东, 宋秋, 霍贵成. 马奶和母乳的营养成分比较分析 [J]. 食品工业, 2012, 33 (11): 156-158.

[12] 祝忠群. 谷氨酸、天门冬氨酸与心肌保护 [J]. 心血管病学进展, 1997 (1): 49-52.

[13] Urbisinov Z K, Servetnik-Chalaya G K, Ospanova M S. Amino acid composition and biological value of a koumiss starter [J]. Voprosy Pitaniya, 1985 (6): 68.

[14] 李莎莎. 内蒙古部分乳及乳制品常规营养的测定和比较 [D]. 呼和浩特: 内蒙古农业大学, 2015.

[15] 敖敏, 赵一萍, 康德措, 等. 马奶营养价值和产品开发进展 [J]. 内蒙古科技与经济, 2018 (20): 63-65.

[16] 金磊, 王立志. 共轭亚油酸的抗炎机制和对炎症疾病调节研究进展 [J]. 农业科学研究, 2018, 39 (4): 58-63.

[17] 火焱, 哈斯苏荣, 阿木古楞. 酸马奶的营养成分及活性分子研究现状 [J]. 内蒙古畜牧科学, 2002 (6): 22-23.

[18] 古丽巴哈尔·卡吾力, 高晓黎, 常占瑛, 等. 马奶与驼乳、驴乳、牛乳基本理化性质及组成比较 [J]. 食品科技, 2017, 42 (7): 123-127.

[19] 刘洪元, 高昆. 马奶及酸马奶 (马奶酒) 的营养价值和医疗作用 [J]. 中国食物与营养, 2003 (4): 46-47.

[20] 刘洪元, 高昆, 张丽萍, 等. 舍养马匹马奶的营养成分分析 [J]. 中国供销商情 (乳业导刊), 2004 (4): 33-34.

[21] 王建光, 孙玉江, 芒来. 马奶与几种乳营养成份的比较分析 [J]. 食品研究与开发, 2006 (8): 146-149.

[22] 哈斯苏荣, 阿木古楞, 芒来. 酸马乳及其医学价值 [J]. 中国中药杂志, 2003 (1): 15-18.

[23] 李蓓，杨虹，芒来．酸马奶中降胆固醇有效成分的研究［J］. 畜牧与饲料科学，2008（2）：56-59.

[24] 何立荣，李爱华，辛国省，等．牛乳中矿物质元素含量测定的研究［J］. 饲料工业，2012，33（1）：53-55.

[25] 李全宏．食物、营养与卫生［M］. 青岛：青岛海洋大学出版社，1995.

[26] 巨拴科．安康市富硒食品产业发展理论与实践［M］. 西安：陕西人民出版社，2010.

第三章

马乳及酸马乳中的生物活性物质

有关马乳和酸马乳营养成分分析报道在国内外文献中屡屡出现，而且普遍认为在各种乳品动物乳汁中，只有马乳成分最接近人乳，营养价值高，可作为人乳的代用品，供婴儿食用[1]。Buisembaev 报道，马乳，尤其是经发酵后的酸马乳含有活性肽、益生菌等多种生物活性成分，对人体有许多益处[2]。

第一节　马乳中的生物活性物质

马乳被视为一种可替代人乳的婴儿营养来源，具有许多与人乳类似的生物功能，主要表现在马乳含有高浓度的乳铁蛋白、溶菌酶、n-3 和 n-6 脂肪酸。马乳中多个不饱和脂肪酸含量高，胆固醇含量低，乳糖含量高，且有较大含量的维生素 A、B 族维生素以及维生素 C 等。马乳的低脂和特殊的脂肪酸比例，有助于降低动脉粥样硬化和血栓形成指数。研究表明，出于健康考虑，人类减少了饮食中脂肪的摄入量，而有益于健康的饱和脂肪酸与不饱和脂肪酸的摄入量也随之下降。马乳中乳糖含量高，适口性好，能促进肠内钙吸收，对儿童骨骼矿化很重要。就蛋白质和无机物的含量水平来看，马乳的肾负荷与人乳相当，表明马乳适合作为婴儿食品。马乳和驴乳中益生元和益生菌的活性及种类对于对牛乳蛋白过敏（cow's milk protein allergy，CMPA）和对多种食物成分不耐受的婴儿和儿童有益。生物活性肽、生长激素释放肽和胰岛素样生长因子 I 的水平对于代谢、身体组成、食物摄取起直接作用，溶菌酶、乳铁蛋白和 n-3 脂肪酸一直被认为与调节人类中性粒细胞的吞噬作用相关，马乳中这些成分的浓度较高，表明马乳潜在的生物活性功能很强[3]。

一、免疫球蛋白

人乳中主要的免疫球蛋白是免疫球蛋白 A（IgA），而牛乳中主要是免疫球蛋白 G1（IgG1），马乳中是免疫球蛋白 G（IgG），由此可见，不同来源的乳间存在免疫球蛋白种类差异。有研究报道，所有有蹄类动物都是在产后获得母源性免疫球蛋白[2]。犊畜出生时血清中没有检测到免疫球蛋白，所以易受感染。但犊畜另有补偿机制，其在出生后，肠道能直接吸收初乳中活性保留完整的大分子免疫球蛋白，所以犊畜摄入初乳 3h 左右，就能够在血液里检测到来自乳中的免疫球蛋白。犊畜的这种特殊肠道状态最长可维持约 3 个月。与此同时，犊畜自身的免疫系统在分娩后第 2 周也开始慢慢有能力合成和提供免疫球蛋白，特异性免疫功能日益增强。研究发现，杂交马和伊犁马 IgG 的含量在产驹后各个时间段中差异不大，但伊犁马的含量要高于杂交马。IgG 的含量在产驹后 6h 内剧烈下降，故让新生马驹尽早吃上初乳尤为重要[4]。

吕岳文等建立了高效凝胶渗透色谱（HPGPC）测定马初乳中免疫球蛋白 G（IgG）含量的方法。采用 TOSOH TSK－G4000PWXL 色谱柱（300mm×7.8mm，5μm）分离，以 0.05mol/L 磷酸盐缓冲液（pH 6.9）为流动相，流速 0.8mL/min，检测波长 280nm，温度 25℃。结果表明，免疫球蛋白 G 的线性范围为 0.2～3.0g/L（r^2＝0.9995），平均回收率为 97.47%，相对标准偏差（RSD）为 1.22%，检出限（信噪比为 10）为 0.08mg/L，方法的稳定性、精密度和重现性（以峰面积的 RSD 计）分别为 2.86%、1.62%、1.82%。在优先满足小马哺育的前提下，采集新疆昭苏马场中两个不同品种马匹的马乳，于低温下保存，在4℃和12000r/min下30min内离心两次，制得乳清，测得第一次泌乳时，IgG含量在2h时高达35.0~50.0g/L，而在72h后，IgG含量迅速下降为2.0~4.0g/L。该方法前处理过程简单、快速，方法简便、准确、重现性好、精密度高，适合作为马初乳中IgG的检测方法。

还有研究表明，新生犊畜需要母乳提供免疫球蛋白保护，但只是在一个短暂的“窗口期”内。在乳汁的持续影响下，数天后幼仔的肠道功能和免疫系统开始逐步启动、发育和工作，母体提供的乳汁和接受乳汁的犊牛胃肠道乃至免疫系统，表现为高度匹配互动。随着犊牛胃肠系统的发育，母体进入泌乳不同时期的乳汁成分也随之变化，这些变化与犊牛生长发育同步。整个过程清晰展现了母牛提供的免疫物质和其所产犊牛自身免疫力的发育两者之间的紧密联系[3]。

二、乳铁蛋白

（一）乳铁蛋白的生物学特性

乳铁蛋白（lactoferrin）是一种与铁结合的糖蛋白，呈粉色或红色，分子质量约80ku，具有潜在的杀菌、抗病毒、抗癌、抗氧化等多重作用。然而，不同物种乳汁中的乳铁蛋白含量差异很大，而且结构也并不完全一样。同时，乳铁蛋白在体内不同部位不同条件下，降解所得的活性肽表现出非常丰富的多样性[5-7]，如乳铁蛋白肽B（f18-36）是多种乳铁蛋白的同源肽，而且降解之后的生物活性大于乳铁蛋白前体本身[8]。

乳铁蛋白呈单一的环状肽链结构，存在糖基化合物（以甘露糖、乙酰葡萄糖胺和半乳糖的形式存在）和铁离子结合位点，使乳铁蛋白的结构更加牢固[9-11]。乳铁蛋白最早是由Sorensen等在牛乳中发现并分离获得的[12]，当时普遍认为乳铁蛋白仅存在于乳汁中，但更多的研究发现，动物的唾液、精液及泪液中也含有少量乳铁蛋白[13]，并且，不同物种的乳汁中的乳铁蛋白含量也存在差别，其中，母乳最高可达7.0g/L，其余生鲜乳基本维持在0.2~2.0g/L，因此，母乳是乳铁蛋白的最佳来源[14]。马乳含有2.00g/L的乳铁蛋白，与人乳较为接近。乳铁蛋白具有抑菌、促进营养元素吸收和调节免疫等生物学功能，是孕妇、新生儿及早产儿不可或缺的营养素之一。在抑菌方面，研究认为，乳铁蛋白可抑制部分细菌和真菌，易发生“铁剥夺”和“膜渗透”现象，但作用机制十分复杂，并且其抑菌特性不完全由自身决定，常与溶菌酶等物质发生协同反应，作用于大肠杆菌（*Escherichia coli*）、金黄色葡萄球菌（*Staphylococcus aureus*）、鼠伤寒沙门氏菌（*Salmonella typhimurium*）等有害菌，破坏细胞的结构，减少有害菌的数量，从而达到抑制或杀死细菌的目的[15]。张晓春等将乳铁蛋白、抗坏血酸和乳酸钠用于预调肉的保鲜，发现抑菌效果明显[16]。

同时，乳铁蛋白作为一种高效补铁强化剂，可以促进铁元素的吸收，并与铁离子结合，可增强血液中铁离子的溶解效果，从而使人体更好地吸收乳铁蛋白和铁离子。张凯对此做了专项研究，通过对幼年猪仔进行乳铁蛋白补给，发现补给后的幼年猪仔血液中的微量元素含量确实有所升高，特别是铁的含量升高显著[17]。虽然针对乳铁蛋白对铁的吸收研究广泛，但对于乳铁蛋白对其他营养元素的吸收作用还需进一步研究。在免疫调节方面，乳铁蛋白可以改善和强化机体的免疫功能，辅助抗体和 T 细胞的形成，诱导相关细胞（巨噬细胞、溶菌酶和淋巴细胞等）和分子物质增长，有效调节免疫系统[18,19]。

（二）乳铁蛋白研究进展

乳铁蛋白作为鲜马乳中重要的功能性因子，提取方法受到广泛关注。目前，乳铁蛋白的提取可分为超滤法和色谱法（凝胶色谱法、离子交换色谱法和吸附色谱法）[20,21]。超滤法是根据不同物质的分子质量，进而选择不同规格的滤膜器，确定超滤条件，实现目标物质的分离纯化；但是孔莹莹采用超滤法对牛乳中的乳铁蛋白进行提取，结果发现滤膜上有一层糖类物质，严重影响乳铁蛋白的提取效果[22]。色谱法是利用色谱凝胶的分子质量差异，从而达到分离的目的，如 Teepakorn 等采用离子交换技术高效分离出了分子质量接近的牛血清白蛋白和乳铁蛋白[23]；傅冰等应用 Q-琼脂糖凝胶 FF（Q-Sepharose FF）离子交换层析与盐析技术，从鸡蛋清中分离出了卵转铁蛋白[24]；李畅采用交联葡聚糖凝胶 G-25（Sephadex G-25）凝胶色谱法分离出了具有抑菌特性的乳铁蛋白肽[25]。综上所述，超滤法不适用于乳铁蛋白的提取，而离子交换技术和凝胶层析技术可以有效地分离出乳铁蛋白。

王威通过盐析、凝胶层析、SDS-PAGE 电泳及 HPLC 技术提取生鲜马乳中的乳铁蛋白，并进行体外抑菌特性的研究，结果表明，提取后的乳铁蛋白分子质量为 81. 2ku（纯度大 84. 31%），当 MIC 为 4. 69mg/mL、3. 13mg/mL 和 3. 13mg/mL 时，可分别抑制大肠杆菌、枯草芽孢杆菌和金黄色葡萄球菌的生长，乳铁蛋白在发酵 12h 时，具有抑菌能力并逐渐稳定，pH 在 7. 0~8. 5，温度低于 75℃时，抑菌效果良好[26]。铁饱和度对于乳铁蛋白的抑菌效果作用明显，而不同阳离子浓度、加热时间均会导致抑菌率的降低，但抑菌特性不会消失。

评价提取后的物质是否属于目标物质主要依靠十二烷基硫酸钠聚丙烯酰胺凝胶电泳（SDS-PAGE）、高效液相色谱（HPLC）及酶联免疫（ELISA）等高新技术，其中 SDS-PAGE 技术仅可定性分析，而 HPLC 和 ELISA 技术可定量分析[26-28]。例如，陈永艳通过改进 SDS-PAGE 技术，测定样品中乳铁蛋白的含量，发现该技术可以对含有较多乳铁蛋白的物质进行鉴定[29]；王德伟和任璐等通过方法学考察，分别建立了一种高效的 HPLC 技术，可以精确、快速地测定生鲜乳中乳铁蛋白的含量[30]；周英爽采取 ELISA 技术对乳铁蛋白的含量进行检测，发现结果精准度高[31]。此外，Lai 等还发现磁性纳米吸附技术和傅里叶红外光谱技术也可用于乳铁蛋白的快速检测，为乳铁蛋白的研究开拓了新思路[32,33]。

三、脂肪酸与亚油酸

脂肪酸（fatty acid）属于羰基和其他烃类基团组成的链式脂肪族，自然界中存在 200 余种脂肪酸[34]。鲜马乳中的脂肪酸多受到产乳马的品种、饲料、生产环境和乳加工方式等影响，研究其脂肪酸的组成，对于鲜马乳的功能性开发应用有重大意义。评价脂肪酸的营养价值并不是分析某一类脂肪酸的含量，当摄入过多的不饱和脂肪酸时，可能会增加机体的负担，破坏营养平衡体系[35]。目前，人们的饮食结构发生改变，机体对于 ω-3 系脂肪酸的摄入匮乏，研究发现，生鲜马乳中含有较高含量的 ω-3 系脂肪酸，是其他乳源的 5~10 倍，说明生鲜马乳可以缓解人体脂肪酸摄入不平衡的现状[36]。

从链长方面分析，短链脂肪酸更益于人体健康。它主要包含丁酸、戊酸和异戊酸等，摄入适当可以为机体的正常工作提供能源保障。当机体剧烈运动时，会大量缺失钠离子，及时补充富含短链脂肪酸的食物，可以促进钠离子吸收，恢复机体的正常功能[37]。从饱和程度分析，饱和脂肪酸可能存在升高胆固醇水平的风险，但适量摄入可以协同参与胆汁和激素的合成，有利于完善机体的消化系统[38]。通过酶的作用，可以改变部分饱和脂肪酸的结构，形成不饱和脂肪酸，从而强化婴幼儿对于钙的吸收，预防骨代谢障碍等症状[39]。此外，不饱和脂肪酸对于维持机体的健康更为重要，鲜乳是该类脂肪酸的重要来源，可以有效降低机体神经变性和炎症复发的可能[40]。其中 ω-3 和 ω-6 系脂肪酸可以增强机体的防御能力，并且对巨噬细胞和肝细胞有抗炎作用[41]。此外，郑征等还发现 ω-3 系脂肪酸可以降低小鼠的体重，从而实现预防肥胖的目的[42]。

传统营养学认为乳脂的主要功能是提供能量，但其中的部分成分，具有一些特定的生物活性功能，如必需脂肪酸、亚油酸和亚麻酸以及脂溶性维生素、固醇、磷脂等。研究发现，6~10 个碳的中链脂肪酸（MCFA）具有减体重、减脂肪方面的特殊效果。如共轭亚油酸（CLA），具有抑制癌细胞、抗肥胖、免疫系统调节以及抑制动脉粥样硬化形成和控制糖尿病等效果，被认为具备治疗或预防 2 型糖尿病、预防心脏病以及控制体重等促进健康的潜在作用。

生物体内的各种膜状物质历来备受关注[14]，也包括乳中的脂肪球膜，该膜表面不仅附聚着大量可能具有抗菌、抗病毒、抗乳腺癌等功效的糖蛋白、脂蛋白、糖脂等活性成分，更重要的是脂肪球膜上可能存在着特定的小环境，是多种“生物信使”的重要场所[3]。

马乳中的脂肪含量仅为 1.5%，且不饱和脂肪酸——亚油酸比牛乳多 8.3 倍，而饱和脂肪酸——硬脂酸却仅有牛乳中含量的 1.56%。饮用酸马乳后，试验者血脂水平明显下降的原因就是马乳中含有丰富的不饱和脂肪酸和小分子脂肪酸。Valieva 等和 Mann 研究指出，马乳和酸马乳的必需脂肪酸含量高，25 种脂肪酸中 C_{14}~C_{18} 脂肪酸占 88%，其中亚油酸和亚麻酸含量达 32.67%，比人乳高 2 倍，具有明显的辅助降血脂等作用[43,44]。

四、钙

钙在酸马乳中含量丰富，对降低乳制品中的胆固醇含量具有积极作用，其原理为：①当将钙引入胆固醇中时，由于同性离子之间的相互排斥作用，胆固醇分子之间也产生相互排斥作用而不易相互聚集沉积于血管内壁；②钙能够增加脂质的排出，对于胆固醇的运输具有明显促进作用。也有学者认为，钙与食物中富含的磷在人体肠腔内的碱性条件下形成不溶性沉淀物，而胆汁酸可同这些不溶性的钙磷复合物以离子交换的方式结合在一起，随粪便排出体外。由于胆汁酸是胆固醇代谢的终产物，故肠道内胆汁酸的损失可引起肝脏内胆汁酸合成的限速酶——7α-羟化酶（CYP7A）基因表达上调，使该酶的合成增加，导致由胆固醇合成胆汁酸的量增加；而肝脏内合成胆固醇的限速酶——羟甲戊二酸单酰辅酶 A 还原酶（HMG CoAR）的基因表达可能下调，使 HMG CoAR 合成减少，从而减少了内源性胆固醇的合成，最终导致血清胆固醇浓度下降[3]。

日常生活中，补钙首选乳及乳制品是有科学依据的。首先，人体钙的吸收部位在十二指肠和小肠。小肠前端的肠液呈酸性，食物中的钙元素大多处于溶解状态，身体能较好地吸收溶解的钙。但是通常人们摄入的食物中含有较多磷酸根离子，磷酸根离子会竞争结合溶解态的钙离子，并形成磷酸钙而发生沉淀。而酪蛋白磷酸肽参与竞争，会形成胶体状态的磷酸钙，即胶体磷酸钙（Colloidal calcium phosphate，CCP），抑制磷酸钙沉淀物的形成。其次，随着食物进入小肠中后段，小肠液逐步变化为中性和弱碱性，其中无机钙和部分有机钙中的钙离子将变得不稳定而发生沉淀，以致无法被吸收利用。但是胶体磷酸钙在弱碱性环境里依然呈胶溶状态，在小肠中端和后端的肠上皮依然还能被吸收。因此，乳中钙的存在形态极大提高了钙元素的吸收利用效率[45]。

研究进一步表明，酪蛋白磷酸钙可能还存在抗癌和去脂肪等作用。饮乳后在胃和十二指肠内都发现了酪蛋白磷酸肽的存在[4]。酪蛋白磷酸肽在身体里表现出的生物活性，与普通蛋白质的整体消化吸收循环路径和过程几乎没有关系。酪蛋白磷酸肽在胃肠道的不同部位，只要能够结合不同的金属离子，形成的酪蛋白磷酸肽多种金属结合物都具有各自的功能，如细胞调节等。

除了上述酪蛋白磷酸肽，乳清蛋白里的α-乳白蛋白也是一种典型的金属结合蛋白，与正2价金属阳离子的结合力强。它由123个氨基酸构成，由于二级结构的螺旋、折叠等原因，其中4个天冬氨酸（Aps）残基处在非常特殊的位置，空间构象形成一个“口袋陷阱”。理论上每个“口袋陷阱”可“攫取”1个钙离子。另有报道称，牛乳中约100g酪蛋白能够结合1g钙，相对而言β-乳球蛋白结合钙的能力很弱，约100kg才能结合15mg钙[5]。

五、其他功能性因子

生鲜马乳中除了上述功能性因子外，还含有溶菌酶、乳过氧化物酶、维生素和氨基酸等，各个功能性因子多体现出一种或几种生物学活性。溶菌酶和过氧化氢酶都属于蛋白酶，多存在于哺乳动物的分泌乳、泪腺和唾液中，通过破坏微生物的细胞结构实现抑菌的目的，但其作用机制不同。溶菌酶主要是破坏细胞壁中的肽聚糖结构，达到抑菌的效果，但是，动物细胞无细胞壁，因此，溶菌酶多与乳过氧化物酶和乳铁蛋白发生协同作用，抑制细菌生长[46]。乳过氧化物酶的抑菌机制主要依赖于硫氰酸根，通过破坏含有巯基的蛋白酶，使细胞的代谢受阻，实现抑制或杀死细菌的作用[47]。此外，在医学上还可以通过溶菌酶的含量初步判断临床上如急性淋巴白血病类的某些疾病[48]。

根据溶解特性的不同，维生素的生物学活性存在差别。脂溶性维生素对于改善机体视觉疲劳、稳定血液中钙磷离子浓度和预防软骨病、佝偻病、红眼病等免疫性疾病具有医学价值。水溶性维生素以维生素C为主，多以还原型和氧化脱氢型的形式存在，相互之间可以进行氧化还原反应，具有提高血液中免疫球蛋白含量、削弱体内金属离子产生的毒性和促进骨胶原的合成等功能[49]。

第二节　酸马乳中的益生菌

在酸马乳发酵过程中，某些新的活性物质的出现和活性增强主要是由酸马乳所含有的特殊益生菌决定。酸马乳中的益生菌主要由乳酸菌和酵母菌两大部分组成。其中酸马乳中的嗜热乳杆菌（*Lactobacillus acidophilus*）和酵母菌在酸马乳的发酵过程中起着至关重要的作用，与酸马乳的许多生物活性和医疗保健作用密切相关。它们不仅能抵抗发酵过程中有害菌的污染，而且在各自的代谢过程中能产生抗菌物质以及促进维生素 B_1、维生素 B_2 和维生素 B_{12} 的合成等。

Khrisanfova 等对酸马乳的微生物群进行研究后发现，酸马乳中的酵母菌有乳糖发酵酵母［即马克斯克鲁维酵母（*Kluyveromyces marxianus*）］、非乳糖发酵酵母［软骨状酵母（*Saccharomyces cartilaginosus*）和非糖发酵酵母［生膜菌属（*Mycoderma*）］3 种主要型[50]。其中乳糖发酵酵母与酸马乳的酒精发酵有关，能够生成2%~3.5%（体积分数）的乙醇，并且它们均有产生抗生素的能力，是酸马乳具有抗生素活性的主要原因之一。Merilainen 等报道，在传统酸马乳中除乳酸菌外，还存在着克鲁维酵母和假丝酵母等酵母菌、乙酸菌和丙酸菌等益生菌，而且它们在酸马乳的发酵成熟过程中能产生乙酸、丙酸等多种活性物质和抗生素类似物，并能促进维生素 B_{12} 的合成[51]。Montanari 等报道，单孢酵母是传统酸马乳酒精发酵的主要微生物之一。分析 81 个酸马乳样品均含有单孢酵母，并且单孢酵母数量随着海拔的提高而增加[52]。事实上，来自最高海拔地区的样品所含的酵母菌几乎均为单孢酵母。这与我国内蒙古高原地区的酸马乳酒精含量较高，具有独特的清凉爽口之味，能使人喝醉的事实相符，因此习惯上称作马奶酒。由以上诸多报道可看出，各类酵母菌在酸马乳的发酵过程中发挥着至关重要的作用。

与酸马乳生物活性成分有关的有益微生物除上述各类特有的酵母菌外，还有其他发酵乳制品共有的多种乳酸菌，包括乳杆菌、明串珠菌、乳球菌等。它们与酸马乳的独特风味有关，其中决定酸马乳乳酸水平的有益微生物主要是嗜热乳杆菌保加利亚亚种。此外，开菲尔乳杆菌（*Lactobacillus kefiri*）和嗜酸乳杆菌（*Lactobacillus acidophilus*）在酸马乳的特殊发酵过程中也起着重要作用。这些乳酸菌在各自的生长过程中不仅能产生大量有机酸，而且还能加强酵母菌产生抗生素的能力[1]。

一、乳酸菌

孙天松等从新疆采集的 30 份酸马乳样品中共分离出 152 株乳杆菌。经鉴定主要为瑞士乳杆菌 78 株（占 51.3%），其次为嗜酸乳杆菌 28 株（占 18.4%）和干酪乳酪杆菌 13 株（占 8.6%）。瑞士乳杆菌和嗜酸乳杆菌存在于所有样品中，瑞士乳杆菌为优势菌[53]。

孟和毕力格等从内蒙古锡林浩特市牧区采集 16 份酸马乳，从蒙古乌兰巴托市郊区采集 5 份酸马乳。从内蒙古采集的 16 份样品中共分离到 50 株菌株，其中干酪乳酪杆菌 16 株（占 32%）、嗜酸乳杆菌 10 株（占 20%）、植物乳植杆菌 8 株（占 16%），其他还有弯曲广布乳杆菌（*Latilactobacillus faecium*）、发酵粘液乳杆菌（*Limosilactobacillus fermentum*）等，以中温型菌株分离率最高。干酪乳酪杆菌为优势菌。从蒙古采集的 5 份样品中共分离出 30 株乳杆菌，其中嗜酸乳杆菌 20 株（占 66.7%）、植物乳植杆菌 9 株（占 30%）、干酪乳酪杆菌 1 株，以高温型乳杆菌分离率最高，嗜酸乳杆菌为优势菌[5]。

张明珠从乌鲁木齐市郊牧民家庭采集 1 份酸马乳样品，分离、纯化了 19 株乳酸菌，其中乳酸乳球菌乳亚种（*Lactococcus lactis* subsp. *lactis*）8 株（占 42.1%），干酪乳酪杆菌 3

株（占15.8%），其他还有屎肠球菌（*Enterococcus faecium*）、植物乳植杆菌、嗜热链球菌、德氏乳杆菌乳亚种（*Lactobacillus delbrueckii* subsp. *lactis*），乳酸乳球菌乳亚种为优势菌[54]。

（一）具有抑菌作用的乳酸菌

含醇发酵乳中因为有微生物的发酵作用产生的过氧化氢、有机酸、双乙酰和细菌素等多种代谢产物，不仅可以改善产品的组织状态和风味，还可以抑制食品中的腐败菌与病原菌。具有抗菌活性的机制主要包括：①产生的乳酸等有机酸能显著降低环境的pH和氧化还原电位（Eh），使肠道内处于酸性环境，对致病菌如伤寒杆菌、痢疾杆菌、副伤寒杆菌、葡萄球菌等有拮抗作用；同时低的pH和Eh会促进肠道的蠕动，防止致病菌的定植；②产生的过氧化氢可以激活乳中的过氧化氢-硫氰酸系统，抑制和杀灭革兰阴性菌和过氧化氢酶阳性菌；③产生的类似细菌素的细小蛋白质或肽类对梭状芽孢杆菌、葡萄球菌以及沙门菌和志贺菌均有抑制作用[55,56]。

满丽莉等以1株内蒙古酸马乳来源的产细菌素植物乳植杆菌MXG-68为研究对象，评价其抑菌特性、动力学曲线、耐受性、黏附特性及药敏性。植物乳植杆菌MXG-68所产细菌素能抑制包括鼠伤寒沙门菌（*Salmonella typhimurium*）、金黄色葡萄球菌（*Staphylococcus aureus*）、大肠杆菌等在内的20种致病菌，属于广谱细菌素，传代稳定性高。动力学曲线表明菌株的延滞期短、活性高，达到最高生长量和最大细菌素合成量所需时间短（24h）。经人工胃液（pH 1~4）和人工肠液（含胆盐0~0.4%）分别处理1~4h，存活率分别达到47.91%和72.61%以上，结果表明菌株对人工胃液、人工肠液和胆盐的耐受性较强。植物乳植杆菌MXG-68对人结肠癌细胞（Caco-2）的黏附率高达64%，而且对40种抗菌药物均表现出敏感性。综上所述，植物乳植杆菌MXG-68能够耐受极端环境压力和抑制肠道致病菌，是极具益生潜能的乳酸菌[57]。

贺美玲从酸马乳中分离鉴定出4株乳酸杆菌，在属水平上与乳杆菌属标准菌株的相似度达到97.80%。通过体外试验确定乳酸杆菌代谢物（MLP）的最低抑菌浓度（MIC）为62.50mg/mL。MLP中含有丰富的脯氨酸，并测得MLP的分子质量在1000u以下的占76.46%，确定为细菌素。并进一步考察了MLP的对犊牛肠黏膜屏障作用效果，发现MLP使空肠中血小板反应蛋白1和总胆固醇的浓度显著增加，使回肠中胰岛素含量显著降低（$P<0.05$）。MLP可显著增加乳杆菌属的丰度，显著降低变形菌门（Proteobacteria）的丰度（$P<0.01$），对调节肠道菌群的动态平衡具有一定作用。通过16S rDNA对瘤胃液、盲肠和结肠微生物测序技术，发现MLP和环丙沙星一方面增加盲肠、降低结肠中分类单元（OTU）数量，另一方面，显著降低瘤胃液中螺杆菌属（*Helicobacter*）、盲肠中粪杆菌属（*Faecalibacterium*）和结肠中梭杆菌属（*Fusobacterium*）的丰度从而提高了胃肠道黏膜微生物屏障功能。最终探明MLP可有效改善致病性大肠杆菌O1腹泻性犊牛的免疫力和胃肠道微生物菌群。MLP在改善动物健康和增强免疫力上与动物胃肠道菌群丰富度有关，口服益生菌代谢物是通过调节胃肠道微生物群来增强肠黏膜免疫屏障的有效途径之一，为益生菌代谢物改善动物和人类健康提供了理论依据[58]。

郭雪梅等从酸马乳中分离出22株对致病性大肠杆菌O8有抑制作用的菌株，对抑菌作用最好的菌株进行16S rDNA序列鉴定及系统进化树分析后，确定其为发酵乳杆菌属；其无细胞发酵上清液（cell-free fermentation supematant，CFS）中主要的抑菌物质为蛋白质，含量为 399.5μg/mL；最低抑菌浓度和最低杀菌浓度（MBC）分别为 25.0μg/mL 和 49.9μg/mL；CFS 能使致病性大肠杆菌 O8 的碱性磷酸酶（AKP）含量在 1h 内快速升高，之后呈缓慢增长趋势，且使致病菌培养液中的蛋白质含量明显升高。综上所述，发酵乳杆菌 CFS 的主要抑菌物质为蛋白质，蛋白质浓度越高抑菌能力越强；CFS 通过破坏或改变致病性大肠杆菌 O8 细胞膜和细胞壁的通透性，使其释放出 AKP 和胞内蛋白，从而在短时间内起到抑制致病性大肠杆菌 O8 生长的作用[59]。

吴敬与贺银凤研究了酸马乳中的抗菌因子。从 15 份酸马乳中分离出 47 株乳酸菌（含 26 株乳杆菌、21 株乳球菌）和 19 株酵母菌，并进行产抑菌物质菌株的筛选。结果发现，乳酸菌中有 12 株杆菌、7 株球菌的发酵上清液及（或）菌体对枯草芽孢杆菌（*Bacillus subtilis*）、单核细胞增生李斯特菌（*Listeria monocytogenes*）有不同程度的抑菌作用；酵母菌中有 5 株的发酵上清液对大肠杆菌有不同程度的抑制作用，有 3 株同时对金黄色葡萄球菌有抑制作用[60,61]。据白雅利等研究，从酸马乳中筛选出的乳酸菌对多种霉菌也有较广的抑制效果[38]。尽管乳酸也有一定的抗菌作用，但酸马乳中的抗菌因子主要来自乳酸菌/酵母菌的代谢产物。调节菌株的培养条件可提高抑菌物质的产率和活性。

陶克涛从酸马乳中筛选获得 1 株具有抗菌特性的瑞士乳杆菌 AJT，对其全基因组序列进行了解析，结果显示瑞士乳杆菌 AJT 基因组大小为 2054388bp，GC 含量为 36.73%。使用 GO、COG、KEGG 等数据库，对瑞士乳杆菌 AJT 的基因功能进行预测。借助 GO 数据库对瑞士乳杆菌 AJT 基因组进行功能基因注释，共得到 1533 个功能基因；采用 KEGG 数据库对瑞士乳杆菌 AJT 基因进行注释，累计得到 1092 个功能基因；而在蛋白质数据库 COG 中该菌株基因组共被注释到功能基因 948 个。结合基因组组分分析结果和功能注释结果证实，瑞士乳杆菌 AJT 基因组序列中包含瑞士乳杆菌素 J（Helveticin J）基因、Helveticin J 家族蛋白质基因和转运细菌素（Bacteriocin ABC）基因[62]。

宝冠媛通过抑菌活性试验，从酸马乳中筛选出 21 株乳酸菌对 6 株指示菌具有抑制作用，从中选取的 2 株乳球菌对单核细胞增生李斯特菌与枯草芽孢杆菌具有较强的抑菌活性，经过常规生理生化试验和分子生物学鉴定后，确定菌株 8-1 与 G-3 为粪肠球菌（*Enterococcus faecalis*）。粪肠球菌 8-1 与粪肠球菌 G-3 所产抑菌物质经过胰蛋白酶、胃蛋白酶、蛋白酶 K 和木瓜蛋白酶处理后，抑菌活性几乎完全丧失，表明其所产抑菌物质是蛋白质类物质。抑菌物质在 pH 2.0~6.0 内具有抑菌活性且对热稳定，对有机溶剂、部分表面活性剂、金属离子、紫外线处理均不敏感，能抑制多种革兰阴性菌和革兰阳性菌。粪肠球菌 8-1 在 37℃ 下培养 8h 后开始出现抑菌活性，24h 后抑菌活性达到最高且保持稳定；抑菌物质在常温、-4℃ 和-20℃ 下储藏 60d 后，抑菌活性保持稳定，其所产抑菌物质对单核细胞增生李斯特菌的作用方式是杀菌，对枯草芽孢杆菌的作用方式是抑菌[63]。

（二）具有降低胆固醇作用的乳酸菌

20 世纪 70 年代，科学家先后通过对大量饮用酸乳等发酵乳制品的非洲马赛族（Maasai）人血清胆固醇的研究、对新生儿的研究、对常饮酸乳的美国人的调查以及直接对酸乳的研究等，均发现乳酸菌具有降低人体血清胆固醇的作用[64]。Gilliand 等提出嗜酸乳杆菌对胆固醇具有同化作用[65]；Rasic 也证明双歧杆菌对胆固醇具有同化作用[66]；而共沉淀理论认为乳酸菌产生胆盐水解酶使胆盐失去共轭作用，在酸性（pH<6.0）条件下水解共轭胆盐与胆固醇形成复合物共同沉淀下来，即降低了胆固醇的溶解性使其不能被吸收，从而通过粪便排出。2005 年，潘道东等从发酵乳中通过体外筛选得到 1 株胆固醇降解率为 41.87%的乳酸乳球菌乳亚种 LQ-12，并建立高脂大鼠模型，发现将乳酸乳球菌乳亚种 LQ-12 发酵乳按 1mL/g 饲料的比例添加到高脂饲料中，使每只大鼠摄入的乳酸乳球菌乳亚种 LQ-12 达到 10^9CFU/d，饲喂 28d 后可表现出显著的体内降胆固醇和降甘油三酯效果。由此表明，乳酸乳球菌乳亚种 LQ-12 在体内和体外具有显著的降胆固醇作用[67]。在乳酸菌活菌或其发酵乳降低血清总胆固醇研究方面，用添加乳酸菌冻干粉的高脂饲料喂大鼠实验组，大鼠血清总胆固醇、血清硫代巴比妥酸水平显著降低[68]。

血液中胆固醇含量高是诱发心血管病的重要因素。已有研究证实，服用嗜酸乳杆菌可调节血清胆固醇水平[69]。王立平等从来自蒙古的酸马乳中分离、筛选出 3 株嗜酸乳杆菌，其中 1 株（MG2-1）对原介质中胆固醇的脱除率达 51.74%[70]。张和平等从内蒙古牧民家庭采集的酸马乳中分离、筛选出 1 株耐酸性强的干酪乳酪杆菌 Zhang，将其制成发酵乳后，其对人工胃肠消化液的耐受性高于纯菌体[71]。这是由于乳蛋白对消化液的缓冲作用和对菌体的保护作用。该菌株在 37℃下培养 24h 可脱除培养介质中 49.61%的胆固醇。陈阳等从新疆伊犁地区牧民家庭采集的酸马乳中分离到 1 株干酪乳酪杆菌，经测定其对胆固醇的降解率达 44.1%[72]。

卢海鹏以内蒙古锡林郭勒盟采集的 4 份酸马乳样品为原材料，对其乳酸菌进行分离和生化鉴定，共分离出 63 株乳酸菌，分别为鼠李糖乳酪杆菌（*Lacticaseibacillus rhamnosus*）30 株、府中乳杆菌（*Lactobacillus fuchuensis*）14 株、耐酸乳杆菌（*Lactobacillus acetotolerans*）11 株和植物乳植杆菌（*Lactobacillus plantarum*）8 株。从优势菌鼠李糖乳酪杆菌中随机挑选 12 株，通过耐酸试验、磷硫铁（P-SFe）比色法和单试剂法（GPO-PAP）测定外降胆固醇效果，显示 12 株鼠李糖乳酪杆菌均具有良好的耐酸性，其中 D-3、D-12 和 A-5 体外降胆固醇效果最佳，其对胆固醇的降解率分别为（43.94±0.06）%、（47.58±0.53）%以及（45.82±1.10）%，降甘油三酯率分别为（22.40±1.05）%、（17.19±0.84）%以及（16.64±0.61）%。将 D-3、D-12 和 A-5 进行 16S rDNA 分子鉴定，结果显示 3 株乳酸菌均为鼠李糖乳酪杆菌，与生化鉴定结果一致。并用这 3 株鼠李糖乳酪杆菌的脱脂乳菌液灌胃维斯塔尔（Wistar）大鼠，测定其体内胆固醇水平变化情况，发现 3 株鼠李糖乳杆菌均能降低高脂 Wistar 大鼠肝脏指数及血清中 TC 和 TG 含量，对 HDL-C 无明显影响，其中鼠李糖乳酪杆菌 D-12 降胆固醇效果最佳[73]。

陈阳以从新疆维吾尔自治区乌鲁木齐市和伊犁地区酸马乳筛选出的 14 株乳酸菌为材料，进行降解胆固醇能力测定的试验，其中 5 菌株 A1、B3、H1、H3、S1 对胆固醇的降解能力比较强，并且采用常规生理生化试验，初步证实这些菌株都属于乳酸菌[74]。

刘云鹏从新疆地区牧民家庭传统方法制作的 6 份酸马乳样品中分离出 18 株乳杆菌，并对 18 株乳杆菌做了 pH 3.0 的人工胃液耐受性、5g/L 胆盐耐受性、疏水性及体外脱除胆固醇能力等潜在益生特性的研究，通过实验筛选出 2 株具有较好益生特性的乳杆菌 E7304 和 XB4-1，对这两株菌进行了体外降胆固醇机制及体内降胆固醇作用的研究。发现乳杆菌

E7304 和 XB4-1 具有较强的耐酸性、耐胆盐性及体外降胆固醇能力；它们在 pH 3.0 的人工胃液中经 3h 后，存活率分别达到 71.31%和 57.14%；在 5g/L 胆盐中存活率分别达到 79.0%和 46.7%；体外降胆固醇能力分别达到 59.7%和 37.7%。乳杆菌 E7304 和 XB4-1 体外降胆固醇的机制是以吸收同化为主的吸收同化及吸附、共沉淀共同作用的结果。灌胃乳杆菌 E7304 和 XB4-1 可以明显降低高血脂大鼠 TC、TG 及低密度脂蛋白胆固醇（LDL-C）水平并显著提高 HDL-C 水平。结果表明乳杆菌 E7304 和 XB4-1 对高血脂大鼠具有降胆固醇的作用。同时在喂养过程中，乳杆菌 E7304 和 XB4-1 在大鼠体内不发生肝肠易位，是安全的。利用 16S rDNA 序列同源性分析，鉴定乳杆菌 E7304 和 XB4-1，结果证明其分别是植物乳植杆菌和开菲尔乳杆菌[75]。

金鑫对采集于内蒙古锡林浩特市正蓝旗、阿巴嘎旗的 9 份酸马乳样品进行了微生物组成分析，通过传统生理生化性状分析对其中分离到的 11 株乳杆菌进行了属种的鉴定。从中筛选出 1 株体外降解胆固醇能力较强的乳杆菌，绘制了该菌株的生长曲线，并对其耐酸性、耐胆汁盐等益生特性做了初步研究。结果表明，9 份酸马乳样品中，1 份样品中乳酸菌数为 2.18×10^8CFU/mL，其余 8 份样品中乳酸菌数在 1.15×10^7 ~ 9.12×10^7CFU/mL；9 份酸马乳样品中，1 份样品中的酵母菌数为 6.68×10^4CFU/mL，3 份样品中的酵母菌数在 1.50×10^5 ~ 5.34×10^5CFU/mL，5 份样品中的酵母菌数在 1.87×10^6 ~ 4.05×10^6CFU/mL。11 株乳杆菌分离株中，9 株归为嗜酸乳杆菌，2 株归为瑞士乳杆菌。11 株乳杆菌在含胆汁盐和不含胆汁盐的胆固醇筛选培养基中均有降解胆固醇的能力，但其能力的大小有所不同。在含胆汁盐的胆固醇筛选培养基中，11 株菌株胆固醇的脱除率均有所降低。其中 1 株胆固醇脱除率为 35.2%的乳杆菌在发酵 4~16h 时为生长期，16~20h 时为对数生长期，20~24h 时为稳定期，24h 后为衰亡期，具有一定的耐酸、耐胆汁盐降胆固醇的特性，可以保证一定数量的菌体到达小肠，从而发挥其作用[76]。

（三）具有调节血压作用的乳酸菌

高血压的发病机制包括：肾素-血管紧张素系统（RAAS）、交感神经系统、一氧化氮合酶/一氧化氮（NOS/NO）、内皮素和胰岛素浓度过高等。其中 RAAS 是调节机体的钠钾平衡、血容量和血压的重要系统。起推动作用的是肾素的释放，静脉血中的肾素将肝脏产生的血管紧张素原水解为血管紧张素Ⅰ，再经肺循环中的血管紧张素转换酶（ACE）转化为血管紧张素Ⅱ（AngⅡ），AngⅡ可直接使小动脉平滑肌收缩，外周阻力增加；还可使交感神经冲动发放增加；醛固酮分泌增加，体内水钠潴留；最终导致血压升高。在该系统中，ACE 是一个很重要的促进血压升高的物质，也是研究自发性高血压的重要物质[77]。

据报道，包括发酵马乳（Koumiss）和发酵牦牛乳（Kurut）在内的传统含醇发酵乳表现出 ACE 抑制活性和有益的高血压抑制效应。在含醇发酵乳中存在能发挥心血管益处的物质，例如油酸、长链 ω 脂肪酸、植物甾醇和生物活性肽等，其中某些生物活性肽可以在单次口服剂量和慢性给药后控制高血压动物的动脉血压[70, 71]。此外，这些食物衍生肽中的一些可以降低高血压患者的收缩压（SBP）和舒张压（DBP）。尽管在含醇发酵乳中，ACE 抑制剂的降压作用是很明确的，但其他机制，如一氧化氮途径或阿片类药物活性也应被关注[77]。

高血压是导致心血管病的最重要的危险因素。ACE 抑制肽可降低高血压患者的血压，降低心血管病风险。Sun 等从酸马乳中分离出 21 株乳杆菌，其中 16 株具有 ACE 抑制活性[78]。李玉珍比较了酸牛乳、酸马乳、酸骆驼乳的 ACE 抑制活性，发现酸马乳的 ACE 抑制活性最强，其中内蒙古锡林浩特酸马乳对 ACE 的抑制率为 35.98%[79]。

（四）具有抗氧化作用的乳酸菌

清除过多的氧化自由基是延缓衰老、预防多种疾病的重要措施。孟和毕力格等从酸马乳中分离到 1 株嗜酸乳杆菌 MG2-1。经实验证实，该菌株具有一定的抗氧化能力。M2-1 活菌制剂能使大鼠肝脏匀浆中超氧化物歧化酶（SOD）和谷胱甘肽过氧化物酶（GSH-Px）活力明显提高，显著降低大鼠血液和肝脏组织匀浆中丙二醛（MDA）含量[43]。经热致死的菌体制剂则会丧失抗氧化作用[80]。

2005 年，孟和毕力格利用分离自酸马乳的、并经过耐酸耐胆盐筛选的嗜酸乳杆菌 MG2-1 制备热致死菌体和活菌制剂后灌服大鼠，测定大鼠肝脏组织匀浆、血清 SOD 和 GSH-PX 活力以及 MDA 含量。发现活菌制剂能够使大鼠肝脏组织匀浆中的 SOD 和 GSH-PX 活力均显著提高，大鼠血清中 GSH-PX 活力显著提高。该活菌制剂能够显著降低大鼠血液和肝脏组织匀浆中的 MDA 含量，且其抗氧化作用优于热致死菌体制剂[81]。

正常情况下，体内自由基的产生和清除是平衡的，一旦体内自由基代谢失衡，超氧化物自由基、羟自由基、过氧化氢和过氧化物自由基增多就会导致细胞损伤，使机体衰老，并引发一些疾病，如糖尿病、高血压、关节炎、心血管疾病和癌症等。研究表明，存在于食品中的抗氧化活性物质通过清除自由基和活性氧成分，在机体内维持抗氧化系统中起着至关重要的作用。使用益生菌发酵的乳制品具有抗氧化活性，含醇发酵乳是通过多种益生菌获得的乳制品。目前含醇发酵乳抗氧化的机制被认为是：①含有超氧化物歧化酶；②产生了还原型谷胱甘肽；③自身具有还原型烟酰胺腺嘌呤二核苷酸（NADH）氧化酶和 NADH 过氧化酶活性；④自身具有还原性；⑤含醇发酵乳中的抗氧化活性肽能被机体吸收，从而在机体中表现出了抗氧化活性[77]。

二、酵母菌

祝春梅等从新疆乌鲁木齐水西沟及伊犁牧民家庭采集 5 份酸马乳样品，共分离出 25 株酵母菌，经鉴定为单孢酿酒酵母 10 株（占 40%）、马克斯克鲁维酵母 8 株（占 32%），其他还有乳酸克鲁维酵母、酿酒酵母、白地霉以及疑似新菌种菌株，单孢酿酒酵母为优势菌[82]。倪慧娟等从新疆伊犁哈萨克自治州、博尔塔拉蒙古自治州（简称“博州”）、巴音郭楞蒙古自治州（简称“巴州”）的哈萨克族和蒙古族牧民家庭共采集 28 份酸马乳样品，分离出 87 株酵母菌，经鉴定为单孢酵母 42 株（占 48.3%）、马克斯克鲁维酵母 24 株（占 27.6%）、膜醭毕赤酵母（*Pichia membranaefaciens*）13 株（占 14.9%）、酿酒酵母 8 株（占 9.2%）[83]。尽管从菌株总数来看，单孢酵母占绝对优势，但对不同地域而言并非如此。采自伊犁地区尼勒克县唐布拉牧场、博尔塔拉蒙古自治州赛里木湖牧场、巴音郭楞蒙古自治州巴音布鲁克 3 地样品的优势菌为单孢酵母，而采自乌苏市巴音沟牧场、新源县那拉提高山草原 2 地样品的优势菌为马克斯克鲁维酵母。Montanari 等研究了来自不同地区的

94份酸马乳样品，从中分离出417株酵母，包括非乳糖发酵型酵母165株、乳糖发酵型酵母12株、半乳糖发酵型酵母240株，非乳糖发酵型的单孢酵母为酸马乳的特征酵母，并且其数量随海拔的升高而增加[84]。Quan等认为，传统酸马乳中的酵母属、克鲁维酵母属、假丝酵母属在发酵过程中起着特殊作用，与酸马乳的营养价值和保健作用有密切关系[85]。

赵美霞对分离自内蒙古牧民家庭酸马乳中的19株酵母菌进行抑菌试验，结果表明，酒香酵母属的2株菌、类酵母属的1株菌、厚壁孢酵母属的1株菌以及未归属的1株菌对致病性大肠杆菌有抑制作用，其中2株酵母菌同时对金黄色葡萄球菌、结核分枝杆菌（*Mycobacterium tuberculosis*）有抑菌作用。抑菌活性物质集中在发酵液的上清液部分[86]。

第三节　酸马乳中的生物活性物质

酸马乳中的功能性成分来自生马乳以及微生物发酵产生的代谢产物，主要有必需氨基酸、多肽、不饱和脂肪酸、乳酸、乙醇、常量和微量矿质元素、维生素、牛磺酸、免疫球蛋白、乳铁蛋白、溶菌酶、胞外多糖、细菌素、γ-氨基丁酸、共轭亚油酸、血管紧张素转化酶抑制肽、外泌体（exosomes）等。这些成分具有促进生长发育、增强骨密度、调节免疫、调整肠道菌群、保护心血管、降脂降压、调节血糖、改善神经功能、清除自由基、延缓衰老、抑菌杀菌、抑瘤抗癌等作用[87]。

一、生物活性肽

通常所说的生物活性肽，是一类具有调节机体新陈代谢、参与生命活动调节或具有某些特殊作用的肽类物质，又称功能肽。分为内源性和外源性生物活性肽，即天然存在活性肽和蛋白酶解活性肽[88]。大多数已知的生物活性肽通常含有2~20个氨基酸残基，这些残基与特定序列连接，在特殊情况下，这个范围可以扩大。生物活性肽的活性取决于其结构，如氨基酸组成、N端和C端氨基酸类型、肽链的质量和长度、氨基酸的电荷特性、疏水和亲水特性、空间结构等[89]。迄今为止，在食品中发现的生物活性肽主要有免疫调节、抗菌、抗血栓、矿物质结合、抗氧化、抗高血压、低胆固醇等功能特性[10-12]。

（一）细菌素

细菌素是乳酸菌在代谢过程中通过核糖体合成机制产生的一类具有抑制作用的蛋白质或多肽。它可以广泛地抑制革兰阳性菌，尤其是一些腐败菌和病原菌，且与螯合剂结合也可抑制一些革兰阴性菌。目前已被分离获得并实际应用的细菌素有乳酸链球菌素（Nisin）、乳杆菌素（Lactocin）、双球菌素（Diplococcin）等。翟光超等以从酸马乳中分离出的肠膜明串珠菌葡聚糖亚种为试验材料，研究了菌株代谢产生抑菌物质的培养基条件，提纯出抑菌活性物质粗品，并按不同剂量添加到巴氏杀菌乳中。结果显示，该抑菌物质粗品可抑制巴氏杀菌乳中的微生物生长，延长产品保质期[13]。郝彦玲等对分离自新疆传统酸马乳中的乳酸片球菌所产细菌素进行了研究。结果表明，该细菌素具有良好的热稳定性及酸碱稳定性；以单核细胞增生李斯特菌为指示菌，确定其对细菌的作用方式为杀死细菌，此外，还能抑制戊糖片球菌、嗜热链球菌、嗜酸乳杆菌、肠膜明串珠菌葡聚糖亚种、短乳杆菌等；通过三（羟甲基）甲基甘氨酸-SDS-PAGE（Tricine-SDS-PAGE）活性抑菌试验测定得知，此细菌素的分子质量在14.4ku以下，初步确定其为Ⅱa类细菌素[90]。党莹对分离自新疆传统酸马乳中的面包乳杆菌所产细菌素进行了研究。主要结果为：具有良好的热稳定性，在121℃、30min条件下仍能保持90%的抑菌活性；具有较广的抗菌谱，不仅对金黄色葡萄球菌及其耐药菌、沙门菌及其耐药菌、粪肠球菌等革兰阳性菌具有良好的抑菌作用，而且对大肠杆菌、阪崎肠杆菌（*Enterobacter sakazakii*）等革兰阴性菌也有同等的抑菌效果[91]。

（二）血管紧张素转化酶（ACE）抑制肽

ACE抑制肽是一类具有ACE抑制活性的多肽物质，属于竞争性抑制剂。关于ACE抑制肽的研究可以追溯到20世纪70年代。1965年，Ferreira从巴西矛头蝮蛇（*Bothrops jararaca*）的蛇毒中分离出一种活性肽，具有增强缓激肽的作用，故将其称为缓激肽增强因子（bradykinin potentiating factors，BPF）。后来又发现这种肽类物质具有抑制ACE活性的作用，使血管紧张素Ⅰ转变为血管紧张素Ⅱ的过程发生障碍，起到降压作用[92]。1971年，Ondetti等从蝮蛇中分离出一种九肽——壬肽抗压素（teprotide），又称SQ20881，在降低原发性高血压方面取得较好的疗效，静脉注射后作用时间长，但口服无效[93]。1977年，Cushman和Cheung等根据竞争性抑制机制和已获得的ACE抑制肽的结构特点，提出了ACE活性部位的假设模型，Ondetti等根据此模型合成了第一种口服有效的降血压药物——卡托普利（Captopril）[94,95]。1979年，Oshima等从明胶的酶解液中最早提取到了食源ACE抑制肽[96]。1982年，Maruyama等第一次从酪蛋白的水解物中分离到了具有ACE抑制活性的小肽[97]。1995年，Nakamura等用瑞士乳杆菌和酿酒酵母发酵乳制成可尔必思（Calpis）酸乳，并从中分离到了ACE抑制肽IPP和VPP[98]。人们现已从麦胚蛋白、乳酪蛋白、乳清蛋白、大豆蛋白、大米蛋白等蛋白质中分离纯化到了各种结构、序列及大小不一的具有抑制ACE活性的小肽[99-103]。

1. ACE抑制肽的结构特征及分类

目前虽然没有研究能够完全解析ACE抑制肽的功能与结构关系（function-structure relation），但研究发现ACE抑制肽的结构一般具有如下共同特征：①通常包含2~20个氨基酸残基，但集中于分子质量小于1ku的2~10个残基的短肽；②疏水性氨基酸（芳烃或支链）含量高；③ACE抑制肽C末端序列强烈影响ACE抑制肽与ACE的亲和力，尤其在高活性短肽的序列中此特征更加明显（许多具有ACE抑制活性的二肽和三肽的C末端残基为Tyr、Phe、Trp或Pro）[104,105]。在长链肽中，C末端的疏水性残基可通过肽结构和连接位点有效提高ACE抑制活性[106]，特别是C末端的Pro从反式至顺式的结构变化对酶底物的亲和力产生重大变化，反式构象具有最佳功效[107,108]。2005年，Pripp、Isaksson、Stepaniak和Sorhaug建立了乳蛋白来源的ACE抑制肽的定量构效关系（quantitative structure-activity relationships，QSAR），其应用限于肽的残基数最多为6个，并发现C末端正电荷氨基酸的存在也可以对ACE抑制肽的活性提高做出重大贡献[109,110]。为区分ACE底物及真正的ACE抑制肽，在检测肽的ACE抑制活性前，通常将肽与ACE共同孵育，而由此将 ACE 抑制肽分为 3 类[111,112]。

（1）抑制剂类型　这类肽与 ACE 孵育后其半抑制浓度（IC_{50}）不变，也即 ACE 不能将这种肽水解，它的活性保持不变，如 Ile-Tyr 和 Ile-Lys-Trp。

（2）前体药抑制剂类型　这类肽被 ACE 或胃肠道消化酶水解后转化为真正的 ACE 抑制剂，如 Leu-Lys-Pro-Asn-Met（IC_{50}=2.40μmol/L）被 ACE 水解后生成活性更强的 Leu-Lys-Pro（IC_{50}=0.32μmol/L）。静脉注射 Ile-Val-Gly-Arg-Pro-Arg-His-Gln-Gly 并未对原发性高血压（SHR）产生降压作用，但它在消化道中被胰蛋白酶水解生成 His-Gln-Gly 和 Ile-Val-Gly-Arg-Pro-Arg，后者具有降压作用。

（3）底物类型　这类肽被 ACE 水解生成活性更低或无活性的肽片段，如 Phe-Lys-Gly-Arg-Tyr-Tyr-Pro（IC_{50}=0.55μmol/L）被水解生成 Phe-Lys-Gly、Arg-Tyr 和 Tyr-Pro，其 IC_{50} 升至 34μmol/L。

2. ACE 抑制肽的作用机制

研究发现，ACE 是一种金属肽酶，含有两个结合 Zn^{2+} 的位点，即所谓“必须结合位点”（obligatory binding site）。此外，还含有一个或几个“附加结合点”。Zn^{2+} 结合位点是 ACE 催化反应的活性基团所在部位。包括降血压肽在内的各种血管紧张素转化酶抑制剂（ACEI）的共同作用是与 ACE 活性部位的 Zn^{2+} 结合，使其失活。ACEI 与此基团结合的强度及与附加结合点结合的数目决定了 ACEI 作用的强度和持续时间。降血压肽是对 ACE 活性区域亲和力较强的竞争性抑制剂，它们与 ACE 的亲和力比血管紧张素 I 或缓激肽更强，而且也较不容易从 ACE 结合区释放，从而阻碍了 ACE 催化水解血管紧张素 I 成为血管紧张素 Ⅱ 以及催化水解缓激肽成为失活片段的两种生化反应过程，起到降血压的作用[113]。

3. 酸马乳源 ACE 抑制肽研究现状

血管紧张素转换酶是多功能酶，存在于体内肾素-血管紧张素系统（renin angiotensin system，RAS）和激肽释放酶-激肽系统（kallikerni-kininsysetm，KKS）中，前者是升压调节系统，后者是降压调节系统，对血压调节起重要作用，ACE 抑制肽能竞争性地抑制 ACE 活性，阻断 RAS 的升压作用，增强 KKS 的降压作用，从而起到下调高血压患者血压的效果[114]。酸马乳中富含 ACE 抑制成分。王朝霞等研究表明，传统酸马乳乳清的 ACE 抑制率为 65.77%，肽质量浓度为 0.321g/L，ACE 抑制效率（IER）为 2.049L/g；经超滤膜截留、凝胶柱层析分离得到的组分 C，ACE 抑制率升至 68.96%，肽浓度升至 0.108g/L，ACE 抑制效率达 6.3852L/g[115]。岳佳对酸马乳经胃蛋白酶、胰蛋白酶和糜蛋白酶消化处理后的 ACE 抑制活性变化进行分析表明，酸马乳中的 ACE 抑制肽属于前体药物类型或前体药物类型和真正抑制物类型的混合物。酸马乳经离心、超滤、反相高效液相色谱（RP-HPLC）分离得到 21 个组分，其中 4 个 ACE 抑制肽（PI、PK、PM 和 PP）的抑制效率最高，其 IC_{50} 分别是（14.53±0.21）μmol/L、（9.82±0.37）μmol/L、（5.19±0.18）μmol/L 和（13.42±0.17）μmol/L。最后运用基质辅助激光解吸电离飞行时间质谱（MALDI-TOF-MS）测试技术对 4 个高活性 ACE 抑制肽结构进行分析，确定氨基酸序列分别为 YQDPRLGPTGELDPATQPIVAVHNPVIV、PKDLREN、LLLAHLL 和 NHRNRMMDHVH。经氨基酸序列比对分析可知，只有 PI 来源于马乳蛋白（β-casein：f213-241），而其他 3 个肽（PK、PM、PP）未找到来源蛋白质或肽。这 4 种肽具有较高的热和酸稳定性，属于前体药物类型或前体药物类型与真正抑制物类型的混合物[116]。

二、胞外多糖

酸马乳中的糖类物质以乳糖浓度最高，但仍含有胞外多糖（EPS）等其他糖类物质，胞外多糖是一种黏多糖或荚膜多糖，在乳酸菌的生长代谢过程中产生的，可改善发酵乳制品口感、组织状态和流变性[117]。大量研究证明，EPS 具有增强免疫力、调整肠道、降低胆固醇、清除自由基、抗炎症、抗肿瘤等生理活性[118,119]。唐血梅等从新疆伊犁昭苏县牧民自制酸马乳中筛选出一株高产胞外多糖的干酪乳酪杆菌。通过培养条件优化，确定其产 EPS 的最佳培养条件为葡萄糖 20g/L、蛋白胨 15g/L、发酵时间 28h、初始 pH 6.5，在此条件下 EPS 产量为 121.6mg/L[120]。

白丽娟从内蒙古牧民家庭采集的 12 份酸马乳中分离出 72 株乳酸菌，其中 56 株具有合成 EPS 的能力，经鉴定分别属于乳酸乳球菌、瑞士乳杆菌、干酪乳酪杆菌、植物乳植杆菌、德氏乳杆菌和肠膜明串珠菌肠膜亚种等。其中瑞士乳杆菌的 EPS 产量最高，平均达 110.39mg/L。对产量最高的瑞士乳杆菌 SMN2-1 进行诱变育种，筛选到 1 株传代稳定性好、EPS 产量最高的菌株 UN-8，在最适条件下合成 EPS 量达 408.5mg/L，比初始菌株 SMN2-1 产量提高 2.7 倍。对初始菌株的粗糖进行纯化，获得纯品多糖 EPS-S1 和 EPS-U1[121]。体外试验和动物试验表明，两种纯品多糖均具有较强的抗氧化能力和提高免疫力功能。此外，李景艳对乳酸菌胞外多糖的抗氧化活性及其结构进行了研究，结果表明，从发酵液中可提取、分离、纯化得到一种具有抗氧化作用的酸性多糖组分 EPS-3[122]。由此可见，能够产生胞外多糖的乳酸菌具有抗氧化、抗衰老等保健作用，且乳酸菌是食品级微生物，已被认为是“一般认为安全”（GRAS）级食品添加剂，应用于功能性食品中较安全。

刘明超等对酸马乳源植物乳植杆菌 NM18 所产胞外多糖采用乙醇沉淀法、阴离子交换法和凝胶过滤层析法进行纯化，得到 6 种组分（EPS-1A、EPS-1B、EPS-2、EPS-3、EPS-4 和 EPS-5），并对其一级结构进行鉴定。组分 EPS-1A、EPS-1B、EPS-2 均由甘露糖、葡萄糖和半乳糖组成；组分 EPS-3 由甘露糖、葡萄糖、半乳糖、鼠李糖、岩藻糖和 *N*-乙酰葡萄糖胺组成；组分 EPS-4 由甘露糖、葡萄糖、半乳糖、*N*-乙酰葡萄糖胺组成；组分 EPS-5 由甘露糖、半乳糖和 *N*-乙酰葡萄糖胺组成，含有微量的岩藻糖及阿洛糖。组分 EPS-1A、EPS-1B 和 EPS-2 的糖苷键构型为 α 型和 β 型的混合物[123]。

唐血梅从新疆水西沟、伊犁昭苏县的酸马乳中共分离出 21 株乳酸菌，通过形态学特征观察、生理生化试验及糖发酵试验，鉴定这 21 株菌分别为瑞士乳杆菌 3 株、德式乳杆菌 3 株、干酪乳酪杆菌 6 株、植物乳植杆菌 6 株和嗜酸乳杆菌 3 株。通过苯酚硫酸法，测定发酵液中胞外多糖的含量，筛选出 2 株产胞外多糖含量高的乳酸菌，采用 16S rDNA 分子测序，鉴定这 2 株菌为干酪乳酪杆菌 Zhang。为了提高干酪乳酪杆菌 Zhang 胞外多糖的合成量，采用响应面法对干酪乳酪杆菌 Zhang 的培养条件进行研究。发现 37℃条件下发酵鲜马乳 15h 时，发酵乳的酸度为 96.03°T，pH 为 4.41，黏度为 220mPa·s。通过测定乳酸菌胞外多糖清除 1,1-二苯基-2-三硝基苯肼（DPPH）自由基、羟自由基（·OH）、超氧自由基（$\cdot O_2^-$）的能力，研究乳酸菌胞外多糖的抗氧化活性。当胞外多糖质量浓度为 2.25mg/mL 时，对 DPPH 和羟自由基的清除率分别为 28.9% 和 62.34%；当胞外多糖质量浓度为

2.75mg/mL 时，对超氧自由基的清除率为 68.44%[124]。

王荣玉以酸马乳中分离筛选的一株植物乳植杆菌 NM18 为出发菌株，对其产生的 EPS 进行分离纯化、初级结构解析以及体外抗氧化等研究。运用 DEAE－Cellulose 52 和 Sepharose CL－6B 层析柱对菌株 NM18 粗多糖进行初步分级分离和进一步纯化，共得到 EPS－1A、EPS－1B、EPS－2、EPS－3、EPS－4 和 EPS－5 6 个组分；采用高压凝胶色谱（HPSEC）法对各组分的纯度鉴定，证明均为纯度较高的 EPS 组分，同时以葡聚糖为标准品，测得各 EPS 纯化组分的分子质量分别为 2.11×10^5、2.04×10^5、2.02×10^5、2.17×10^5、2.09×10^5 和 1.93×10^5u。通过物理和化学等多种方法进行了各 EPS 纯化组分的结构解析：紫外全波长扫描显示 EPS－1A、EPS－1B、EPS－2、EPS－3、EPS－5 在 260～280nm 附近均无吸收峰，EPS－4 在 260～280nm 附近有很强的吸收峰，表明 EPS－4 中蛋白质含量较高；糖腈乙酸酯衍生物结合 GC－MS 分析各 EPS 纯化组分的单糖组成，结果表明：EPS－1A、EPS－1B 和 EPS－2 均由甘露糖、葡萄糖和半乳糖组成，比例分别为 8.64∶2.63∶1、3.22∶2.68∶1 和 8.23∶1.03∶1，EPS－3 由甘露糖、葡萄糖、半乳糖和 *N*－乙酰葡糖胺组成，含有微量鼠李糖和岩藻糖，比例为 0.74∶5.47∶1.04∶1∶0.16∶0.18，EPS－4 由甘露糖、葡萄糖、半乳糖和 *N*－乙酰葡糖胺组成，比例为 1.49∶0.36∶1∶2.49，EPS－5 由甘露糖、半乳糖和 *N*－乙酰葡糖胺组成，含有微量岩藻糖及阿洛糖，比例为 1∶6.73∶4.82∶0.91∶0.11。运用化学方法分别分析了各 EPS 纯化组分的体外抗氧化活性，结果表明：各 EPS 纯化组分在体外均能清除 DPPH 自由基和羟自由基，还原铁离子，具有一定的体外抗氧化活性。其中，EPS－4 的整体抗氧化活性相对较高，EPS－1A 和 EPS－1B 的抗氧化活性相当，EPS－2、EPS－3 和 EPS－5 在清除 DPPH 自由基、羟自由基和还原铁离子方面的差异较大[125]。

三、γ－氨基丁酸

γ－氨基丁酸（γ－aminobutyric acid，GABA）又称氨酪酸、哌啶酸，是由谷氨酸经酶催化转化而来的一种广泛存在于生物中的、非蛋白质组成的天然氨基酸和功能性氨基酸，是中枢神经系统中重要的抑制性神经递质，具有保护心血管、降低血压、改善大脑细胞代谢、增强记忆力、促进睡眠、抗焦虑、防止癫痫病、延缓脑衰老等一系列生理功能，并作为特殊人群的营养强化剂而得到广泛应用，已作为一种新型的功能性因子被广泛应用于医药、食品、保健等行业，可开发功能性食品以满足不同人群的需求。曾小群等从新疆酸马乳中分离出 8 株乳酸菌，经纸层析和改良纸层析实验，获得 4 株产 GABA 的乳酸菌，其中 S5 菌株产量最高，达 1.6g/L。经鉴定，该菌株为戊糖乳杆菌（*Lactobacillus pentosus*）[126]。

四、共轭亚油酸

共轭亚油酸（CLA）是一类由亚油酸（十八碳二烯酸，$C_{18:2}$）衍生而成的含有共轭双键并且双键位置和顺反构型不同的亚油酸异构体，具有调节脂质和葡萄糖代谢、降低胆固醇、预防心脑血管病、促进肌肉和骨骼发育、降脂减肥、清除体内过剩自由基、抗衰老、增强免疫力、抗癌等一系列生理功能。研究证实，乳酸杆菌属、丁酸弧菌属、丙酸杆菌属、真杆菌属等微生物可利用自身的亚油酸异构酶催化亚油酸产生 CLA。李玉珍测定了 5

份采自内蒙古和蒙古的酸马乳样品，其中 3 份检出 CLA，含量分别为 28.79g/mL、7275.33g/mL 和 8113.93g/mL[19]。说明在酸马乳样品中 CLA 含量的差距很大，其原因有待深入研究。

五、乳清酸

酸马乳在发酵过程中产生 0.5%～1%（质量分数）的乳清酸，营养学家们认为乳清酸能抑制肝脏合成胆固醇，降低血液中胆固醇的总量。其机制包括 2 个方面：①将饱和脂肪酸转化为不饱和脂肪酸，而血浆中不饱和脂肪酸的水平取决于食品中核苷酸的水平；②对脂蛋白组成的影响。乳清酸的这 2 种作用对血清中的胆固醇含量有极大的调节作用。胆固醇在体内的合成至少需要 29 种酶参与，其中任何一种酶的活性受到影响，都会影响胆固醇在体内的合成，尤其是其中的主要酶类，如限速酶——3-羟基-3-甲基戊二酰辅酶 A 还原酶（HMG-CoA）、胆固醇酰基移换酶（LCAT）等。参与体内胆固醇合成的酶体系的抑制剂主要包括维生素、金属阳离子、微生物中的酶类、不饱和脂肪酸等。当乳清酸将饱和脂肪酸转化为不饱和脂肪酸时，体内胆固醇合成途径中的酶活性受到抑制，控制了体内胆固醇的合成。因此，乳清酸的这两种作用能够在一定范围内切断胆固醇的生物合成途径，进一步限制胆固醇的形成和积累。此外，乳清酸还有扩张血管、降低血压的作用。饮用酸马乳后，可使冠状动脉胆固醇水平下降，控制血脂含量，防止血液凝结和在血管壁上的沉积，预防血管硬化和血栓的形成[19]。

参考文献

[1] 火焱，哈斯苏荣，阿木古楞．酸马奶的营养成分及活性分子研究现状［J］．内蒙古畜牧科学，2002（6）：22-23.

[2] Buisembaev K. Obstacles on the path to rearing horses for dairying［J］. Konevodstvoi Konmyi Sport，1989（9）：6.

[3] 郭利亚，黄锐，杜兵耀，等．浅议奶的非营养功能——奶与奶制品潜在健康功能的前瞻性研究动态［J］．中国乳业，2020（5）：2-16.

[4] 姚新奎．伊犁马、新吉马及其杂交马乳理化指标、泌乳特性初步研究［D］．乌鲁木齐：新疆农业大学，2011.

[5] 吕岳文，王红娟，杨洁．高效凝胶渗透色谱法检测马初乳中的免疫球蛋白 G［J］．色谱，2011，29（3）：265-268.

[6] Hwang S A，Kruzel M L，Actor J K. Immunomodulatory effects of recombinant lactoferrin during MRSA infection［J］. International Immunopharmacology，2014，20（1）：157-163.

[7] 刘贤慧．中国南方荷斯坦奶牛乳中脂肪酸变化规律及其乳腺炎的影响［D］．扬州：扬州大学，2014.

[8] 杨文华，德慧，张珉．马乳及乳产品利用［J］．内蒙古民族大学学报，2008（2）：89-90.

[9] Appelmelk B J，An Y Q，Geerts M，et al. Lactoferrin is a lipid A-binding protein［J］. Infection and Immunity，1994，62（6）：2628-2632.

[10] 张同童，柳晓丹，陈西，等．乳铁蛋白的研究进展［J］．中国乳品工业，2016，44（12）：26-29.

[11] 李林，刘思国，成国祥．乳铁蛋白的结构与功能［J］．食品与药品，2006（12）：28-31.

[12] Jacobsen L C，Sorensen O E，Cowland J B，et al. The secretory leukocyte protease inhibitor（SLPI）and the secondary granule protein lactoferrin are synthesized in myelocytes，colocalize in subcellular fractions of neutrophils，and are coreleased by activated neutrophils［J］. Journal of Leukocyte Biology，2008，83（5）：1155-1164.

[13] Baker E N，Baker H M. Lactoferrin［J］. Cellular and Molecular Life Sciences，2005，62（22）：2531-2539.

[14] 邸维．热处理对乳铁蛋白理化特性及促成骨细胞增殖活性的影响［D］．烟台：烟台大学，2012.

[15] 孙晶，张昊，郭慧媛，等．乳铁蛋白抑菌功能的研究进展［J］．中国乳业，2012（10）：38-41.

[16] 张晓春，葛良鹏，李诚．乳铁蛋白、抗坏血酸和乳酸钠复合保鲜冷鲜调理肉的初探［J］．农产品加工，2010（8）：54-56.

[17] 张凯．乳铁蛋白对早期断奶仔猪生产性能的影响及其作用机理研究［D］．长沙：湖南农业大学，2012.

[18] 高远，杨丽杰，马满玲．乳铁蛋白的免疫调节作用研究进展［J］．中国药房，2014，25（37）：3523-3525.

[19] 李玉珍．不同传统发酵乳成分及功能特性的比较研究［D］．呼和浩特：内蒙古农业大学，2015.

[20] Li Q，Bi Q Y，Lin H H，et al. A novel ultrafiltration membrane with controllable selectivity for protein separation［J］. Journal of Membrane Science，2013，427（1）：155-167.

[21] 吴景欢，杨丽琛，刘改革，等．转基因水稻中重组人乳铁蛋白的分离纯化及其抑菌活性研究［J］．卫生研究，2013，42（3）：399-404.

[22] 孔莹莹．乳铁蛋白的成骨作用机制及热处理对其活性影响研究［D］．哈尔滨：哈尔滨工业大学，2012.

[23] Teepakorn C，Fiaty K，Charcosset C. Optimization of lactoferrin and bovine serum albumin separation using ion-exchange membrane chromatography［J］. Separation and Purification Technology，2015，151：292-302.

[24] 傅冰，季秀玲，俞汇颖，等．鸡蛋清中卵转铁蛋白的分离提取研究［J］．河南农业科学，2014，43（3）：158-160.

[25] 李畅．乳铁蛋白水解物中抗菌肽的分离与纯化［D］．哈尔滨：东北农业大学，2015.

[26] Sharbafi R，Moradian F，Rafiei A，et al. Isolation and parification of bovine lactoferrin［J］. Archives of Biochemistry and Biophysics，2011，145（1）：105-114.

[27] 王德伟，游景水，黄远英．反相高效液相色谱法快速测定乳铁蛋白含量［J］．食品安全质量检测学报，2015，6（8）：3088-3092.

[28] 潘丽．金磁酶联免疫法检测牛乳过敏原酪蛋白、α-乳白蛋白的研究［D］．上海：上海师范大学，2016.

[29] 陈永艳．高效毛细管电泳分析乳铁蛋白的方法研究［D］．保定：河北农业大学，2008.

[30] 任璐，龚广予，杭锋，等．采用 HPLC 测定乳铁蛋白质量浓度的方法研究［J］．中国乳品工业，2009，37（2）：49-52.

[31] 周英爽．牛乳中乳铁蛋白与酪蛋白相互作用机制研究［D］．哈尔滨：哈尔滨工业大学，2014.

[32] Lai B H，Chang C H，Yeh C C，et al. Direct binding of concanvalin a onto iron oxide nanoparticles for fast magnetic selective separation of lactoferrin［J］. Separation and Purification Technology，2013，108（108）：83-88.

[33] 王威．生鲜马乳中乳铁蛋白及脂肪酸分析与应用研究［D］．乌鲁木齐：新疆农业大学，2020.

[34] 李蓓，杨虹，芒来．酸马乳中降胆固醇有效成分的研究［J］．畜牧与饲料科学，2008（2）：56-59.

[35] 陈银基．不同影响因素条件下牛肉脂肪酸组成变化研究［D］．南京：南京农业大学，2007.

[36] 刘亚东．马奶营养价值评定及在早产儿配方乳中的应用［D］．哈尔滨：东北农业大学，2012.

[37] 张振．GC-MS 研究不同泌乳期中国人乳脂肪酸组成［D］．哈尔滨：东北农业大学，2014.

[38] Leamy A K，Egnatchik R A，Young J D. Molecular mechanisms and the role of saturated fatty acids in the progression of non-alcoholic fatty liver disease［J］. Progress in Lipid Research，2013，52（1）：165-174.

[39] Vinarova L，Vinarov Z，Tcholakova S，et al. The mechanism of lowering cholesterol absorption by calcium studied by using an *in vitro* digestion model［J］. Food and Function，2015，7（1）：151-163.

[40] Janssen C I，Kiliaan A J. Long-chain polyunsaturated fatty acids from genesis to senescence：the influence of LCPUFA on neural development，aging，and neurodegeneration［J］. Progress in Lipid Research，2014，53（53）：1-17.

[41] 郝薇．*Omega*-3 多不饱和脂肪酸对人肝细胞和巨噬细胞抗炎作用的实验研究［D］．济南：山东大学，2012.

[42] 郑征，葛银林，薛美兰，等．*n*-3 多不饱和脂肪酸饮食对小鼠肥胖及相关细胞因子的影响［J］．食品科学，2010，31（19）：342-346.

[43] Valieva T A，Valiev A G，Kulakova S N. Lipid and fatty acid contents and lipid peroxidation in freeze

dried mare milk during prolonged storage with antioxidants [J]. Voprosy Pitaniya, 1991 (5): 61.
[44] Mann E J. Kefir and koumiss [J]. Dairy Industries International, 1989, 54 (9): 9.
[45] 陈栋梁. 多肽营养学 [M]. 武汉: 湖北科学技术出版社, 2006.
[46] Suzuki T, Yamauchi K, Kawase K, et al. Collaborative bacteriostatic activity of bovine lactoferrin with lysozyme against O111 [J]. Agricultural and Biological Chemistry, 2014, 53 (6): 1705-1706.
[47] Mickelson M N. Antibacterial action of lactoperoxidase-thiocyanate-hydrogen peroxide on *Streptococcus agalactiae* [J]. Applied and Environmental Microbiology, 1979, 38 (5): 821.
[48] 代春雨. 血清溶菌酶水平在急性白血病分类中的临床价值 [J]. 中国社区医师, 2017, 33 (6): 78-80.
[49] 常海军. 不同放牧条件对白牦牛乳中维生素含量的影响研究 [D]. 兰州: 甘肃农业大学, 2007.
[50] Khrisanfova L P. Antimicrobial properties of koumiss from cow and mare milk [J]. Moloch Prom, 1969, 30 (10): 16.
[51] Merilainen V T. Microorganism in fermented milks: other microorganisms [J]. Bulletin International Dairy federation, 1984, 179: 89.
[52] Montanari G, Zambonelli C, Grazia L. *Saccharomyces nisporus* as the principal alcoholic fermentation microorganism of traditional koumiss [J]. Journal of Dairy Research, 63 (2): 327.
[53] 孙天松, 王俊国, 张和平, 等. 中国新疆地区酸马乳中乳酸菌多样性研究 [J]. 微生物学通报, 2007, 34 (3): 451-454.
[54] 张明珠. 新疆酸马乳中乳酸菌的多态性分析及发酵性能研究 [J]. 食品与发酵科技, 2015, 51 (3): 44-48.
[55] 其木格苏都. 自然发酵酸马乳细菌多样性及其基因动态变化研究 [D]. 呼和浩特: 内蒙古农业大学, 2017.
[56] 刘彦敏. 含醇发酵乳生产工艺的开发及生物活性研究 [D]. 昆明: 昆明理工大学, 2021.
[57] 满丽莉, 向殿军, 李华, 等. 酸马乳源产细菌素植物乳杆菌 MXG-68 的益生特性 [J]. 中国乳品工业, 2019, 47 (11): 8-13.
[58] 贺美玲. 酸马乳源乳酸杆菌代谢物对犊牛肠黏膜屏障作用的研究 [D]. 呼和浩特: 内蒙古农业大学, 2020.
[59] 郭雪梅, 王纯洁, 斯木吉德, 等. 酸马乳源发酵乳杆菌对致病性大肠杆菌 O8 的体外抑菌研究 [J]. 中国畜牧兽医, 2018, 45 (10): 2856-2865.
[60] 吴敬, 芒来, 王英丽, 等. 马奶酒中产抑菌物质乳杆菌的筛选及鉴定 [J]. 内蒙古农业大学学报, 2011, 32 (1): 17-22.
[61] 贺银凤. 酸马奶酒中微生物的分离鉴定及抗菌因子的研究 [D]. 呼和浩特: 内蒙古农业大学, 2008.
[62] 陶克涛. 酸马奶瑞士乳杆菌 AJT 全基因组测序和分析 [D]. 呼和浩特: 内蒙古农业大学, 2015.
[63] 宝冠媛. 酸马奶中产抑菌活性物质乳酸菌的筛选、鉴定及抑菌物质特性研究 [D]. 呼和浩特: 内蒙古农业大学, 2015.
[64] Man G, Spoerry A. Study of surfactant and cholsteremia in the Maasai [J]. Am J Cli Nutri, 1974, 27: 464-469.
[65] Gilliland S E, Nelson C R, Maxwell C. Assimilation of cholesterol by lactobacillus [J]. Appl Environ Micro, 1985, 49: 377-381.

[66] Rasic J L, Vujicic L F, Skringer M, et al. Assimilation of cholesterol by some culture of lactic acid bacteria and *Bifidobacteria* [J]. Biotechnol Lett, 1992, 14: 39-44.

[67] 潘道东, 张德珍. 降胆固醇乳酸菌的筛选及其降胆固醇活性研究 [J]. 食品科学, 2005 (6): 233-237.

[68] 高学云, 芒来. 发酵乳中功能性乳酸菌的研究进展 [J]. 内蒙古科技与经济, 2007 (17): 39-40.

[69] Danielson A D, Peo Jr E R, Shahani K M, et al. Anticholesteremic property of *Lactobacillus acidophilus* yoghurt fed to mature boars [J]. J Anim Sci, 1989, 67: 966-974.

[70] 王立平, 徐杰, 云月英, 等. 蒙古传统发酵酸马乳 (Koumiss) 中乳杆菌潜在益生特性的研究 [J]. 中国乳品工业, 2005, 33 (4): 4-10.

[71] 张和平, 孟和毕力格, 王俊国, 等. 分离自内蒙古传统发酵酸马奶中 *L. casei* Zhang 潜在益生特性的研究 [J]. 中国乳品工业, 2006, 34 (4): 4-10.

[72] 陈阳, 姚新奎, 潘道东, 等. 一株酸马奶乳酸菌分子生物学鉴定及降解胆固醇试验研究 [J]. 新疆农业科学, 2009, 46 (5): 1121-1125.

[73] 卢海鹏. 传统酸马奶乳酸菌的鉴定及降胆固醇作用 [D]. 呼和浩特: 内蒙古农业大学, 2018.

[74] 陈阳. 酸马奶中降解胆固醇乳酸菌的筛选及其鉴定 [D]. 乌鲁木齐: 新疆农业大学, 2009.

[75] 刘云鹏. 新疆传统酸马奶中乳杆菌降胆固醇特性的研究 [D]. 呼和浩特: 内蒙古农业大学, 2008.

[76] 金鑫. 一株降胆固醇乳酸菌的筛选及其生物学特性的初步研究 [D]. 呼和浩特: 内蒙古农业大学, 2008.

[77] 刘彦敏. 含醇发酵乳生产工艺的开发及生物活性研究 [D]. 昆明: 昆明理工大学, 2021.

[78] Sun T S, Zhao S P, Wang H K, et al. ACE -inhibitory activity and gamma -aminobutyric acid content of fermented skim milks by *Lactobacillus helveticus* isolated from Xinjiang koumiss in China [J]. European Food Research and Technology, 2009, 228 (4): 607-612.

[79] 李玉珍. 不同传统发酵乳成分及功能特性的比较研究 [D]. 呼和浩特: 内蒙古农业大学, 2015.

[80] 陆东林, 刘朋龙. 传统酸马奶中的微生物多样性及其益生作用 [J]. 新疆畜牧业, 2018, 33 (5): 4-10.

[81] 孟和毕力格, 周雨霞, 张和平, 等. 酸马奶中乳杆菌 MG2-1 株的抗氧化作用研究 [J]. 中国乳品工业, 2005, 33 (9): 21-24.

[82] 祝春梅, 姚新奎, 孟军, 等. 新疆自然发酵酸马奶中酵母菌的分离鉴定 [J]. 食品与发酵工业, 2013, 39 (4): 42-47.

[83] 倪慧娟, 包秋华, 孙天松, 等. 新疆地区酸马乳中酵母菌的鉴定及其生物多样性分析 [J]. 微生物学报, 2007, 47 (4): 578-582.

[84] Montanari G, Zambonellil C, Grazia L, et al. *Saccharomyces unisporus* as the principle alcoholic fermentation microorganism of traditional koumiss [J]. Journal of Dairy Research, 1996, 63 (2): 327- 331.

[85] Quan S, Burentegusi, Yu B. Microflora in traditional starter cultures for fermented milk, hurunge, from inner Monglia, China [J]. Animal Science Journal, 2006, 77 (2): 235-241.

[86] 赵美霞. 内蒙古地区酸马奶酒中酵母菌的分离鉴定及抗菌特性的研究 [D]. 呼和浩特: 内蒙古农业大学, 2002.

[87] Fitzgerald R J, Murray B A. Bioactive peptides and lactic fermentations [J]. International Journal of

Dairy Technology, 2006, 59 (2): 118-125.

[88] Korhonen H, Pihlanto A. Bioactive peptides: Production and functionality [J]. International Dairy Journal, 2006, 16 (9): 945-960.

[89] Dziuba B, Dziuba M. Milk proteins -derived bioactive peptides in dairy products: molecular, biological and methodological aspects [J]. Acta Scientiarum Polonorum Technologia Alimentaria, 2014, 13 (1): 5-26.

[90] 郝彦玲, 黄莹, 赵潞, 等. 新疆酸马奶中乳酸片球菌所产细菌素 05-8 理化特性及分子量确定 [J]. 中国乳品工业, 2009, 37 (11): 12-14.

[91] 党莹. 新疆酸马乳中产细菌素乳酸菌的分离及细菌素的纯化 [D]. 杨凌: 西北农林科技大学, 2014.

[92] Ferreira S H, A bradykinin-potentiating factor (BPF) present in the venom of *Bothrops jararaca* [J]. British Journal of Pharmacology and Chemotherapy, 1965, 24 (1): 163-169.

[93] Ondetti M A, Williams N J, Sabo E F, et al. Angiotensin-converting enzyme inhibitors from the venom of *Bothrops jararca*: Isolation, elucidation of structure, and synthesis [J]. Biochemistry, 1971, 10 (22): 4033-4039.

[94] Ondetti M A, Rubin B, Cushman D W. Design of specific inhibitors of angiotensin-converting enzyme: new class of orally active antihypertensive agents [J]. Science, 1977, 196 (4288): 441-444.

[95] Cushman D W, Cheung H S, Sabo E F, et al. Design of potent competitive inhibitors of angiotensin-converting enzyme: Carboxyalkanoyl and mercaptoalkanoyl amino acids [J]. Biochenistry, 1977, 16 (25): 5484-5491.

[96] Oshima G, Shimabukuro H, Nagasawa K. Peptide inhibitors of angiotensin I-converting enzyme in digests of gelatin by bacterial collagenase [J]. Biochimica et Biophysica Acta (BBA) -Enzymology, 1979, 566 (1): 128-137.

[97] Maruyama S, Suzuki H. A peptide inhibitor of angiotensin Ⅰ converting enzyme in the tryptic hydrolysate of casein [J]. Agricultural Biological Chemistry, 1982, 46 (5): 1393-1394.

[98] Nakamura Y, Yamamoto N, Sakai K, et al. Antihypertensive effect of sour milk and peptides isolated from it that are inhibitors to angiotensin I-converting enzyme [J]. Journal of Dairy Science, 1995, 78 (6): 1253-1257.

[99] 辛志宏, 吴守一, 马海乐, 等. 从麦胚蛋白质中制备降血压肽的研究 [J]. 食品科学, 2003, 24 (10): 120-123.

[100] FitzGerald R J, Meisal H. Lactokinins: whey protein derived ace inhibitory peptides [J]. Nahrung, 1999, 43: 165-167.

[101] Yamamoto N, Akino A, Takano T. Antihypertensive effect of the peptides derived from casein by an extracellular proteinase from *Lactobacillus helveticus* CP790 [J]. Journal of dairy science, 1994, 77 (4): 917-922.

[102] 张国胜, 孔繁东, 祖国仁, 等. 大豆蛋白抗高血压活性肽的研究 [J]. 中国乳品工业, 2004, 32 (8): 12-14.

[103] Suh H J, Whang J H, Kim Y S, et al. Preparation of angiotensin Ⅰ converting enzyme inhibitor from corn gluten [J]. Process Biochemistry, 2003, 38 (8): 1239-1244.

[104] Hayes M, Stanton C, Fitzgerald G F, et al. Putting microbes to work: Dairy fermentation, cell factories and bioactive peptides. Part Ⅱ: Bioactive peptide functions [J]. Biotechnology Journal,

2007. 2 (4): 435-449.

[105] Cheung H S, Wang F, Ondetti M A, et al. Binding of peptide substrates and inhibitors of angiotensin-converting enzyme: Importance of the COOH-terminal dipeptide sequence [J]. Journal of Biological Chemistry, 1980, 255 (2): 401-407.

[106] Fitz R J, Gerald B A M, Walsh D J. Hypotensive peptides from milk proteins [J]. The Journal of nutrition, 2004, 134 (4): 980-988.

[107] Gobbetti M, Stepaniak L, et al. Latent bioactive peptides in milk proteins: proteolytic activation and significance in dairy processing [J]. Critical reviews in food science and nutrition, 2002, 42 (3): 223-239.

[108] Gomez-Ruiz J A, Ramos M, I Recio. Angiotensin-converting enzyme-inhibitory peptides in Manchego cheeses manufactured with different starter cultures [J]. International Dairy Journal, 2002. 12 (8): 697-706.

[109] Pripp A H, Lsaksson T, Stepaniak L, et al. Quantitative structure-activity relationship modelling of ACE-inhibitory peptides derived from milk proteins [J]. European Food Research and Technology, 2004, 219 (6): 579-583.

[110] Meisel H. Biochemical properties of peptides encrypted in bovine milk proteins [J]. Current medicinal chemistry, 2005. 12 (16): 1905-1919.

[111] Fujita H, Yokoyama K, Yoshikawa M. Classification and antihypertensive activity of angiotensin I-converting enzyme inhibitory peptides derived from food proteins [J]. Journal of Food Science, 2000, 65 (4): 564-569.

[112] Li G H, Le G W, Shi Y H, et al. Angiotensin I-converting enzyme inhibitory peptides derived from food proteins and their physiological and pharmacological effects [J]. Nutrition Research, 2004, 24 (7): 469-486.

[113] 张焱. 大豆蛋白 ACE 抑制肽的酶法制备及分离纯化 [D]. 合肥: 合肥工业大学, 2007.

[114] 张艳, 胡志和. 乳蛋白源 ACE 抑制肽的研究进展 [J]. 食品科学, 2008, 29 (10): 634-640.

[115] 王朝霞, 陈永福, 刘洋, 等. 传统发酵酸马乳中 ACE 抑制成分的分离 [J]. 中国乳品工业, 2010, 38 (7): 4-6.

[116] 岳佳. 传统发酵酸马奶中血管紧张素转换酶抑制肽的分离纯化及结构鉴定 [D]. 呼和浩特: 内蒙古农业大学, 2011.

[117] Bouzar F, Ceming, Desmazeaud M. Exopolysaccharide production and texture promoting abilities of mixed-starter cultures in yogurt production [J]. Dairy Science, 1997, 80 (10): 2310-2317.

[118] 纪鹃. 瑞士乳杆菌 MB2-1 胞外多糖制备、结构和生理功能的研究 [D]. 南京: 南京农业大学, 2014.

[119] 李伟, 纪鹃, 徐希研, 等. 源自新疆赛里木酸奶的瑞士乳杆菌 MB2-1 荚膜多糖提取及其抗氧化活性 [J]. 食品科学, 2012, 33 (21): 34-38.

[120] 唐血梅, 李海英, 赵芳, 等. 新疆酸马奶中高产胞外多糖乳酸菌筛选鉴定 [J]. 新疆农业科学, 2012, 49 (8): 1540-1545.

[121] 白丽娟. 马奶酒中产胞外多糖瑞士乳杆菌的筛选及多糖的结构和抗氧化活性研究 [D]. 沈阳: 沈阳农业大学, 2017.

[122] 李景艳, 卢蓉蓉. 乳酸菌胞外多糖的抗氧化活性及其结构 [D]. 无锡: 江南大学, 2013.

[123] 刘明超, 王荣平, 何宇星, 等. 内蒙古酸马奶中植物乳植杆菌 NM18 胞外多糖的结构特征

[J]. 现代食品科技, 2022, 38 (7): 133-142.
[124] 唐血梅. 新疆酸马奶中高产胞外多糖乳酸菌的筛选及培养条件优化研究 [D]. 乌鲁木齐: 新疆农业大学, 2013.
[125] 王荣平. 酸马奶源植物乳杆菌胞外多糖的制备、结构解析及抗氧化研究 [D]. 呼和浩特: 内蒙古农业大学, 2018.
[126] 曾小群, 盛姣铃, 潘道东, 等. 新疆酸马奶中产 γ-氨基丁酸乳酸菌的筛选与鉴定 [J]. 中国食品学报, 2013, 13 (10): 191-196.

第四章

酸马乳中的细菌多样性

酸马乳中的微生物群落复杂多样，主要包含细菌和真菌两类。酸马乳的制作多采用传统工艺，制作环境相对开放，实际上是一个由多种微生物共同参与的复杂发酵过程。发酵成熟过程通过自然环境、马体以及挤奶工和器具等途径进入酸马乳中的微生物经过自然竞争性拮抗，构成以乳酸菌和酵母菌为优势的微生物群落结构。

酸马乳中的微生物群落信息要比我们想象得更丰富且复杂，其中不仅存在乳酸菌和酵母菌等有益菌，还存在少量腐败菌和有害微生物。酸马乳中的微生物组成及含量影响着酸马乳的化学组成。微生物代谢不仅赋予酸马乳独特的风味和口感，而且还使其具有丰富的营养成分和特殊的食疗功效。由此可见，深入研究酸马乳中的微生物组成，有助于对微生物多样性信息进行全面系统的解析，为酸马乳的品质改良奠定基础。国内外关于酸马乳中微生物多样性的研究报道有很多，主要研究方法为纯培养方法和非纯培养方法。

第一节　应用纯培养技术分析酸马乳中的细菌多样性

纯培养是一种用于研究微生物的实验方法，通过分离和培养微生物纯种，可以更好地了解微生物的性质和行为。纯培养技术是在彻底灭菌的基础上严格实施无菌操作的技术，该方法是在杜绝杂菌污染的环境下接种目的菌，使目的菌成功生长。在没有污染的情况下，这种方法不会有杂菌生长。纯培养技术强调无菌操作，要求环境和操作必须严格消毒，杜绝杂菌污染。传统的纯培养分类鉴定法被认为是一种经典有效的方法，在微生物分类鉴定中一直发挥着极大作用，该方法早期常被用来对发酵乳制品（如酸马乳）中的微生物多样性进行研究。

2002 年，殷文政采用传统纯培养结合生理生化试验、糖发酵试验，对酸马乳发酵过程中的细菌进行分离鉴定，初步了解了酸马乳中的菌落结构及动态变化情况。从 18 份酸马乳（发酵时间 0～168h）中分离出 35 株乳酸菌，包括乳杆菌（*Lactobacillus*）28 株、乳球菌（*Lactococcus*）2 株和肠球菌（*Enterococcus*）5 株，结果显示，乳杆菌为酸马乳中的优势菌种；采用含有 0.01%放线菌酮的 MRS 培养基通过倾注平板计数法检测发酵过程的乳酸菌活菌数，结果显示，发酵 72h 条件下乳酸菌总数最高，高达 8×10^9CFU/mL[1]。

孙天松运用传统纯培养技术结合生理生化、糖发酵试验，从新疆地区采集的 30 份自然发酵酸马乳样品中共分离出 152 株乳杆菌。经传统方法鉴定主要为瑞士乳杆菌 78 株（占 51.3%），其次为嗜酸乳杆菌 28 株（占 18.4%）和干酪乳酪杆菌假植物亚种（*Lactobacillus casei* subsp. *pseudoplantarum*）13 株（占 8.6%）。瑞士乳杆菌和嗜酸乳杆菌存在于所有酸马乳样品中，其中瑞士乳杆菌为优势菌；此外还有格氏乳杆菌（*Lactobacillus gasseri*）、干酪乳酪杆菌干酪亚种（*Lacticaseibacillus casei* subsp. *casei*）、弯曲广布乳杆菌［*Latilactobacillus curvatus*，曾用名为弯曲乳杆菌（*Lactobacillus curvatus*）］、旧金山乳杆菌（*Lactobacillus sanfrancisco*）、棒状乳杆菌棒状亚种（*Lactobacillus coryniformis* subsp. *coryniformis*）、短乳杆菌（*Lactobacillus brevis*）、植物乳植杆菌［*Lactiplantibacillus plantarum*，曾用名为植物乳杆菌（*Lactobacillus plantarum*）］、同型腐酒乳杆菌（*Lactobacillus homohiochii*）、发酵粘液乳杆菌（*Limosilactobacillus fermentum*，曾用名发酵乳

杆菌 *Lactobacillus fermentum*）、德氏乳杆菌保加利亚亚种、瘤胃乳杆菌（*Lactobacillus ruminis*）、卷曲乳杆菌（*Lactobacillus crispatus*）、腊肠乳杆菌（*Lactobacillus farciminis*）、海氏乳杆菌（*Lactobacillus hilgardii*）等，但这些乳杆菌数量较少；另有 8 株菌未能准确判定其归属[2]。

孟和毕力格分别从内蒙古锡林浩特采集 16 份酸马乳、从蒙古乌兰巴托市郊区采集 5 份酸马乳，并采用纯培养方法结合生理生化、糖发酵试验对分离株进行分离鉴定。结果显示，从内蒙古锡林浩特的 16 份样品中共分离得到 50 株菌株，包含干酪乳酪杆菌 19 株（占 38%）、嗜酸乳杆菌 10 株（占 20%）、植物乳植杆菌 8 株（占 16%），其他还有棒状乳杆菌棒状亚种 5 株、产马奶酒样乳杆菌（*Lactobacillus kefiranofaciens*）2 株、弯曲广布乳杆菌 1 株、发酵乳杆菌 1 株、坎氏魏斯氏菌（*Weissella kandleri*）1 株、类肠膜魏斯氏菌（*Weissella paramesenteroides*）1 株以及未明确的乳杆菌 2 株，其中干酪乳酪杆菌为优势菌。从蒙古的 5 份样品中共分离出 30 株乳杆菌，主要包括嗜酸乳杆菌 20 株（占 66.7%）、植物乳植杆菌 9 株（占 30%）和干酪乳酪杆菌 1 株，其中嗜酸乳杆菌为优势菌[3]。乌日娜从锡林郭勒盟牧区以传统方法制作酸马乳的牧民家庭采集了 16 份酸马乳样品，经培养分离后得到 49 株乳杆菌。经传统的表性特征、生理生化鉴定与乳酸旋光性测定、菌体细胞壁中二氨基庚二酸分析等化学分类方法相结合的方法，鉴定的准确性有了很大提高。分离出的 49 株乳酸菌经鉴定为干酪乳酪杆菌 16 株、嗜酸乳杆菌群（*Lactobacillus acidophilus* group）10 株、植物乳植杆菌 6 株、干酪乳酪杆菌类植物亚种 3 株、棒状腐败乳杆菌棒状亚种（*Lactobacillus coryniformis* subsp. *coryniformis*，曾用名 *Lactobacillus coryniformis* subsp. *coryniformis*）5 株、产马奶酒乳杆菌 2 株、弯曲广布乳杆菌 1 株和异型乳酸发酵的发酵粘液乳杆菌 1 株等[4]。

由上文可知，传统微生物的群落多样性分析方法是建立在微生物分离和纯培养的基础上，通过对纯种微生物的形态进行观察和研究生理生化特性来鉴定菌种。但由于有些细菌营养要求复杂，如乳酸菌大多属于兼性厌氧菌，采用单纯的糖发酵等无法区分生化性状相近的乳酸菌菌种，培养条件的改变还可能导致结果发生变化，鉴定结果很不稳定。对某些乳酸菌来说，即使表型性状很相似，也不意味着基因型亲缘关系很近，所以其分类的准确性和科学性仍值得商榷，因此分子生物学方法［如 16S rDNA 序列分析、看家基因序列测定和分析、焦磷酸测序技术、基因芯片、基于聚合酶链反应（PCR）的各种指纹图谱技术等］应运而生[5]。

16S rDNA 序列分析是细菌分子分类和鉴定经常使用的一种检测方法。16S rDNA 又称 16S rRNA 基因，是细菌染色体上编码 16S rRNA 相对应的 DNA 序列，存在于所有细菌染色体基因中。细菌 rRNA 按沉降系数分为 3 种，分别为 5S、16S 和 23S rRNA。其中 16S rDNA 在很多细菌中是多拷贝的，含量大（约占细菌 RNA 含量的 80%）。16S rDNA 在相当长的进化过程中相对保守，素有“细菌化石”之称，是测量细菌进化和亲缘关系的良好工具。16S rDNA 的相对分子质量大小适中，约含 1540 个核苷酸，其内部结构既有高度保守的序列区，又有中度保守和高度变化的序列区，其中可变区存在于保守区之间，有 9~10 个，分别命名为 V1~V10。16S rDNA 序列分析法包括细菌基因组 DNA 提取、用 16S rDNA 特异引物进行 PCR 扩增、扩增产物纯化、DNA 测序和序列比对等步骤，即一般先根据保守区序列设计引物，通过 PCR 技术扩增 16S rDNA 的全长或者部分可变区，接着进行 DNA 序列测定，将测得的序列与美国国家生物技术信息中心（NCBI）等网站上公布的16S rDNA序列库相比较，以此进行分子鉴定和系统发育树分析等，这样就能利用可变区序列的差异来对不同菌属、菌种的细菌进行分类鉴定[4-6]。细菌16S rDNA的结构如图4-1所示。

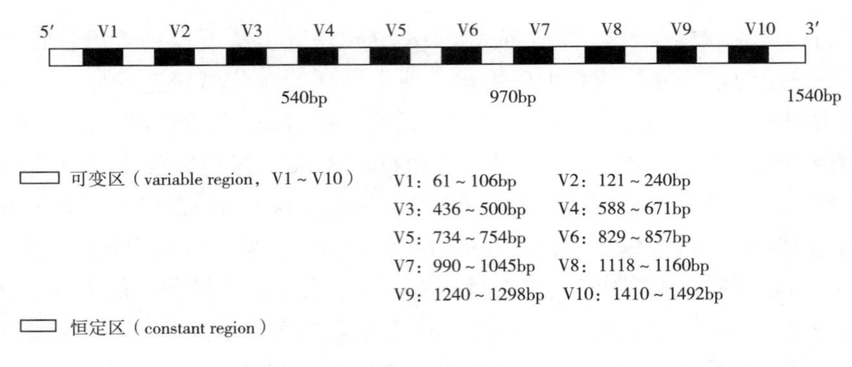

图4-1　细菌16S rDNA的结构

乌日娜首次利用16S rDNA序列分析方法对分离自内蒙古传统乳制品——酸马乳中的2株菌干酪乳酪杆菌Zhang和ZL12-1进行鉴定，经同源性分析，其中菌株干酪乳酪杆菌Zhang与标准菌株干酪乳酪杆菌乳亚种ATCC 334的同源性为100%。菌株ZL12-1与标准菌株鸡乳杆菌（*Lactobacillus gallinarum*）ATCC 33199的同源性为98%，结合系统发育树分析及16S rDNA部分序列分析，可将干酪乳酪杆菌Zhang判定为干酪乳酪杆菌乳亚种、将ZL12-1判定为鸡乳杆菌，这与生理生化等传统分类鉴定方法所得结果基本一致[4]。

目前，16S rDNA序列分析方法在乳酸菌分类鉴定中应用较多，既可以采用16S rDNA全长，也可以采用部分可变区域进行测序[4-6]。乌日娜扩增16S rDNA所采用的引物是扩增全长的通用引物，正向引物为27f（对应*Escherichia coli* 8～27位碱基）：5′-AGA GTT TGA TCC TGG CTC AG-3′；反向引物为1495r（对应*Escherichia coli* 1495～1515位碱基）：5′-CTA CGG CTA CCT TGT TAC GA-3′；PCR扩增片段约1500bp[4]。

传统的纯培养分类鉴定法除了能对发酵乳制品（如酸马乳）中的微生物多样性进行研究外，很重要的一点是能将这些传统发酵乳制品中具有优良特性的乳酸菌保留下来，得到的纯培养物为下一步乳品微生物的筛选、研究和开发提供宝贵资源[5]。对于乳酸菌，欧美和日本等发达国家研究较早且系统全面，已各自建立了具有自主知识产权的乳酸菌菌种资源库，并已研究开发出拥有自主知识产权的优良乳酸菌及其发酵制剂，而我国乳酸菌的研究起步较晚[6]。酸马乳中蕴藏着丰富的乳酸菌资源，是探索未知和有益乳酸菌菌种的绝好宝库[5,7]。武俊瑞对采自新疆伊犁哈萨克族自治州、博尔塔拉蒙古族自治州和巴音郭楞蒙古族自治州3个不同地区使用传统工艺常年酿造的12份酸马乳样品中的乳酸菌进行分离，通过形态学观察和生理生化试验，以及乳酸旋光性和细胞壁二氨基庚二酸检测等试验，对3个地区12份酸马乳样品中的33株乳杆菌的属种进行鉴定，结果显示其中22株乳杆菌归为瑞士乳杆菌；10株归为嗜酸乳杆菌群菌株；1株归为德氏乳杆菌保加利亚亚种。耐酸性筛选是益生菌筛选的必要步骤和主要依据，因此，从酸马乳中分离筛选益生性乳酸菌菌种比从其他生境中分离筛选具有更大的可能性和更高的分离效率。武俊瑞通过pH 3.0和pH

3.5存活试验，继续对33株乳杆菌分离株进行具有耐酸性的初步筛选，结果显示3株可在pH 3.0的液体培养基中存活，25株可在pH 3.5的液体培养基中存活[6]。这为建立我国乳酸菌菌种资源库，进一步认识、研究乳酸菌，进行益生性乳酸菌菌株筛选和开发新的益生菌产品奠定了基础。张明珠从新疆乌鲁木齐市郊牧民家庭中采集了1份酸马乳样品，利用MRS和M17培养基从中分离、纯化出19株乳酸菌，利用16S rDNA测序技术和生理生化试验等方法鉴定其种属，结果显示该酸马乳中包含乳酸乳球菌乳亚种8株（占42.1%），干酪乳酪杆菌3株（占15.8%），以及粪肠球菌（*Enterococcus faecalis*）2株、屎肠球菌（*Enterococcus faecium*）2株、植物乳植杆菌2株、嗜热链球菌1株和德氏乳杆菌乳亚种1株，其中乳酸乳球菌乳亚种为优势菌。其中筛选出干酪乳酪杆菌JDB1.1505的发酵脱脂乳的滴定酸度达到了130.1°T，黏度为1420.1mPa·s，是一株产酸和产黏性能都比较突出的乳酸菌，因此具有显著的应用于乳品发酵开发的潜能[7]。

霍小琰从酸马乳中分离出来10株乳酸菌，经形态、生理生化鉴定和16S rDNA基因序列测定，鉴定出植物乳植杆菌、粗毛肠球菌（*Enterococcus villorum*）、殊异肠球菌（*Enterococcus dispar*）各2株，耐久肠球菌（*Enterococcus durans*）3株和棉子糖肠球菌（*Enterococcus raffinosus*）1株。10株乳酸菌菌株均可以在含有6.5%（质量分数）NaCl的培养基中生长，并且生长状况良好，即有一定的耐盐性，说明试验菌株均有应用在发酵香肠、干酪等高盐度发酵食品中的潜力。此外，乳酸菌中的一部分种属是动物肠道的益生菌群，其代谢可以产生乳酸、乙酸等有机酸以及细菌素、双乙酰等天然抑菌物质，具有维持肠道内菌群平衡的功能。霍小琰继续测定了这10株试验菌株对2株革兰阴性肠道致病菌和1株革兰阳性致病菌的抑菌活性，结果表明，10株试验菌株对金黄色葡萄球菌、大肠杆菌和肠炎沙门氏菌（*Salmonella enteritidis*）有不同程度的抑制作用[8]。

杜晓敏采用纯培养方法对采集自内蒙古锡林郭勒地区的传统酸马乳样品中的乳酸菌进行分离鉴定，共分离得到乳酸菌53株，其中乳酸乳杆菌16株、乳酸乳球菌36株、双歧杆菌1株，分别鉴定为：产马奶酒样乳杆菌4株、干酪乳酪杆菌3株、副干酪乳酪杆菌2株、植物乳植杆菌6株、瑞士乳杆菌1株、嗜冷嗜气双歧杆菌（*Bifidobacterium psychraerophilum*）1株、肠膜明串珠菌（*Leuconostoc mesenteroides*）2株、肠膜明串珠菌亚种3株、假肠膜明串珠菌2株、格氏乳球菌4株、屎肠球菌7株、耐久肠球菌（*Enterococcus durans*）14株、粪肠球菌1株，其中耐久肠球菌为优势菌群[9]。

微生物纯培养技术对微生物群体的群落结构及多样性分析采用的经典方法是分离、培养和鉴定，需要进行一系列烦琐复杂的形态特征及生理生化试验，往往是试验次数越多，最终得到的结果就越可靠。但是这种纯培养技术也有一定的局限性，即使最复杂的试验组合也不能对目标菌进行精确鉴定，而且不能反映分离物间的系统发育关系。此外，传统方法是通过纯培养获得菌株后才能对其表型特性进行研究和描述，某些微生物可能需要特殊的培养条件或培养基，才能维持其生长和繁殖。微生物纯培养技术无法再现细菌生存原环境条件，在复杂环境中只有很少一部分微生物能够被培养出来，大部分细菌难以培养，尤其是以前从未培养过的未知细菌。因此传统纯培养技术低估了细菌多样性，不能准确、详细地描述微生物多样性[5]。

此外，培养的微生物中不仅存在乳酸菌等有益菌，可能还存在少量其他腐败菌和有害微生物，如金黄色葡萄球菌、大肠杆菌、沙门菌和产气荚膜梭菌等。杜晓敏对采自内蒙古锡林郭勒盟的17份酸马乳作了污染微生物检测，结果发现：17份样品中有5份细菌总数超过10^6CFU/mL，其余细菌总数在10^6CFU/mL以内；在5份样品中检出金黄色葡萄球菌，其中2份细菌总数达10^5CFU/mL；有6份样品检出大肠杆菌，其中2份细菌总数超10^4CFU/mL；在4份样品中检出沙门菌，细菌总数达10^4CFU/mL；在6份样品中检出产气荚膜梭菌（*Clostridium perfringens*），细菌总数达10^3CFU/mL；在4份样品中均检出枯草芽孢杆菌，细菌总数达10^3CFU/mL。有害菌污染可能和气候、牧场和家庭环境、加工条件以及人为带入等因素有关[9]。

因此采用纯培养方法不能全面地分析细菌多样性，这就限制了人们对酸马乳中细菌多样性的认知。随着分子技术的发展，对酸马乳中细菌多样性分析不能只依赖于纯培养技术，还要将纯培养技术和非培养技术有机地结合在一起，进一步探索酸马乳的细菌多样性，同时对于酸马乳中的有害微生物应给予重视，不可掉以轻心。

第二节　应用非培养技术分析酸马乳中的细菌多样性

微生物非培养技术是一种不依赖于传统培养方法研究微生物的新兴技术。非培养技术的出现避开了某些细菌用纯培养方法难以培养的局限，运用分子生物学手段从DNA水平研究微生物多样性及微生物群落动态变化、相对丰度及分布，检测微生物群落对人为干扰的承载能力等，为更精准、更透彻地了解自然界中微生物多样性的研究提供了可行性。

随着宏基因组学理论的提出，从非培养角度全面解析酸马乳中的微生物多样性成为可能。宏基因组（metagenome）也称环境微生物基因组，是指环境中全部微小生物（目前主要包括细菌和真菌）DNA的总和，是包含了可培养和不可培养微生物的基因总和。

本节先介绍非培养技术在酸马乳细菌多样性研究中的应用，再以蒙古酸马乳和内蒙古锡林浩特酸马乳样品为例，应用DNA指纹技术、二代测序和三代测序等非培养技术，具体说明酸马乳中的细菌多样性。

一、非培养技术在酸马乳细菌多样性研究中的应用

基于宏基因组学理论的非培养技术主要包括一些新兴的分子生物学研究方法，如基于PCR的各种DNA指纹图谱技术、DNA克隆和序列测定、焦磷酸测序技术、基因芯片等。其中基于PCR的DNA指纹图谱技术又包括很多种，如变性梯度凝胶电泳（DGGE）、温度梯度凝胶电泳（TGGE）、限制性片断长度多态性（RFLP）等。这些方法各有优缺点，根据研究对象的不同可以单独使用或相互结合使用[5]。

（一）DNA指纹技术

早在1984年，英国莱斯特大学的遗传学家Jefferys及其合作者首次通过DNA分子生物学实验获得了一系列可以在胶片上看到的图纹，这些图纹极少有两个完全相同的，故称为“DNA指纹”，意思是它与人的指纹一样是特有的。人类历史上第一个用DNA指纹破案的

例子也是由 Jefferys 参与完成的。在 1968 年的一起发生在英国列斯特郡的奸杀案中，Jefferys 使用 DNA 指纹成功证明了一名嫌疑男子并非真正的凶手[10]。

近年来，随着微生物分子生态学技术的发展，人们可以避开纯培养方法带来的局限性，先直接提取环境中微生物的宏基因组 DNA，然后从分子水平上研究环境样品中微生物区系组成和群落结构[11]。变性梯度凝胶电泳技术（denaturing gradient gel electrophoresis，DGGE）是一种常见的研究环境微生物多样性的 DNA 指纹图谱技术。

DGGE 的原理是用一对带有 GC 夹子的特异性引物扩增自然环境样品中微生物的某个基因（常见的是扩增 16S rRNA 基因），产生片段大小相同但碱基序列不同的特定 DNA 片段的混合物，该混合物经过浓度呈线性梯度增加的变性剂的聚丙烯酰胺凝胶电泳，当双链 DNA 泳动到其变性所需的变性剂浓度时，双链 DNA 发生变性解链，解链后的 DNA 迁移率降低，从而将不同迁移率的 DNA 区分开来，混合物中的 DNA 片段得到分离。PCR-DGGE 无需微生物培养，直接提取环境样品中的 DNA 进行 PCR 扩增，通过变性梯度凝胶电泳将不同序列的 DNA 进行分离。该技术能够检测出不可培养的微生物或者难以培养的微生物，不仅如此，该技术检测速度快，且可以与多种技术结合，从而可以更加全面地获得环境微生物的结构组成[5,11]。

Hao 应用传统纯培养和 PCR-DGGE 相结合的技术，对新疆 10 份酸马乳中的细菌多样性进行了研究分析。先提取每份样本的宏基因组总 DNA，利用 PCR 扩增其 16S rDNA 的 V3 区，建立标准菌株组成的参考梯度，对其进行 DGGE 并分析细菌多样性，结果表明乳杆菌属是酸马乳样品中的优势菌群[12]。将 PCR-DGGE 的细菌多样性结果按 10 份样本中的检出频次分成 3 组，第 1 组是 7 份以上样本中均有的优势菌种，包括瑞士乳杆菌、发酵粘液乳杆菌、马乳酒样乳杆菌、植物乳植杆菌和嗜酸乳杆菌 5 种；第 2 组是 5~6 份样本中检出的菌种，包括副干酪乳酪杆菌、北里乳杆菌（*Lactobacillus kitasatonis*）、乳酸乳球菌、詹氏乳杆菌（*Lactobacillus jensenii*）、开菲尔慢生乳杆菌［*Lentilactobacillus kefiri*，曾用名开菲尔乳杆菌（*Lactobacillus kefiri*）］和粪肠球菌 6 种；第 3 组是在 4 份以下样本中检出的菌种，包括肠膜明串株菌、嗜热链球菌、戊糖乳植杆菌［*Lactiplantibacillus pentosus*，曾用名戊糖乳杆菌（*Lactobacillus pentosus*）］、布氏乳杆菌（*Lactobacillus buchneri*）和弯曲广布乳杆菌［*Latilactobacillus curvatus*，曾用名弯曲乳杆菌（*Lactobacillus curvatus*）］5 种。还有一点需要说明，Hao 通过非培养 PCR-DGGE 技术检测到酸马乳中含有布氏乳杆菌、詹氏乳杆菌和北里乳杆菌 3 种乳酸菌，这 3 种乳酸菌是以前通过纯培养方法从酸马乳中未分离出的菌种[12]。

马俊英通过 PCR-DGGE 技术共鉴定出新疆和内蒙古两地 30 份酸马乳样品中的乳酸菌菌株 10 种，主要包括植物乳植杆菌、嗜酸乳杆菌、马乳酒样乳杆菌、发酵粘液乳杆菌、詹氏乳杆菌、短乳杆菌、瑞士乳杆菌、乳酸乳球菌、嗜热链球菌及干酪乳酪杆菌，其多为酸马乳中较为常见的乳酸菌，但也出现了詹氏乳杆菌、短乳杆菌及开菲尔慢生乳杆菌这些少见菌株；此外，嗜热链球菌为所有样品中的共有优势菌株。马乳酒样乳杆菌、短乳杆菌及瑞士乳杆菌为新疆地区酸马乳中的优势菌株；内蒙古样品中优势菌株差异较大，分别为乳酸乳球菌和嗜热链球菌[13]。

DGGE 仍有许多不足：①PCR 是能够获得微生物特定基因的重要步骤，但 PCR 扩增过程中的不均等性，即基因扩增偏嗜性，以及 PCR 扩增引物和 DNA 聚合酶的不同、扩增条件的不同，均影响了 PCR 的结果；②由于不确定环境样品中微生物的多样性，变性梯度和电泳条件选择的不同以及染色所用染料的不同均会产生不同结果；③当样品中微生物丰度<1%时，DGGE 技术无法检测，只能快速直观地检测出样品的优势菌群。

虽然部分研究中 DGGE 等指纹图谱技术的应用为我们认识酸马乳中的微生物生态学提供了新的视角，然而这些方法并不能让研究人员在一次试验中全面、平行和高通量分析多个样本中的微生物群落信息，因而更不能对不同来源的多样本间微生物分子生态学进行关联分析。早期出现的以焦磷酸测序为代表的第二代高通量测序技术可以更全面、客观、无偏颇地了解某一微生态系统中微生物的群落结构[5,14,15]。

（二）二代测序技术

二代测序技术是一种高通量 DNA 测序技术，也称为下一代测序技术（next generation sequencing，NGS）。与传统的一代测序（Sanger 测序）技术相比，二代测序技术具有更高的通量、更快的速度和更低的成本。二代测序技术的发展为微生物多样性研究提供了全新的视角和方法。二代高通量测序技术采用宏基因组学的研究策略，Oki 通过将环境样品中微生物的基因组混合作为一个整体进行研究，不仅揭示了微生物群体的物种组成及丰度信息，还可以解析物种的生物功能，打破了传统微生物学基于纯培养研究的局限性[15]。

16S rDNA 测序技术作为系统遗传学和微生物生态学的“黄金标准”的方法，长期应用于环境样品细菌群体的物种组成和丰度研究中。人们运用分子生物技术先提取环境中微生物的宏基因组 DNA，再采用 PCR 技术扩增 16S rDNA 基因的部分可变区，通过二代测序技术等分子生物学手段，对样品中的细菌多样性进行分析，以研究样品中的细菌组成。

二代测序技术平台主要包括罗氏公司（Roche）的 454 测序平台（采用焦磷酸测序技术，能够快速、高效地进行 DNA 测序），因美纳公司（Illumina）的 Solexa 测序平台（采用合成的荧光标记核苷酸以及基于桥式扩增的技术，具有高通量且快速）[5]。

1. 焦磷酸测序技术

454 焦磷酸测序技术的原理基于焦磷酸测序法，是一种超高通量基因组测序系统，开创了第二代测序技术的先河。焦磷酸测序技术是一种基于发光法测定焦磷酸盐（PPi）的高通量测序方法。Roh 通过为每个样品在测序前加上一段 8～10 个被称作样品特异性条形码（barcode）或者标签（tag）的核苷酸序列，实现高通量、多样本的平行试验，弥补了传统指纹图谱技术不能进行关联分析的缺点[16]。

Oki 首次采用 454 焦磷酸测序技术分析采集自蒙古不同地区的 22 份酸马乳（Airag）中的细菌多样性，结果发现硬壁菌门（Firmicutes）和变形菌门（Proteobacteria）为蒙古酸马乳的优势细菌门，乳杆菌属为优势细菌属，瑞士乳杆菌为优势菌种[15]。

布仁其其格通过 454 焦磷酸高通量测序技术分析揭示了酸马乳传统发酵过程中细菌多样性动态变化情况。研究发现：①酸马乳发酵过程中细菌群落结构存在显著的演替变化，发酵初期细菌多样性最高，而细菌丰度在 72h 时最高，硬壁菌门和变形菌门为酸马乳中的优势细菌门，乳杆菌属和乳球菌属为其优势细菌属；②随着发酵时间的延长，各个细菌门与细菌属的种类和丰度都存在上升或下降的趋势变化，在不同的发酵时间点，酸马乳中细菌菌群构成差异较大，但经过进一步分析发现它们具有相同的核心菌群，由 18 个样品所得的 477 个 OTU 中，有 24 个 OTU 存在于所有的样品中，其中 13 个 OTU 为乳杆菌属，9 个 OTU 为乳球菌属，1 个 OTU 为巨型球菌属，1 个 OTU 为醋酸菌属，即在酸马乳发酵的 96h 过程中有 4 个细菌属一直存在，对于酸马乳品质具有决定性作用，其分别为乳杆菌属（51.06%）、乳球菌属（30.29%）、醋酸菌属（7.13%）和巨型球菌属（0.70%）；③基于非培养方法的分子生物学手段研究细菌多样性虽然有诸多优点，但是基因测序只能得知相对物种丰度和数据库里的已知物种，无法确定新物种及得到菌体。因此在研究中应结合分离培养、形态观察、生理生化特征鉴定等传统方法，互相取长补短，才能更深入地揭示酸马乳中微生物的奥秘[17]。

Ring 通过传统培养方式从蒙古酸马乳中分离出 98 株菌株，经过纯培养、16S rDNA 克隆库以及 DGGE 和 16S rDNA 测序等相结合的方法，进一步鉴定蒙古酸马乳中乳酸菌的多样性。通过 16S rDNA 克隆文库构建的 220 个克隆序列分析以及特定的 10 个 DGGE 条带测序，发现乳杆菌是酸马乳中的优势菌群，但是，同时也检测到了嗜热链球菌、拉乌尔菌属、嗜冷杆菌属、瘤胃球菌属、不动杆菌属等[18]。杜拉玛以内蒙古锡林郭勒盟 4 个地区收集的 27 份传统酸马乳为研究对象，应用纯培养方法分离其中的乳酸菌，将酸马乳样品分离株应用 16S rRNA 基因序列分析法进行鉴定。同时从 27 份样品中选取了有代表性的 5 份不同地区酸马乳样品，基于变性梯度凝胶电泳（DGGE）技术进一步解析其中的微生物多样性。得出结论：内蒙古锡林郭勒盟 4 个地区的 27 份传统酸马乳中乳酸菌活菌数为 4.44～8.99lgCFU/mL，平均为（6.09±0.13）lgCFU/mL，大多数样品乳酸菌数在 6lgCFU/mL 以上。对分离株进行鉴定后将 83 株乳酸菌归属为 5 个属的 15 个不同种和亚种，包括德氏肠球菌（*Enterococcus devriesei*）1 株、耐久肠球菌 4 株、粪肠球菌 8 株、屎肠球菌 7 株等。其中乳酸乳球菌乳亚种是锡林郭勒盟酸马乳的优势菌群。最后采用 16S rDNA-V3DGGE 方法分析传统发酵乳制品中的微生物多样性，从 5 个样品中共检测出植物乳植杆菌、发酵粘液乳杆菌、柠檬明串珠菌（*Leuconostoc citreum*）、瑞士乳杆菌、弯曲广布乳杆菌、耐久肠球菌、乳酸乳球菌乳亚种、玉米乳杆菌（*Lactobacillus zeae*）、旧金山乳杆菌 9 个乳酸菌种和 1 个非培养微生物，其中旧金山乳杆菌、玉米乳杆菌和弯曲广布乳杆菌是经典分离鉴定法没有分离到的乳酸菌种[19]。

2. Illumina Miseq 测序技术

以 Illumina Miseq 为代表的第二代测序技术有效避免了 454 焦磷酸测序方法通量低、操作复杂和准确率低等缺陷[20,21]，相比于 Roche 454 焦磷酸测序技术，具有操作简单、成本低的优势，并且采用边合成边测序，结果可信度高，不仅可以对不同样品的多个可变区同时测序，而且在测序的速度和通量上都有显著提高。目前 MiSeq 测序平台在微生物多样性和群落结构研究方面已获得广泛应用。姚国强采用单细胞扩增技术结合 Illumina 测序技术和 PacBio SMRT 测序技术对采自蒙古和内蒙古地区的 30 份酸马乳稀释样品进行分析，用 Illumina 测序技术鉴定出瑞士乳杆菌和乳酸乳球菌为酸马乳中的常见优势菌。而与 Illumina 测序技术相比，用 PacBio SMRT 测序技术鉴定出的物种数量提高约 2.58 倍，除常见物种外，还发现几种低丰度的乳酸菌菌种，包括类布氏乳杆菌（*Lactobacillus parabuchneri*）、柠檬明串珠菌等[22]。2017 年，Yao 通过将单细胞扩增技术与 Illumina 测序技术相结合，探究蒙古和内蒙古地区酸马乳样品中的细菌多样性，结果显示不仅检测出瑞士乳杆菌、乳酸乳球菌等常见菌种，同时还检测出之前未在酸马乳样品中报道的低丰度物种，如 *Lactobacillus otakiensis*[23]。这些研究为传统发酵乳中微生物多样性的研究提供了新的思路。于佳琦基于 Illumina MiSeq 高通量测序技术对细菌 16S rRNA 基因 V3~V4 可变区和真菌内转录间隔区（ITS）测序并分析菌群结构，共获得 180069 条细菌和 187397 条真菌优化序列，细菌群落主要包括乳杆菌属、醋酸菌属、乳球菌属和链球菌属等，其中乳杆菌属为优势细菌属；真菌群落主要包括德克酵母属和克鲁维酵母属，其中德克酵母属为优势真菌属[24]。高世南用 Illumina MiSeq 平台高通量测序和生物信息学分析，对新疆那拉提高海拔草原自然发酵变酸后的传统酸马乳进行检测。高通量测序后根据操作分类单元划分水平，显示出酸马乳的细菌菌群结构丰富，但菌群多样性较低，其中厚壁菌门为酸马乳中的优势菌门；乳杆菌属为酸马乳中的优势菌属。同时通过传统乳酸菌培养技术分离出菌株 MN-Is，经鉴定为乳杆菌属[25]。

（三）三代测序技术

三代测序技术是指单分子测序技术，DNA 测序时实现了对每一条 DNA 分子的单独测序。三代测序技术也叫从头测序技术，即单分子实时 DNA 测序（Single molecule real-time squencing）。

DNA 测序技术在短短几十年内不断革新，每种新技术都有超过前代产品的独特之处，但在各具优势的同时又都不可避免地存在一定局限性。一代测序技术是 1997 年诞生的以 Sanger 测序技术为主流的测序技术，其操作简单、准确率高、成本高，但测序速度慢、通量低是限制大规模测序的主要因素。因此为了满足大量基因组测序的需要，二代测序技术诞生，二代测序技术极大地提高了测序通量，同时成本也较低，广泛应用于目前的测序技术研究，然而二代测序技术读长较短，导致对后期数据基因组的组装、拼接消耗资源甚大，不可避免地会出现信息丢失，不能完全真实地重构生境中微生物群落。随着测序技术的不断更新，三代单分子实时测序技术诞生，其最大的优势是高通量、读长长和成本低[26]。

单分子实时测序技术（Single molecule real-time squencing，PacBio SMRT）测序技术是由 PacBio 公司研究的三代 DNA 测序技术，基于边合成边测序原理，核心是零模式波导技术（zero-mode waveguide technology，ZMW）。以 PacBio SMRT 为代表的三代测序技术具有长读长、高通量的优点，通过其特有的 CCS 测序模式，将同一条序列多次重复测序后的结果相互校正，可以获得测序质量非常高的一致性序列。同时 PacBio RS Ⅱ测序平台结合了 P6/C4 试剂后，测序读长可达 10~14K，准确率达 99%，可以鉴定出微生物种水平，极大推动了对微生物领域更深入的了解。Braslavsky 借助该技术研究人员可以在“种”水平对样品中的微生物进行分析，利用 PacBio SMRT 测序技术全面了解酸马乳中的细菌多样性，并丰富其中乳酸菌资源数据，为后续优良菌种的筛选提供基础数据[27]。

其木格苏都研究了内蒙古自然发酵酸马乳中的细菌多样性及其基因动态变化。结果表明，酸马乳的核心细菌类群主要由瑞士乳杆菌、马乳酒样乳杆菌（*Lactobacillus kefiranofaciens*）、鸡乳杆菌（*Lactobacillus gallinarum*）和巴氏醋酸杆菌 4 个细菌种组成。采用 Pacbio SMRT 三代测序技术，对来自 5 个不同采样点的酸马乳发酵过程中的细菌进行

16S rDNA 基因测序，共检测到 148 个细菌种，归属于 82 个细菌属、8 个细菌门[11]。

酸马乳细菌组成的不同与其产地存在一定关系。Li 利用 PacBio SMRT 测序技术发现锡林浩特酸马乳中乳酸菌的多样性和丰度很高，其中瑞士乳杆菌为优势菌种，但也发现酸马乳中含有克雷伯氏菌（*Klebsiella*）、副乳房链球菌（*Streptococcus parauberis*）等条件致病菌[28]。2019 年，刘文俊通过 PacBio SMRT 测序技术分析蒙古酸马乳样品，发现瑞士乳杆菌、乳酸乳球菌和副乳房链球菌为主要菌种[29]。任冬艳采用纯培养方法与 PacBio SMRT 测序技术结合，对新疆伊犁地区鲜马乳和酸马乳细菌多样性进行了分析。从 42 份样品中分离出 246 株乳酸菌分离株，经 16S rRNA 基因序列比对，将所有分离株分别归属于乳酸菌的 6 个属、20 个种及亚种[30]。其中瑞士乳杆菌为本次样品分离出的优势菌种，所占比例达 32%。酸马乳中以乳酸杆菌为优势菌群，占其分离株的 76%。鲜马乳中以乳酸菌、肠膜明串珠菌和链球菌等球菌为优势菌群，占其分离株的 86%。可见，鲜马乳和酸马乳中分离的乳酸菌菌株组成有显著差异。经 PacBio SMRT 测序分析显示，42 份样品中鉴定出 18 个细菌门、306 个细菌属和 550 个细菌种，其中优势细菌门为厚壁菌门，优势菌种为瑞士乳杆菌、乳酸乳球菌、产马乳酒样乳杆菌和嗜热链球菌。在个别鲜马乳中还存在金黄色葡萄球菌（3.03%）等条件致病菌，而在酸马乳中未检测到，可能是随着发酵的进行，乳酸菌快速生长成为优势菌种，pH 降低，同时产生的活性物质抑制了条件致病菌等有害细菌生长[30]。蔡宏宇运用 Pacbio SMRT 测序技术，基于乳酸菌特异性引物对新疆部分地区酸马乳的乳酸菌菌群进行研究，结果表明酸马乳以瑞士乳杆菌、产马乳酒样乳杆菌、乳酸乳球菌为主要乳酸菌菌种[31]。

三代 PacBio SMRT 测序技术结合宏基因组学的研究策略，通过将环境样品中微生物的基因组混合作为一个整体进行研究，打破了传统微生物学基于纯培养研究的局限性。而且相比于 Illumina、454 焦磷酸等高通量测序技术，PacBio SMRT 技术在测序过程中无需进行 PCR 扩增，可以直接读取目标序列，同时测序读长较长，可在细菌种的水平上揭示样品的微生物菌群结构及丰度信息[26,32,33]。

由此可见，众多微生物多样性研究均运用了 PacBio SMRT 测序技术，某独特的长读长优势吸引了众多科研人员的关注，拼接过程的减少使后续分析更客观准确，同时它可以鉴定出微生物种水平，全面反映基质微生物群落结构，从而可以更深入地了解微生物多样性。PacBio SMRT 测序技术是三代测序中应用较广泛且已经商业化的技术，广泛应用在动植物及微生物等基因测序领域，众多研究也均表明三代测序具有较高可行性和准确性。

二、蒙古酸马乳中的细菌多样性

笔者团队应用三代测序技术对蒙古采集的 8 份酸马乳样品中的细菌多样性进行研究，8 份酸马乳样品编号分别为 Num3、Num6、Num7、Num8、Num10、Num11、Num12 和 Num13（采样过程中样品编号是连续的，本研究中缺少的其他编号样本是非酸马乳）。这些酸马乳样品中总 DNA 的提取采用 OMEGA 公司生产的 DNA 提取试剂盒（D5625-01）进行。16S rRNA 序列扩增及测序采用带有 16 个碱基 Barcode 标签的细菌 16S 通用引物对样品 DNA 进行扩增，对原始测序序列进行筛选后提取出的高质量序列去除前后引物以及标签后，参照 Caporaso 使用 QIIME（V1.7.0）分析平台进行序列的生物信息学分析，并应用 R

语言（V3.3.2）对酸马乳样品中主要菌群进行分析，使用 Origin（8.5）和 Microsoft excel 对数据进行可视化[34,35]。

（一）酸马乳样品测序量及覆盖度指数

以27F-1541R 16S rDNA 基因序列通用引物扩增的微生物 16S rDNA 基因序列全长为靶点，采用 PacBio SMRT Ⅱ三代测序技术在种和亚种的水平完成酸马乳样品中微生物组成分析。共获得高质量完整的 16S rDNA 基因序列 44758 条，从样品 Num3 中获得基因序列 5356 条，Num6 中获得基因序列 11432 条，Num7 中获得基因序列 7342 条，Num8 中获得基因序列 9863 条，Num10 中获得基因序列 2363 条，Num11 中获得基因序列 3150 条，Num12 中获得基因序列 2417 条，Num13 中获得基因序列 2835 条，每个样品中获得基因序列平均为 8846 条（2417~11432），测序量符合后续分析。本研究采用重组检测软件（recombination detection program，RDP）和 greengen 同源性序列比对聚类相结合的方法尽可能确定每个 OTU 的最低分类地位。结果表明，约有 0.4%的序列不能鉴定到属水平，较之前的 454 焦磷酸测序技术、PacBio SMRT Ⅱ三代测序技术具有更高的通量和更长的读取长度，提高了精确度并能检测出极少的变异。样品的测序序列信息以及 α 多样性指数如表 4-1 所示[34]。

表 4-1　蒙古酸马乳样品的测序序列信息和 α 多样性指数

样本编号	测序量	OTU 数量	Chao1 指数	香农指数	辛普森指数	Observed species 指数
Num3	5356	83	94.0869	3.20321	0.804733	60.392
Num6	11432	151	133.085	3.37428	0.828971	79.394
Num7	7342	144	146.036	3.70993	0.848476	94.634
Num8	9863	112	98.6588	3.09215	0.799892	63.376
Num10	2363	86	114.839	3.44320	0.830420	85.860
Num11	3150	75	114.823	3.28827	0.799732	66.386
Num12	2417	112	173.565	3.97479	0.876937	110.902
Num13	2835	85	127.623	3.24703	0.813641	78.350

注：OTU 全称为 operational taxonomic unit，是指操作分类单元，其实是人为进行定义的分类单元，即一般是在微生物多样性分析中，对序列以 97%的相似度进行聚类（Cluster）。Chao1 指数是 Chao 指数估算样品中所含 OTU 数目的指数，是用来反映物种丰富度的指标，chao1 指数越大，说明群落的物种多样性越高。香农指数是一种用来衡量生物多样性的指标。辛普森指数是在无限大的群落中随机抽取两个个体，它们属于同一物种的概率。Observed species 指数表示该样品中含有的物种数目，Observed species 指数的数值越高表明样品的物种丰富度越高。

以在 98.65%水平上划分的 OTU 为对象研究样品的多样性。以稀释曲线（rarefaction

curve）来研究物种的丰富度，以香农指数来研究物种多样性、丰富度和均匀度。就酸马乳样品的测序结果来看，尽管每个样品的稀疏曲线依旧不能进入平台期［图 4-2（1）］，但是香农多样性曲线已经饱和［图 4-2（2）］。上述现象表明，尽管随着测序量的增加，新的种系型可能会被发现，但是微生物的多样性已经不再随之发生变化了，当前测序量可以满足后续分析的需要[34]。

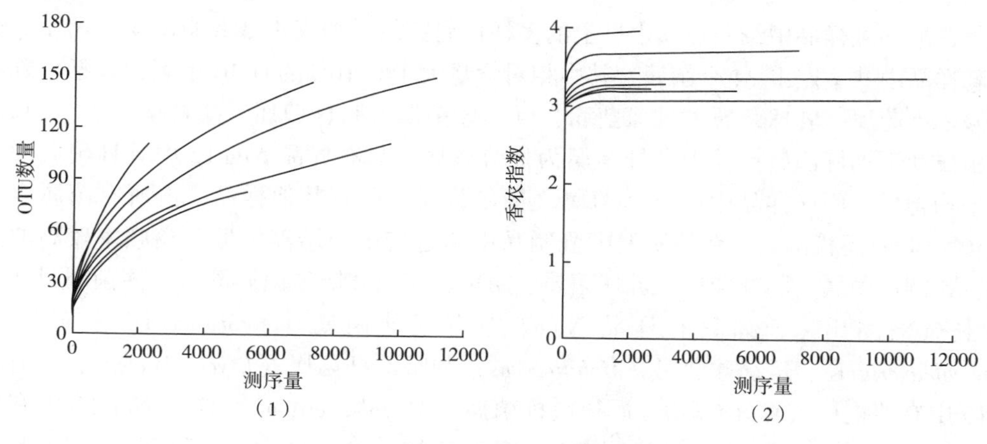

图 4-2　样品的测序量及其香农指数

（二）基于门水平的酸马乳中的细菌多样性研究

通过筛选高质量的序列，应用 RDP 和 greengen 同源性序列比对聚类相结合的方法，发现蒙古酸马乳在门水平上共鉴定出 4 个门类，如表 4-2 所示，包括放线菌门（Actinobacteria）、拟杆菌门（Bacteroidetes）、厚壁菌门（Firmicutes）和变形菌门（Proteobacteria）。其中厚壁菌门为优势菌门，分别在每个样品中的含量为 99.60%、99.80%、97.80%、99.07%、98.14%、96.97%、98.98%和 98.92%。拟杆菌门只在样品 Num7 中检测出，放线菌门只在样品 Num7、Num10 和 Num11 中检测出，其余样品中只有厚壁菌门和变形菌门[34]。

表 4-2　蒙古酸马乳样品中测序获得的细菌相对含量（门水平）　　单位:%

菌门	Num3	Num6	Num7	Num8	Num10	Num11	Num12	Num13
放线菌门	0.0000	0.0000	0.0276	0.0000	0.0430	0.0964	0.0000	0.0000
拟杆菌门	0.0000	0.0000	0.0414	0.0000	0.0000	0.0000	0.0000	0.0000
厚壁菌门	99.6808	99.8496	97.8042	99.0765	98.1490	96.9785	98.9839	98.9290
变形菌门	0.3192	0.1504	2.1268	0.9235	1.8080	2.9251	1.0161	1.0710

在蒙古酸马乳样品中，厚壁菌门为优势菌门，与传统发酵食品中的优势菌门一样。如 Xu 研究新疆牧民家庭自制的酸乳中，焦磷酸测序结果显示细菌中的优势菌门为厚壁菌门[35]，真菌中的优势菌门为子囊菌门[36]。Sun 研究干酪中的微生物组成，其优势菌门是乳

杆菌属属于的厚壁菌门[37]。还有学者研究开菲尔以及韩国的辣椒酱的优势菌门都是厚壁菌门[38,39]。由于乳酸菌属于厚壁菌门，所以在传统发酵食品中，乳酸菌为优势菌群。上述研究结果均与本研究结果一致。

（三）基于属水平的酸马乳中的细菌多样性研究

蒙古酸马乳样品中细菌在属水平上的多样性研究结果如表4-3和彩图4-1所示。蒙古酸马乳样品中共鉴定出24个菌属，其中相对含量大于0.10%的有10个属，包括：乳杆菌属、假单胞菌属、乳球菌属、链球菌属、巨大球菌属、肠杆菌属、醋杆菌属、沙门菌属、水栖菌属和不动杆菌属，其中乳杆菌属为优势菌属。只有样品Num12中乳杆菌属的含量低于平均含量，而该样品中的乳球菌属含量显著高于所有其他样品，占所有菌属含量的11.05%。同时还检测到了在传统发酵乳制品中通过传统纯培养发酵分离频率较高的其他菌属，如链球菌属、肠球菌属、乳球菌属、明串珠菌属和链球菌属等。一些菌属只在一个样品中被检测出来，如只有样品Num7中有气球菌属（*Aerococcus*）、金黄杆菌属（*Chryseobacterium*）、运动球菌属（*Mobilicoccus*）和嗜冷杆菌属（*Psychrobacter*），只有样品Num10中有芽孢杆菌属（*Bacillus*）和微杆菌属（*Microbacterium*），样品Num11中有微球菌属（*Micrococcus*），样品Num12中有布丘氏菌属（*Buttiauxella*）和莱茵海默氏菌属（*Rheinheimera*）。由此可见，样品Num7中的菌群在属水平上具有多样性[34]。

表4-3 蒙古酸马乳样品中测序获得的细菌的相对含量（属水平） 单位:%

菌属	Num3	Num6	Num7	Num8	Num10	Num11	Num12	Num13
醋杆菌属（*Acetobacter*）	0.0563	0.0000	0.2348	0.0103	0.2152	0.1929	0.0847	0.1428
不动杆菌属（*Acinetobacter*）	0.0188	0.0088	0.1933	0.0103	0.0000	0.0321	0.0000	0.1071
气球菌属（*Aerococcus*）	0.0000	0.0000	0.0138	0.0000	0.0000	0.0000	0.0000	0.0000
芽孢杆菌属（*Bacillus*）	0.0000	0.0000	0.0000	0.0000	0.0430	0.0000	0.0000	0.0000
布丘氏菌属（*Buttiauxella*）	0.0000	0.0000	0.0000	0.0000	0.0000	0.0000	0.0423	0.0000
金黄杆菌属（*Chryseobacterium*）	0.0000	0.0000	0.0414	0.0000	0.0000	0.0000	0.0000	0.0000
水栖菌属（*Enhydrobacter*）	0.0000	0.0088	0.2072	0.0000	0.0000	0.0000	0.0423	0.0000
肠杆菌属（*Enterobacter*）	0.0188	0.0000	0.0000	0.0000	0.2152	0.0000	0.0847	0.0357
肠球菌属（*Enterococcus*）	0.0000	0.0000	0.0414	0.0000	0.0430	0.0000	0.1270	0.0000

续表

菌属	Num3	Num6	Num7	Num8	Num10	Num11	Num12	Num13
乳杆菌属 (*Lactobacillus*)	99.6245	99.6285	91.7967	98.4917	95.3939	94.7284	86.8332	98.0007
乳球菌属 (*Lactococcus*)	0.0376	0.0708	1.8230	0.5336	1.3345	0.4500	11.0500	0.5712
明串珠菌属 (*Leuconostoc*)	0.0188	0.0000	0.2624	0.0000	0.0861	0.4822	0.2117	0.0000
巨大球菌属 (*Macrococcus*)	0.0000	0.0000	0.1657	0.0205	0.0000	0.5786	0.0847	0.0000
微杆菌属 (*Microbacterium*)	0.0000	0.0000	0.0000	0.0000	0.0430	0.0000	0.0000	0.0000
微球菌属 (*Micrococcus*)	0.0000	0.0000	0.0000	0.0000	0.0000	0.0321	0.0000	0.0000
运动球菌属 (*Mobilicoccus*)	0.0000	0.0000	0.0138	0.0000	0.0000	0.0000	0.0000	0.0000
假单胞菌属 (*Pseudomonas*)	0.2253	0.1327	1.4225	0.8824	1.1192	2.6358	0.6351	0.6426
嗜冷杆菌属 (*Psychrobacter*)	0.0000	0.0000	0.0276	0.0000	0.0000	0.0000	0.0000	0.0000
柔武氏菌属 (*Raoultella*)	0.0000	0.0000	0.0000	0.0000	0.0430	0.0000	0.0000	0.0714
莱茵海默氏菌属 (*Rheinheimera*)	0.0000	0.0000	0.0000	0.0000	0.0000	0.0000	0.0423	0.0000
罗斯氏菌属 (*Rothia*)	0.0000	0.0000	0.0138	0.0000	0.0000	0.0643	0.0000	0.0000
沙门菌属 (*Salmonella*)	0.0000	0.0000	0.0276	0.0000	0.2152	0.0643	0.0847	0.0714
寡养单胞菌属 (*Stenotrophomonas*)	0.0000	0.0000	0.0138	0.0205	0.0000	0.0000	0.0000	0.0000
链球菌属 (*Streptococcus*)	0.0000	0.1504	3.7011	0.0308	1.2484	0.7393	0.6774	0.3570

如彩图4-1所示，优势菌群为乳酸杆菌，该菌属的平均含量达到所有菌属含量的95.56%。

Hao采用聚丙烯酰胺凝胶电泳技术（DGGE）对酸马乳中的细菌多样性进行分析，结果显示，乳杆菌属是酸马乳样品中的优势菌属，且样品中偶尔还检测出肠膜明串珠菌、嗜热链球菌、布氏乳杆菌、詹氏乳杆菌[12]。Zuo 对中国西部牧民家的发酵乳制品微生物多样性进行分析，通过 16S rRNA 基因测序技术发现其主要菌属为乳杆菌属、乳球菌属、肠球菌属、片球菌属和明串珠菌属[40]。

（四）基于种水平的酸马乳中的细菌多样性研究

如表 4-4 和彩图 4-2 所示，在种水平上，共鉴定出 43 个菌种，其中相对含量>0.01%的有 10 个，包括瑞士乳杆菌、乳酸乳球菌、维罗纳假单胞菌、副乳房链球菌、棉子糖乳球菌、肠膜明串珠菌、开菲尔慢生乳杆菌、解酪蛋白巨大球菌、马乳酒样乳杆菌和恶性醋酸菌，其中瑞士乳杆菌为优势菌种。有大量研究与本研究结果一致，均以瑞士乳杆菌为优势菌种。Uchida 分析了从蒙古 3 个游牧家庭中收集的传统发酵乳制品中的微生物组成。研究结果显示，主要的物种为瑞士乳杆菌、开菲尔慢生乳杆菌、大仁酵母（*Saccharomyces dairensis*）、类干酪乳杆菌（*Lactobacillus paracasei*）、植物乳植杆菌、香肠乳杆菌（*Lactobacillus farciminis*）、东方伊萨酵母（*Issatchenkia orientalis*）和乳酸克鲁维酵母（*Kluyveromyces wickerhamii*），其中瑞士乳杆菌为优势菌种[41]。Sun 等分析了酸马乳样品中的微生物多样性，其结果与本研究一致，均以瑞士乳杆菌为优势菌种，并在酸马乳样品中检测出乳酸菌属，链球菌属和肠球菌属[37]。

表 4-4　蒙古酸马乳样品中测序获得的细菌的相对含量（种水平）　单位：%

菌种	Num3	Num6	Num7	Num8	Num10	Num11	Num12	Num13
可可豆醋杆菌（*Acetobacter fabarum*）	0.0000	0.0000	0.0276	0.0000	0.0000	0.0000	0.0000	0.1071
加纳醋杆菌（*Acetobacter ghanensis*）	0.0000	0.0000	0.0138	0.0000	0.0000	0.0000	0.0000	0.0000
苹果醋杆菌（*Acetobacter malorum*）	0.0188	0.0000	0.1105	0.0103	0.0861	0.1929	0.0423	0.0357
东方醋杆菌（*Acetobacter orientalis*）	0.0000	0.0000	0.0000	0.0000	0.0430	0.0000	0.0000	0.0000
约氏不动杆菌（*Acinetobacter johnsonii*）	0.0188	0.0088	0.1933	0.0103	0.0000	0.0321	0.0000	0.1071
马尿气球菌（*Aerococcus urinaeequi*）	0.0000	0.0000	0.0138	0.0000	0.0000	0.0000	0.0000	0.0000
地衣芽孢杆菌（*Bacillus licheniformis*）	0.0000	0.0000	0.0000	0.0000	0.0430	0.0000	0.0000	0.0000
鱼金黄杆菌（*Chryseobacterium piscium*）	0.0000	0.0000	0.0276	0.0000	0.0000	0.0000	0.0000	0.0000

续表

菌种	Num3	Num6	Num7	Num8	Num10	Num11	Num12	Num13
解脲金黄杆菌 (*Chryseobacterium ureilyticum*)	0.0000	0.0000	0.0138	0.0000	0.0000	0.0000	0.0000	0.0000
气囊水栖菌 (*Enhydrobacter aerosaccus*)	0.0000	0.0088	0.2072	0.0000	0.0000	0.0000	0.0423	0.0000
产气肠杆菌 (*Enterobacter aerogenes*)	0.0000	0.0000	0.0000	0.0000	0.0000	0.0000	0.0847	0.0000
霍氏肠杆菌 (*Enterobacter hormaechei*)	0.0188	0.0000	0.0000	0.0000	0.1722	0.0000	0.0000	0.0000
路氏肠杆菌 (*Enterobacter ludwigii*)	0.0000	0.0000	0.0000	0.0000	0.0430	0.0000	0.0000	0.0357
耐久肠球菌 (*Enterococcus durans*)	0.0000	0.0000	0.0414	0.0000	0.0430	0.0000	0.0000	0.0000
布氏乳杆菌 (*Lactobacillus buchneri*)	0.0000	0.0000	0.0000	0.0103	0.0000	0.0000	0.0000	0.0357
鸡乳杆菌 (*Lactobacillus gallinarum*)	0.0000	0.0000	0.0138	0.0000	0.0000	0.0000	0.0000	0.0000
瑞士乳杆菌 (*Lactobacillus helveticus*)	99.2865	99.1774	90.3881	98.0607	94.4038	94.5355	84.0813	97.1796
希氏乳杆菌 (*Lactobacillus hilgardii*)	0.0188	0.0000	0.0000	0.0000	0.0000	0.0000	0.0000	0.0000
马乳酒样乳杆菌 (*Lactobacillus kefiranofaciens*)	0.0000	0.0531	0.1933	0.2155	0.0861	0.0643	0.0847	0.0714
开菲尔慢生乳杆菌 (*Lentilactobacillus kefiri*)	0.0188	0.0088	0.1933	0.0308	0.1722	0.0321	0.0423	0.4641
类开菲尔慢生乳杆菌 (*Lentilactobacillus parakefiri*)	0.0188	0.0000	0.0000	0.0103	0.0000	0.0000	0.0000	0.0000
戊糖乳植杆菌 (*Lactiplantibacillus pentosus*)	0.0000	0.0000	0.0000	0.0000	0.0861	0.0000	0.0000	0.0000
植物乳植杆菌 (*Lactiplantibacillus plantarum*)	0.0000	0.0000	0.0000	0.0000	0.0430	0.0000	0.0000	0.0000
芜菁慢生乳杆菌 (*Lentilactobacillus rapi*)	0.0000	0.0088	0.0000	0.0000	0.0000	0.0000	0.0000	0.0000
乳酸乳球菌 (*Lactococcus lactis*)	0.0376	0.0531	1.6572	0.5336	1.1623	0.4500	9.3141	0.4284

续表

菌种	Num3	Num6	Num7	Num8	Num10	Num11	Num12	Num13
棉子糖乳球菌 (*Lactococcus raffinolactis*)	0. 0000	0. 0088	0. 1657	0. 0000	0. 1722	0. 0000	1. 6935	0. 1428
乳明串珠菌 (*Leuconostoc lactis*)	0. 0000	0. 0000	0. 0138	0. 0000	0. 0000	0. 0000	0. 0000	0. 0000
肠膜明串珠菌 (*Leuconostoc mesenteroides*)	0. 0188	0. 0000	0. 2486	0. 0000	0. 0861	0. 4822	0. 2117	0. 0000
解酪蛋白巨大球菌 (*Macrococcus caseolyticus*)	0. 0000	0. 0000	0. 1657	0. 0205	0. 0000	0. 5786	0. 0847	0. 0000
黄色微球菌 (*Micrococcus flavus*)	0. 0000	0. 0000	0. 0000	0. 0000	0. 0000	0. 0321	0. 0000	0. 0000
海运动球菌 (*Mobilicoccus pelagius*)	0. 0000	0. 0000	0. 0138	0. 0000	0. 0000	0. 0000	0. 0000	0. 0000
韦龙氏假单胞菌 (*Pseudomonas veronii*)	0. 2253	0. 1327	1. 4086	0. 8619	1. 0762	2. 6358	0. 5927	0. 6426
粪嗜冷杆菌 (*Psychrobacter faecalis*)	0. 0000	0. 0000	0. 0276	0. 0000	0. 0000	0. 0000	0. 0000	0. 0000
解鸟氨酸柔武氏菌 (*Raoultella ornithinolytica*)	0. 0000	0. 0000	0. 0000	0. 0000	0. 0430	0. 0000	0. 0000	0. 0714
罗非鱼莱茵海默氏菌 (*Rheinheimera tilapiae*)	0. 0000	0. 0000	0. 0000	0. 0000	0. 0000	0. 0000	0. 0423	0. 0000
鼠鼻罗斯氏菌 (*Rothia nasimurium*)	0. 0000	0. 0000	0. 0138	0. 0000	0. 0000	0. 0643	0. 0000	0. 0000
肠沙门氏菌 (*Salmonella enterica*)	0. 0000	0. 0000	0. 0276	0. 0000	0. 2152	0. 0643	0. 0847	0. 0714
食螯合物寡养单胞菌 (*Stenotrophomonas chelatiphaga*)	0. 0000	0. 0000	0. 0138	0. 0000	0. 0000	0. 0000	0. 0000	0. 0000
嗜根寡养单胞菌 (*Stenotrophomonas rhizophila*)	0. 0000	0. 0000	0. 0000	0. 0205	0. 0000	0. 0000	0. 0000	0. 0000
解没食子酸盐链球菌 (*Streptococcus gallolyticus*)	0. 0000	0. 0000	0. 1795	0. 0000	0. 0000	0. 0000	0. 0000	0. 0000
副乳房链球菌 (*Streptococcus parauberis*)	0. 0000	0. 1504	3. 4940	0. 0308	1. 2484	0. 7393	0. 6774	0. 3570
未分类	0. 3192	0. 3892	1. 1324	0. 1847	0. 7749	0. 0964	2. 9213	0. 2499

在对蒙古酸马乳样品的研究中，除样品 Num7、Num12 中优势菌群瑞士乳杆菌的相对含量低于 90%外，其他样品中瑞士乳杆菌的相对含量都在 90%以上。特别是样品 Num3 和 Num6 中瑞士乳杆菌的相对含量都在 99%以上。一些菌种只在单独的一个样品中被检测出，如加纳醋化醋杆菌（*Acetobacter ghanensis*）、马尿脲气球菌（*Aerococcus urinaeequi*）、鱼金黄杆菌（*Chryseobacterium piscium*）、解脲金黄杆菌（*Chryseobacterium ureilyticum*）、乳酸明串珠菌（*Leuconostoc lactis*）、海运动球菌（*Mobilicoccus pelagius*）、粪嗜冷杆菌（*Psychrobacter faecalis*）、鼠鼻罗斯氏菌（*Rothia nasimurium*）、食螯合物寡养单胞菌（*Stenotrophomonas chelatiphaga*）和解没食子酸盐链球菌（*Streptococcus gallolyticus*）只在样品 Num7 中检测到，东方醋杆菌（*Acetobacter orientalis*）、地衣芽孢杆菌（*Bacillus licheniformis*）、戊糖乳杆菌（*Lactobacillus pentosus*）和植物乳植杆菌（*Lactiplantibacillus plantarum*）只在样品 Num10 中检测到。在样品 Num12 中检测出产气肠杆菌（*Enterobacter aerogenes*）、罗非鱼莱茵海默氏菌（*Rheinheimera tilapiae*）、黄色微球菌（*Micrococcus flavus*）和嗜根芽寡养单胞菌（*Stenotrophomonas rhizophila*）[34]。

三、锡林浩特酸马乳中的细菌多样性

笔者团队对在锡林浩特采集的 11 份酸马乳样品进行研究，具体说明三代测序技术在酸马乳中细菌多样性的应用。采集的 11 份锡林浩特酸马乳样品编号分别为 SMN1、SMN2、SMN3、SMN4、SMN5、SMN6、SMN7、SMN8、SMN9、SMN10、SMN11[11]。

将锡林浩特酸马乳离心收集菌体后采用 QIAGEN DNeasy mericon Food Kit 试剂盒进行微生物宏基因组 DNA 的提取，扩增 16S rDNA 基因序列引物为 27F（5′-AGAGTTTGATC-CTGGCTCAG-3′）和 1492R（5′-ACCTTGTTACGACTT-3′），同时在引物上下游均添加 16bp 无干扰、特异的 Barcode（样品特异性标签）序列，扩增细菌 16S rDNA 基因序列全长。PCR 产物经 1%琼脂糖凝胶电泳检验合格后，通过 PCR 产物纯化、文库构建，最后进行上样 PacBio SMRT 测序。测序结果按照 SMRT Portal（V2.7）中的 RSReads Ofinsert.1 方案设置相关参数，包括最低循环数（>5）、最低预测精确度（>90%）以及插入序列长度（1400~1800bp）对原始数据进行初步筛选[11]。质控后的序列使用 QIIME（V1.7.0）分析平台进行物种和多样性分析，数据分析。核酸序列登录号测序数据已经上传到 MG-RAST 数据库，检索号为：mgp79765[11,35]。

（一）酸马乳样品测序量及覆盖度指数

锡林浩特酸马乳样品 16S rDNA 测序情况及各分类地区数量如表 4-5 所示。

表 4-5 锡林浩特酸马乳样品 16S rDNA 测序情况及各分类地区数量

样品编号	序列数/条	OTU 数量/个	门/个	纲/个	目/个	科/个	属/个	种/个
SMN1	5786	847	2	4	5	9	20	27
SMN2	3965	1178	3	6	7	12	21	38
SMN3	1596	615	4	7	9	14	27	39

续表

样品编号	序列数/条	OTU 数量/个	门/个	纲/个	目/个	科/个	属/个	种/个
SMN4	4082	999	2	3	4	6	16	23
SMN5	5228	768	2	3	6	10	15	23
SMN6	4353	318	3	4	5	6	8	10
SMN7	7944	1034	4	6	9	13	24	37
SMN8	3989	1057	4	5	6	10	15	24
SMN9	2649	1181	4	7	10	17	29	49
SMN10	6012	1182	4	8	12	18	31	43
SMN11	4571	1454	4	8	10	15	27	43

如表4-5所示，通过 PacBio SMRT 测序，从锡林浩特采集的11份酸马乳样品中共获得50936条高质量完整的16S rDNA 基因序列，每个样品平均有4630条。根据序列的100%相似度水平划分 OTU 后，共得到33267条具有代表性的细菌 OTU 序列，根据序列的98.65%相似度水平划分 OTU 后，共得到7293个 OTU。利用 RDP 和 Greengenes 数据库进行同源性序列比对，尽可能确定每个 OTU 最低分类地位，比对结果表明，约2.63%的序列不能鉴定到属水平，约9.77%的序列不能鉴定到种水平[11]。

在高通量测序中，只有尽可能多地产出序列，才能尽可能多地捕获样品中的微生物多样性信息，采用稀疏曲线和香农指数曲线，对研究产生的测序量是否符合后续生物信息学分析进行评价，结果如图4-3所示。尽管依据当前的测序量，每个样品的稀疏曲线不能进入平台期［图4-3（1）］，但是香农指数曲线已经达到饱和状态［图4-3（2）］。上述现象表明，尽管随着测序量的增加，新的种系型可能会被发现，但是微生物的多样性不再随之发生变化，因而当前的测序量可以满足后续分析的需要[11]。

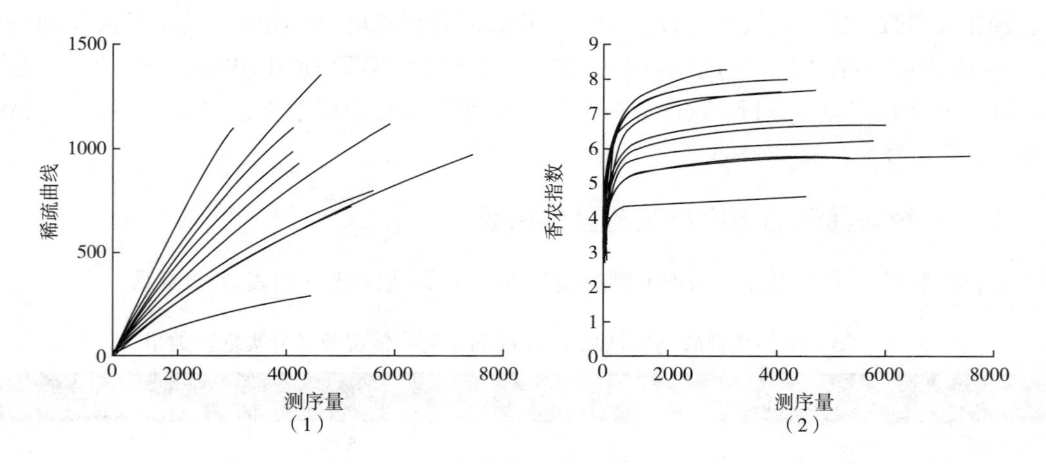

图4-3 稀疏曲线和香农指数曲线

锡林浩特酸马乳样品 α 多样性指数统计如表4-6所示。

表 4-6　锡林浩特酸马乳样品 α 多样性指数统计

样品编号	Chao1 指数	Observed species 指数	香农指数	辛普森指数
SMN1	1031	339	6. 04	0. 95
SMN2	2132	575	7. 71	0. 99
SMN3	2143	590	7. 75	0. 99
SMN4	2196	459	6. 57	0. 95
SMN5	1167	308	5. 57	0. 93
SMN6	440	164	4. 56	0. 89
SMN7	1108	324	5. 53	0. 91
SMN8	2018	513	7. 39	0. 98
SMN9	5023	732	8. 01	0. 98
SMN10	1641	419	6. 37	0. 95
SMN11	2906	600	7. 29	0. 97
平均值	1982	457	6. 62	0. 95
极差值	4583	568	3. 45	0. 10
变异系数/%	61. 83	36. 11	16. 81	3. 33

注：计算上述指标时，样品的测序量均为 1510 条序列。

由表 4-6 可知，当 11 份酸马乳样品的测序量均取 1510 条序列时，Chao1 指数和 Observed species 指数的变异系数分别为 61. 83%和 36. 11%，而香农指数和辛普森多样性指数的变异系数仅为 16. 81%和 3. 33%。由此可见，锡林浩特酸马乳样品中的细菌丰富度差异较大，而在多样性上差异较小，这说明虽然酸马乳样品中一些细菌类群均存在，但其相对含量可能存在较大差异[11]。为了对本结论进行验证，对不同分类地位下的酸马乳样品中的细菌优势菌门、属和核心菌群的种类及含量进行分析。

（二）基于门水平的酸马乳中的细菌多样性研究

使用 RDP 和 Greengenes 数据库对 OTU 代表性序列进行同源性比对，所有的序列鉴定为 3 个门。基于门水平的锡林浩特酸马乳样品中优势菌群相对含量分析如图 4-4 所示[11]。

由图 4-4 可知，酸马乳样品中平均相对含量>1. 0%的细菌门分别为厚壁菌门和变形菌门，其平均相对含量为 87. 83%和 12. 10%，酸马乳样品中核心细菌门也是厚壁菌门和变形菌门。值得一提的是，在 7 份酸马乳样品中发现了放线菌门，但其含量仅为 0. 03%[11]。

（三）基于属水平的酸马乳中的细菌多样性研究

使用 RDP 和 Greengenes 数据库对 OTU 代表性序列进行同源性比对，所有的序列鉴定

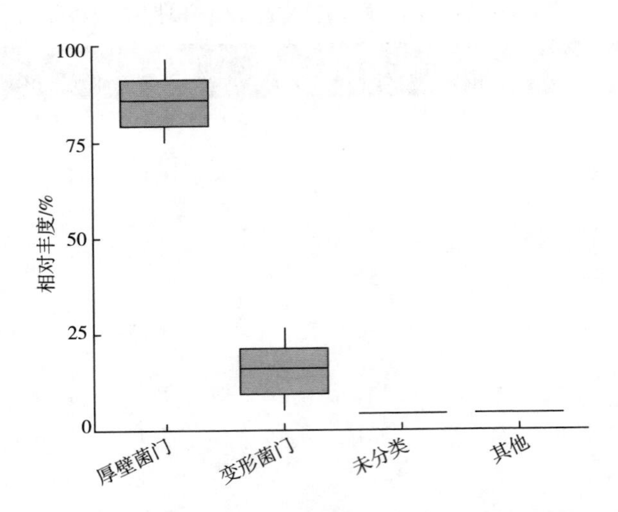

图 4-4 基于门水平的锡林浩特酸马乳样品中优势菌群相对含量分析

为 51 个属。基于属水平的锡林浩特酸马乳样品中优势菌群相对含量分析如图 4-5 所示。

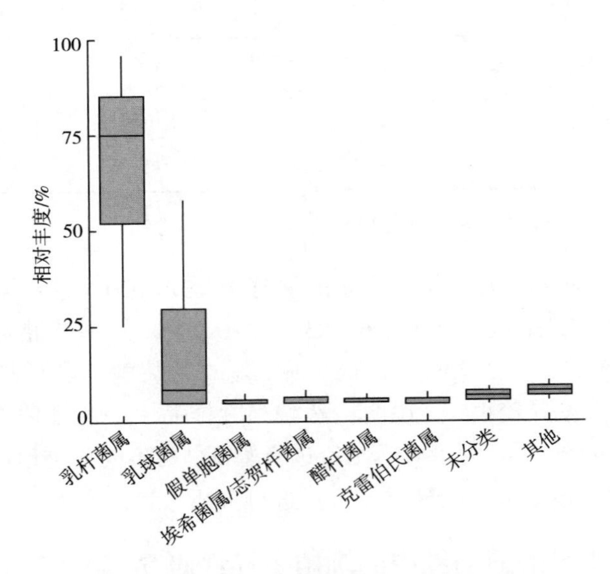

图 4-5 基于属水平的锡林浩特酸马乳样品中优势菌群相对含量分析

由图 4-5 可知，酸马乳样品中平均相对含量>1.0%的细菌属分别为乳杆菌属、乳球菌属、假单胞菌属、埃希菌属/志贺杆菌属、醋杆菌属和克雷伯氏菌属，其平均相对含量分别为 61.16%、18.04%、11.72%、2.97%、1.85%和 1.95%。酸马乳样品中的核心细菌属为乳杆菌属、假单胞菌属、醋杆菌属和肠杆菌属，其平均相对含量分别为 70.21%、2.56%、1.14%和 0.76%，积累相对含量为 74.68%，由此可见，酸马乳中核心细菌属的含量占到总细菌属含量的 70%以上。值得一提的是，在 10 份酸马乳样品中均发现了埃希菌属/志贺杆菌属和克雷伯氏菌属，其含量分别为 0.12%和 1.03%，这表明由于酸马乳的制作多采用传统制作工艺，制作环境相对开放，所以大部分酸马乳样品中的微生物群落信息要比我们以前想象得更丰富且复杂，其中不仅存在乳酸菌等有益菌，也存在着少量腐败菌和有害微生物。

（四）基于种水平的酸马乳中的细菌多样性研究

对锡林浩特采集的 11 份酸马乳样品使用 RDP 和 Greengenes 数据库对 OTU 代表性序列进行同源性比对，所有的序列鉴定为 105 个种。基于种水平的锡林浩特酸马乳样品中优势菌群相对含量的分析如图 4-6 所示。由图 4-6 可知，锡林浩特酸马乳样品中平均相对含量>1.0%的细菌种分别为瑞士乳杆菌、乳酸乳球菌、马乳酒样乳杆菌、棉子糖乳球菌和埃希菌/痢疾志贺氏菌（*Escherichia/Shigella dysenteriae*），其平均相对含量分别为 58.07%、12.91%、9.19%、2.77%和 1.87%。由此可见，锡林浩特酸马乳样品中优势细菌种为瑞士乳杆菌，其含量几乎占总细菌数的 60%。

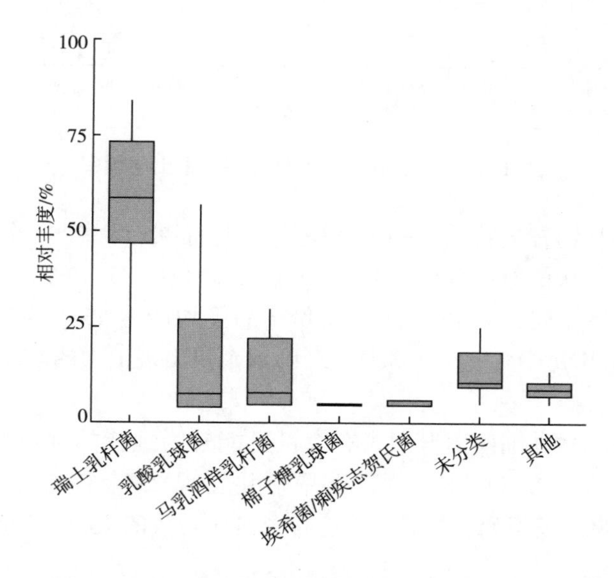

图 4-6　基于种水平的锡林浩特酸马乳样品中优势菌群相对含量分析

锡林浩特酸马乳样品中的核心细菌种为瑞士乳杆菌、马乳酒样乳杆菌、鸡乳杆菌（*Lactobacillus gallinarum*）和巴氏醋杆菌（*Acetobacter pasteurianus*），其平均相对含量分别为 58.07%、9.19%、0.17%和 0.16%，积累相对含量为 67.59%，由此可见，锡林浩特酸马乳中核心细菌种的含量占到总细菌数的近 70%。值得一提的是，在 11 份酸马乳样品中有 10 份样品发现了乳酸乳球菌（*Lactococcus lactis*）、开菲尔乳杆菌（*Lactobacillus kefiri*）、肺炎杆菌（*Klebsiella pneumoniae*）和肠沙门氏菌（*Salmonella enterica*），其平均相对含量分别为 12.91%、0.80%、0.68%和 0.32%，赫氏埃希菌（*Escherichia hermannii*）和埃希菌/痢疾志贺氏菌也存在于 9 份样品中，其平均相对含量分别为 0.11%和 1.87%。由此可见，乳酸菌是锡林浩特酸马乳中的优势细菌种，但也含有少量腐败菌和有害微生物。

（五）基于OTU水平的酸马乳细菌核心菌群研究

对锡林浩特采集的11份酸马乳样品中OTU在酸马乳样品中出现的频率进行检测，其结果如图4-7所示。

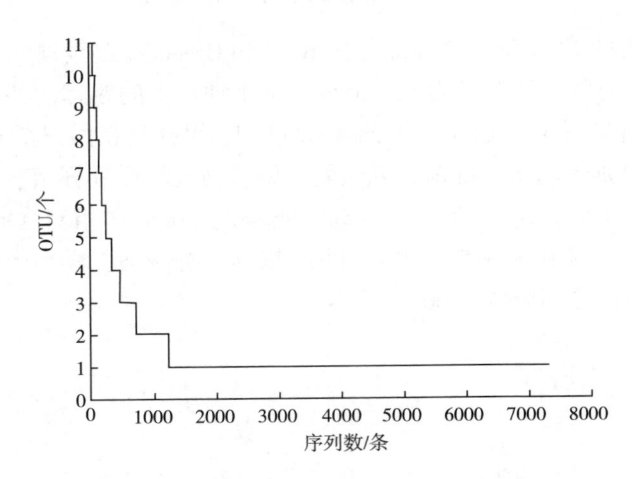

图4-7　OTU在酸马乳样品测序中出现频率

由图4-7可知，从锡林浩特采集的11份酸马乳样品共产生7294个OTU，然而在11份酸马乳样品中仅出现1次的OTU为6083个，占OTU总数的83.40%，所包含序列数为6676条，占所有质控后合格序列数的13.30%。每份样品平均产生4561条序列，而每份样品中仅出现1次的OTU平均每个含有1.5条序列，则每个仅出现1次的OTU其平均相对含量仅为0.003%。

由此可见，虽然酸马乳细菌菌群中含有大量可能较为独特的种系型，但其相对含量是极低的。值得一提的是，在11份酸马乳样品中共发现25个核心OTU，占OTU总数的0.34%，但其包含21894条序列，占所有质控后合格序列数的43.64%。核心OTU及其含量统计如表4-7所示[11]。

表4-7　锡林浩特酸马乳样品中的核心OTU及其含量统计

序号	OTU编号	最小值/%	平均值/%	中位数/%	最大值/%	鉴定结果
1	OTU420	0.04	0.57	0.50	1.23	瑞士乳杆菌
2	OTU6500	0.04	0.43	0.42	0.78	瑞士乳杆菌
3	OTU6258	0.08	0.18	0.19	0.28	瑞士乳杆菌
4	OTU6252	0.04	0.39	0.41	0.57	瑞士乳杆菌
5	OTU4468	0.26	2.55	2.05	4.64	瑞士乳杆菌
6	OTU6253	0.53	11.18	11.20	22.81	瑞士乳杆菌
7	OTU4449	0.08	3.71	3.19	7.70	瑞士乳杆菌

续表

序号	OTU 编号	最小值/%	平均值/%	中位数/%	最大值/%	鉴定结果
8	OTU6578	0. 04	1. 06	0. 98	2. 41	瑞士乳杆菌
9	OTU879	0. 19	9. 67	8. 79	26. 6	瑞士乳杆菌
10	OTU4137	0. 04	0. 22	0. 22	0. 39	瑞士乳杆菌
11	OTU2313	0. 08	0. 35	0. 30	0. 94	瑞士乳杆菌
12	OTU3843	0. 15	0. 61	0. 59	1. 26	瑞士乳杆菌
13	OTU3868	0. 04	0. 09	0. 11	0. 14	瑞士乳杆菌
14	OTU3000	0. 04	0. 32	0. 28	0. 75	瑞士乳杆菌
15	OTU662	0. 19	3. 64	3. 62	7. 52	瑞士乳杆菌
16	OTU2932	0. 04	0. 17	0. 19	0. 29	瑞士乳杆菌
17	OTU3949	0. 04	0. 53	0. 50	1. 06	瑞士乳杆菌
18	OTU5855	0. 04	0. 61	0. 43	1. 91	瑞士乳杆菌
19	OTU848	0. 02	1. 17	0. 50	3. 98	马乳酒样乳杆菌
20	OTU2877	0. 04	0. 28	0. 18	1. 01	瑞士乳杆菌
21	OTU1671	0. 04	0. 10	0. 08	0. 28	瑞士乳杆菌
22	OTU1902	0. 08	0. 46	0. 45	1. 15	瑞士乳杆菌
23	OTU1617	0. 02	0. 25	0. 19	1. 00	瑞士乳杆菌
24	OTU1942	0. 08	0. 28	0. 29	0. 50	瑞士乳杆菌
25	OTU5329	0. 05	0. 35	0. 15	1. 13	瑞士乳杆菌

由表 4-7 可知，25 个核心 OTU 中有 24 个 OTU 属于瑞士乳杆菌，其相对含量累计为 39. 66%，仅有 1 个 OTU 属于马乳酒样乳杆菌，其相对含量为 3. 98%。由此可见，虽然锡林浩特酸马乳样品中可能含有一些较为独特的种系型，但其共有大量的核心细菌菌群，且该核心菌群几乎均为瑞士乳杆菌。

四、小结

蒙古和内蒙古东部少数民族地区游牧民族至今沿用古老而传统的方法生产发酵乳制品，并积累了几千年的经验，形成了独特而完整的工艺，其制作工艺为自然发酵，产品风味独特、营养丰富，蕴含了当地自然环境中丰富的微生物，并具有较好的保健作用。由于传统酸马乳制作工艺为开放环境下的自然发酵，前人的研究证实，酸马乳中蕴藏着丰富的微生物，它们在发酵乳制品的品质形成、功效和安全性方面发挥着非常重要的作用。然而，随着人们生活水平的不断提高，少数民族的游牧生活逐渐减少，利用传统方法制作的发酵乳制品逐渐减少，优良的乳酸菌菌种终将减少，甚至丢失。因此全面、客观、深入地研究自然发酵酸马乳制作过程中微生物多样性和群落结构动态变化及其相互作用机制，具有非常重要的意义。到目前为止，多数关于酸马乳的研究都是在固定的时间点采样，通过经典的纯培养和传统的分子生物学技术研究酸马乳中微生物多样性和群落组成，而应用PacBio SMRT测序与宏基因组学方法相结合的技术对酸马乳微生物多样性进行的研究还鲜有报道。基于某一固定时间点采样研究自然发酵酸马乳中微生物群落，不能全面、客观了解酸马乳发酵过程中微生物群落的真实存在状态和动态变化过程。因此，有必要运用新的更精确的技术进行全面、深入的研究。所以，运用全新的PacBio SMRT测序与宏基因组学方法相结合的技术，动态研究酸马乳在发酵过程中微生物的多样性、群落结构和功能的动态变化，对未来开发纯天然发酵剂，有效控制和优化发酸马乳制作工艺，保持其最原始的感官特性和更优的产品质量，具有更实际的指导作用。

采用三代测序技术对8份蒙古酸马乳样品中微生物多样性进行研究，结果显示，在属水平上，酸马乳样品中共鉴定出24个细菌属，其中相对含量>0.1%的有7个属，包括：乳杆菌属、假单胞菌属、链球菌属、巨大球菌属（*Macrococcus*）、沙门菌属（*Salmonella*）、醋杆菌属（*Acetobacter*）和其他菌属，其中乳杆菌属为优势菌属。在种水平上，共鉴定出43个细菌的种，其中相对含量>0.01%的有10个种，包括：瑞士乳杆菌、乳酸乳球菌、维罗纳假单胞菌（*Pseudomonas veronii*）、副乳房链球菌（*Streptococcus parauberis*）、棉子糖乳球菌（*Lactococcus raffinolactis*）、肠膜明串珠菌（*Leuconostoc mesenteroides*）、开菲尔慢生乳杆菌、解酪蛋白巨大球菌（*Macrococcus caseolyticus*）、马乳酒样乳杆菌（*Lactobacillus kefiranofaciens*）和苹果醋杆菌（*Acetobacter malorum*），其中瑞士乳杆菌为优势菌种。

从锡林浩特采集的11份酸马乳样品中，核心细菌类群主要由属于变形菌门和厚壁菌门2个细菌门的瑞士乳杆菌、马乳酒样乳杆菌、鸡乳杆菌和巴氏醋杆菌共4种细菌组成。11份锡林郭勒酸马乳样品共发现25个核心OTU，其相对含量占所有质控后合格序列数的43.64%，且其中24个OTU为瑞士乳杆菌。由此可见，虽然有些样品中可能含有一些较为独特的种系型，但酸马乳共有大量的核心细菌菌群。

第三节　酸马乳中细菌多样性的动态变化

酸马乳发酵过程中细菌呈现多样性，其中优势菌属为乳杆菌属，其次为乳球菌属。发酵过程中不同细菌属之间存在明显的演替变化以及相互作用。酸马乳发酵过程中乳糖含量减少，而乳酸含量增多，两者变化非常明显；葡萄糖、半乳糖、乙酸、丙酸含量较低，无明显动态变化；蛋白质、脂肪含量较高，存在一定的动态变化。

其木格苏都研究了内蒙古自然发酵酸马乳细菌多样性及其基因动态变化。从内蒙古的不同地点采集了31份酸马乳样品，其中有9份样品因为没有提出DNA而不能进行测序和后续评估分析，所以有22份酸马奶样品纳入后续细菌多样性的动态变化研究。不同采样点酸马乳样品采集情况统计如表4-8所示，样品编号按照发酵时间排列[11]。

表 4-8　不同采样点酸马乳样品采集情况统计

按照发酵时间的样品编号	采样点 A	采样点 B	采样点 C	采样点 D	采样点 E
新鲜马乳	A1*	B1	C1*	D1	E1*
自然发酵 0h 的酸马乳	A2*	B2	C2*	D2*	E2
自然发酵 3h 的酸马乳	A3	B3	C3	D3	E3
自然发酵 6h 的酸马乳	A4	B4	C4	D4	E4
自然发酵 9h 的酸马乳	A5	B5	C5	D5	E5
自然发酵 12h 的酸马乳	A6	B6*	C6	D6*	E6*
自然发酵 >24h 的酸马乳	—	B7	—	—	—

注：* 代表该样品没有提出 DNA。

酸马乳发酵过程中，随着发酵时间随着发酵时间的增加，微生物数量增多，pH 逐渐降低，所以样品中菌株数量越高，其对应的 pH 也相对较低。不同发酵时间酸马乳样品中乳杆菌属与肠球菌属的相对含量变化如图 4-8 所示[11]。

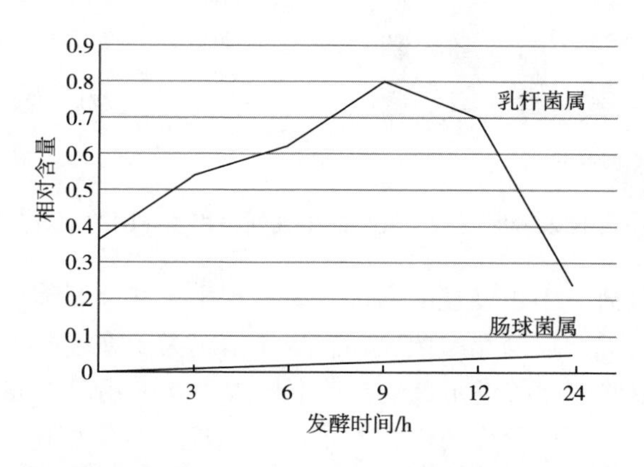

图 4-8　不同发酵时间酸马乳样品中乳杆菌属与肠球菌属的相对含量变化

由图 4-8 可知，发酵 0~9h 乳杆菌属的相对含量逐渐增加，且在发酵 9h 时达到峰值，之后其相对含量开始下降。在整个发酵过程中，肠球菌属的相对含量逐渐增加，发酵 24h 后达到峰值[11]。

其木格苏都进一步对种水平进行分析，尝试找出是否有菌株的相对含量随发酵时间改变，不同发酵时间酸马乳样品中乳杆菌和肠球菌的相对含量变化如图4-9所示[11]。研究发现，随着发酵时间延长，瑞士乳杆菌相对含量逐渐增加，9h时达到峰值。尽管在整个发酵过程中，粪肠球菌、耐久肠球菌和铅黄肠球菌（*Enterococcus casseliflavus*）的相对含量逐渐增加，且在发酵24h时达到峰值，但整体相对含量仍然很低。肠球菌属的生存能力强，尤其是粪肠球菌。粪肠球菌为条件致病菌，可以在pH 3.5~11的环境内生存；当处于野生酸环境下，该菌变为嗜酸菌。当发酵9h后，酸马乳的pH降到3.8，肠球菌仍可以生存，只是相对含量较低。肠球菌属作为自然乳清培养物中的重要微生物区系也常被分离。自然乳清培养物是利用传统方法生产马苏里拉（Mozzarella）干酪的发酵剂。肠球菌属在几种食物（如干酪和香肠）的成熟和风味增强中起到重要作用。然而，某些肠球菌属属于条件致病菌。因此，保持乳杆菌属和肠球菌属菌群之间的平衡具有重要意义，并且为了保证自然发酵酸马乳的安全性，需将肠球菌的相对含量维持在较低水平[11]。

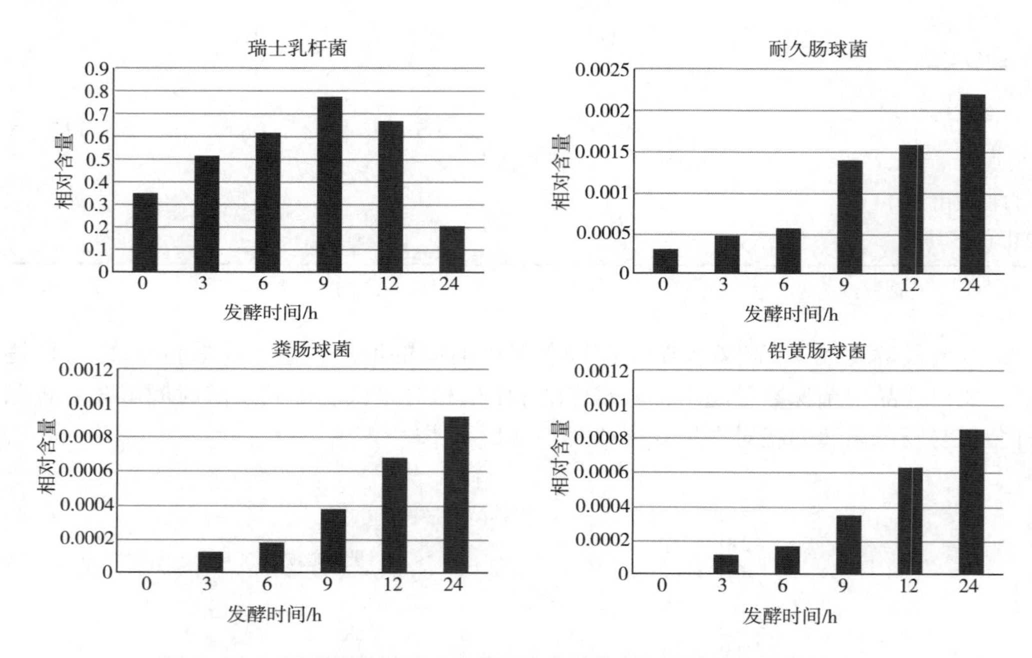

图4-9　不同发酵时间酸马乳样品中乳杆菌和肠球菌的相对含量变化

此外，殷文政在其研究中也发现酸马乳发酵过程中乳杆菌属为优势细菌属。酸马乳发酵过程中乳杆菌属、乳球菌属与醋酸菌属动态变化情况为：在发酵12h后乳杆菌属的繁殖速度加快，此时环境中酸度能够满足其启动生长，发酵24h后其含量又呈现下降趋势，可能是菌群大量繁殖后出现了养分竞争而抑制了繁殖速度。与此相比，发酵开始后酸马乳中乳球菌属繁殖速度较快，至12h后随着乳杆菌属数量增多其繁殖速度开始下降，当乳杆菌属自24h开始数量下降时其繁殖速度又升高。72h后乳杆菌属数量增加，而乳球菌属数量减少，在发酵过程中两者之间可能存在某种相互作用；酸马乳发酵开始所含醋酸菌属数量在发酵过程中减少，在48h后其数量明显增多，72h后又开始下降。乳球菌属与醋酸菌属在发酵24h后的变化趋势相似[1]。

此外，布仁其其格采用高通量454焦磷酸测序技术分析了内蒙古锡林郭勒盟正镶黄旗酸马乳发酵96h内细菌群落结构演替情况。具体过程是以3.5L体系进行酸马乳发酵，每隔2.5h捣拌300次，1d共捣拌1500次，发酵温度保持在（22±2）℃，监测96h内的发酵过程；选取6个时期的样品，提取宏基因组DNA，PCR扩增16S rDNA进行454焦磷酸测序，分析发酵过程中细菌群落结构演替变化。主要研究结果发现：①细菌多样性在酸马乳发酵初期最高，并随着发酵时间的延长下降，细菌丰度最高值在发酵72h时出现；②硬壁菌门和变形菌门为酸马乳中的优势细菌门。发酵过程中，12h、24h和48h的硬壁菌门含量呈现上升趋势，而72h和96h时其含量又呈现下降趋势；变形菌门的细菌含量变化呈现相反的趋势；③在酸马乳制作过程中乳杆菌属、乳球菌属为其优势细菌属。随着发酵时间的延长，12h、24h时乳杆菌属含量呈现上升趋势，而72h和96h时其含量又呈现下降趋势；乳球菌属随着发酵时间的延长含量呈现上升趋势；在发酵的后期，醋酸菌属的含量呈现上升趋势[42]。

总之，研究结果表明，不同发酵时间下酸马乳营养价值存在差异。在酸马乳发酵过程中，细菌群落结构存在显著的演替变化。发酵初期细菌多样性最高，主要来源于发酵剂。在发酵过程中不同菌群之间存在激烈的生存竞争和互生关系。此外，酸马乳中的酵母菌也是发酵微生物中的重要组成部分，因此将酵母菌等真核微生物一同进行微生物多样性分析是今后研究的重点之一。

参考文献

[1] 殷文政，乌尼，钱建伟，等．锡林郭勒牧区马奶酒生物活性动态的研究［J］．内蒙古农业大学学报，2002，23（1）：9-16.

[2] 孙天松，王俊国，张和平，等．中国新疆地区酸马奶中乳酸菌生物多样性研究［J］．微生物学通报，2007，34（3）：451-454.

[3] 孟和毕力格，乌日娜，王立平，等．不同地区酸马奶中乳杆菌的分离及其生物学特性的研究［J］．中国乳品工业，2004，32（11）：6-11.

[4] 乌日娜．内蒙古传统酸马奶中乳杆菌的分离鉴定及16S rDNA序列同源性分析［D］．呼和浩特：内蒙古农业大学，2005.

[5] 包秋华．甘肃和四川省牦牛乳制品中乳酸菌的多样性研究［D］．呼和浩特：内蒙古农业大学，2012.

[6] 武俊瑞．新疆部分地区酸马奶的化学与微生物组成分析及其中乳杆菌的分离鉴定［D］．呼和浩特：内蒙古农业大学，2005.

[7] 张明珠．新疆酸马奶中乳酸菌的多态性分析及发酵性能研究［J］．食品与发酵科技，2015，51（3）：44-48.

[8] 霍小琰，李少英，郭荣荣．酸马奶中乳酸菌的鉴定及生物学特性的研究［J］．微生物学通报，2012，39（7）：940-948.

[9] 杜晓敏．内蒙古地区传统酸马奶中营养组分分析、乳酸菌分离鉴定及污染微生物检测［D］．呼和浩特：内蒙古农业大学，2017.

[10] 张奥博．DNA指纹技术在生物菌鉴中的应用［J］．生物技术世界，2014，8：191.

[11] 其木格苏都．自然发酵酸马奶细菌多样性及其基因动态变化研究［D］．呼和浩特：内蒙古农业大学，2017.

[12] Hao Y，Zhao L，Zhang H，et al. Identification of the bacterial biodiversity in koumiss by Dehaonaturing Gradient Gel Electrophoresis and species-specific Polymerase Chain Reaction［J］. Journal of Dairy Science，2010，93（5）：1926-1933.

[13] 马俊英．酸马奶中优势乳酸菌的鉴定及其发酵特性研究［D］．杨陵：西北农林科技大学，2016.

[14] Margulies M，Egholm M，Altman W E，et al. Genome sequencing in microfabricated high-density picolitre reactors［J］. Nature，2005，437（7057）：376-380.

[15] Oki K，Dugersuren J，Demberel S，et al. Pyrosequencing analysis of the microbial diversity of airag，khoormog and tarag，traditional fermented dairy products of Mongolia［J］. Bioscience of Microbiota，Food and Health，2014，33（2）：53-64.

[16] Roh S W，Kim K H，Nam Y D，et al. Investigation of archaeal and bacterial diversity in fermented seafood using barcoded pyrosequencing［J］. ISME Journal，2010，4（1）：1-16.

[17] 布仁其其格，高雅罕，任秀娟，等．不同发酵时期酸马奶细菌群落结构［J］．食品科学，2016，37（11）：108-113.

[18] Ring E，Andersen R，Sperstad S，et al. Bacterial community of koumiss from Mongolia investigated by culture and culture-independent methods［J］. Food Biotechnology，2014，28：333-353.

[19] 杜拉玛．内蒙古锡盟地区传统酸马乳中乳酸菌的多样性分析研究［D］．呼和浩特：内蒙古农业

大学, 2016.
[20] Rutvisuttinunt W, Chinnawirotpisan P, Simasathien S, et al. Simultaneous and complete genome sequencing of influenza A and B with high coverage by Illumina Mi Seq Platform [J]. Journal of Virological Methods, 2013, 193 (2): 394-404.
[21] Williams S T, Foster P G, Littlewood D T J. The complete mitochondrial genome of a turbinid vetigastropod from MiSeq Illumina sequencing of genomic DNA and steps towards a resolved gastropod phylogeny [J]. Gene, 2014, 533 (1): 38-47.
[22] 姚国强. 传统发酵乳中细菌多样性及其功能基因研究 [D]. 呼和浩特: 内蒙古农业大学, 2017.
[23] Yao G, Yu J, Hou Q, et al. A perspective study of koumiss microbiome by metagenomics analysis based on single-cell amplification technique [J]. Frontiers in Microbiology, 2017, 8: 165.
[24] 于佳琦, 夏亚男, 乔晓宏, 等. 锡林郭勒牧区酸马奶天然发酵剂中风味物质及微生物多样性 [J]. 食品工业科技, 2021, 42 (10): 112-121.
[25] 高世南, 徐志华, 李杨, 等. 新疆新源县酸马奶细菌菌群分析 [J]. 中国酿造, 2021, 40 (5): 65-69.
[26] 曹晨霞, 韩琬, 张和平. 第三代测序技术在微生物研究中的应用 [J]. 微生物学通报, 2016, 43 (10): 2269-2276.
[27] Braslavsky I, Hebert B, Kartalov E, et al. Sequence information can be obtained from single DNA molecules [J]. Proceedings of the National A-cademy of Sciences of the United States of America, 2003, 100 (7): 3960-3964.
[28] Li C K, Hou Q C, Duolana, et al. Koumiss consumption alleviates symptoms of patients with chronic atrophic gastritis: a possible link to modulation of gut Microbiota [J]. Journal of Nutritional Oncology, 2017, 2 (4): 48-63.
[29] 刘文俊, 多拉娜, 刘亚华, 等. 基于纯培养方法和 PacBio 三代测序技术研究蒙古传统酸马奶中乳酸菌多样性 [J]. 中国食品学报, 2019, 19 (4): 27-37.
[30] 任冬艳. 新疆伊犁地区马奶及其制品细菌多样性分析 [D]. 呼和浩特: 内蒙古农业大学, 2020.
[31] 蔡宏宇, 刘文俊, 沈玲玲, 等. 基于三代测序技术分析新疆鲜马奶和酸马奶中乳酸菌菌群结构 [J]. 中国食品学报, 2022, 22 (2): 291-300.
[32] Mosher J J, Bowman B, Bernberg E L, et al. Improved performance of the PacBio SMRT technology for 16S rDNA sequencing [J]. Journal of Microbiological Methods, 2014, 104: 59-60.
[33] Shin S C, Ahn D H, Kim S J, et al. Advantages of single-molecule real-time sequencing in high-GC content genomes [J]. PLoS One, 2013, 8 (7): e68824.
[34] 阿木尔图布兴. 蒙古国酸马奶多样性以及营养元素相关性研究 [D]. 呼和浩特: 内蒙古农业大学, 2017.
[35] Caporaso J G, Kuczynski J, Stombaugh J, et al. QIIME allows analysis of high-throughput community sequencing data [J]. Nature Methods, 2010, 7 (5): 335-336.
[36] Xu H, Liu W, Gesudu Q, et al. Assessment of the bacterial and fungal diversity in home-made yoghurts of Xinjiang, China by pyrosequencing [J]. Journal of the Science of Food & Agriculture, 2015, 95 (10): 2007-2015.
[37] Sun Z, Liu W, Bao Q, et al. Investigation of bacterial and fungal diversity in tarag using high-throughput sequencing [J]. Journal of Dairy Science, 2014, 97 (10): 6085-6096.

[38] Leite A M O, Mayo B, Rachid C T C C, et al. Assessment of the microbial diversity of Brazilian kefir grains by PCR - DGGE and pyrosequencing analysis [J]. Food Microbiology, 2012, 31 (2): 215-221.

[39] Nam Y D, Park S L, Lim S I. Microbial composition of the Korean traditional food "kochujang" analyzed by a massive sequencing technique [J]. Journal of Food Science, 2012, 77 (4): M250-M256.

[40] Zuo F L, Feng X J, Chen L L, et al. Identification and partial characterization of lactic acid bacteria isolated from traditional dairy products produced by herders in the western Tianshan Mountains of China [J]. Letters in Applied Microbiology, 2014, 59 (5): 549-556.

[41] Uchida K, Hirata M, Motoshima H, et al. Microbiota of 'airag', 'tarag' and other kinds of fermented dairy products from nomad in Mongolia [J]. Animal Science Journal, 2007, 78 (6): 650-658.

[42] 布仁其其格. 酸马奶传统发酵过程的宏转录组学分析及细菌群落结构动态变化研究 [D]. 呼和浩特: 内蒙古农业大学, 2014.

第五章

酸马乳中的真菌多样性

传统酸马乳中的微生物主要包括细菌和真菌，细菌以乳酸菌为优势菌群，而真菌以酵母菌为主。传统酸马乳中的微生物组成和数量常会因地区、气候、制作方法、季节等的不同而有所差异。酸马乳中的酵母菌主要包括3类：乳糖发酵酵母［如乳酸酵母（*Saccharomyces lactis*）］、非乳糖发酵酵母（如 *Saccharomyces cartilaginous*）和碳水化合物非发酵酵母（如 *Mycoderma*）[1]。Koroleva 研究指出，乳糖发酵性酵母菌包括 *Kluyveromyces marxianus* subsp. *marxianus* 和乳酒假丝酵母（*Candida kefyr*）[2]。Montanari 对来自不同地区的酸马乳样品进行酵母菌分离鉴定工作，结果发现多数样品中含有单孢酵母，并且随着地区海拔的升高而增加，来自最高海拔地区的样品所含的酵母菌几乎均为单孢酵母[3]。Watanabe 等在对蒙古酸马乳（Airag）的研究中发现，酸马乳中的酵母菌总数（$10^{7.41\pm0.61}$CFU/mL）与乳酸菌总数（$10^{7.78\pm0.50}$CFU/mL）相差不大，发酵乳糖的酵母菌马克斯克鲁维酵母是其中的主要酵母分离株[4]。已有研究表明传统发酵乳制品中真菌的多样性明显低于细菌，但在酸马乳的发酵和风味品质形成上，真菌却起着不可忽视的作用。

第一节 酸马乳中的酵母菌多样性

酵母菌（yeast）原意为“沸腾”，来源于古希腊语，是指酵母菌在发酵过程中产生二氧化碳的现象。酵母菌是微生物界重要的微生物之一，是一种单细胞真核微生物，普遍存在于自然界，与人类的生活息息相关。根据产孢子能力可以将酵母菌大致分成3类：形成子囊孢子的子囊菌纲（Ascomycetes）、形成担孢子的担子菌纲（Basidiomycetes），以及不形成孢子而主要通过芽殖来繁殖的称为不完全真菌或“类酵母”，归为半知菌纲（Deuteromycetes）。目前已知的大部分酵母属于子囊菌纲[5]。

酵母菌在自然发酵乳制品中大量存在，作为次级发酵剂，可以提高产品中香气的产生或促进其他微生物的生长。例如，在开菲尔和酸马乳的生产中，酵母菌起到非常重要的作用。酵母菌在许多乳制品中通常与自然菌群中的优势菌混合共同进行发酵。在这些相关乳制品中主要的和重要的酵母有汉斯德巴氏酵母、解脂耶氏酵母、马克斯克鲁维酵母、酿酒酵母、地霉半乳糖酵母（*Galactomyces geotrichum*）、热带假丝酵母和不同的毕赤酵母属[6]。

在酸马乳的发酵过程中，酵母菌扮演着非常重要的角色。同时酵母菌也是传统发酵乳制品（包括牦牛乳、牛乳、山羊乳和骆驼乳等）中微生物的重要组成部分。在发酵过程中酵母菌不仅可以增加酸马乳的香味、改善酸马乳的质地，同时可以使其更具有营养价值。酸马乳中的酵母菌可以使乳糖转化为酒精，“中”型发酵酸马乳具有最佳的芳香气味和口感[7]。在发酵过程中，酵母菌产生的抗生素对结核分枝杆菌和其他有害微生物具有较强的抗菌活性[8]。贺银凤等从马奶酒中分离出1株具有抑菌作用的酵母菌，被鉴定为酿酒酵母[9]。由此人们预测将来或许能用马奶酒作为预防和治疗用抗生素的辅助替代物，从而避免抗生素带来的许多不良反应[10]。

李伟程等采用454焦磷酸测序技术对传统发酵酸马乳中的微生物群落多样性进行研究后发现：在门水平上，样品中真菌菌门以子囊菌门（Ascomycota）为主，在属水平上，样品中真菌菌属以范氏酵母属（*Vanderwaltozyma*）为主。资料显示，子囊菌门也是韩国酒精饮料（Korean alcoholic beverages）、可可豆（cocoa bean）、发酵白酒（Chinese liquor）的优势菌门[11]，与此同时子囊菌门是真菌界中135种类最多的一个门[12,13]。

一、酵母菌的分离鉴定

酵母菌的菌群资源是丰富多样的，现今酵母菌的研究主要集中在对分离株进行属种鉴定上。关于酵母菌的分离鉴定方法有很多，研究过程中最常用的方法大致分为传统生理生化鉴定方法、分子标记技术快速鉴定方法和基因测序等分子生物学鉴定方法。

（一）传统鉴定方法

传统的菌落鉴定方法主要包括形态特征、生理生化反应及生态学特性分析等。形态特征和生理生化反应鉴定是实验室进行常规菌种鉴定中最常用和最关键的环节。在研究过程中一般先观察菌落的形态特征，结合镜检结果对酵母菌进行初步鉴定，再对不同的酵母菌分别进行生理生化实验和糖发酵实验，对其进行属和种的鉴定。有关该方面的研究已有较多报道，如王和平等通过对形态、培养特性、生物学特性的研究，鉴定出类开菲尔粒中的乳酸球菌和酵母菌属；王文磊等使用酵母菌传统分离鉴定方法从蒙古干酪凝块中得到12株酵母菌，并确定了它们的种类；蒋利亚等从内蒙古海拉尔地区采集10个传统乳制品样品，通过各种生化试验鉴定得到16株乳酸菌、11株酵母菌[14-16]。

由于生理特征的依据均为表型性状，受主观因素影响较大，实验结果往往因实验条件的不同而发生改变，特别是有些生理生化实验无法将实验方法标准化，需要凭丰富的操作经验才能准确得出鉴定结果，使得鉴定结果不稳定，而且很难反映生物的遗传本质[17]。由于传统鉴定方法对鉴定人员技术要求较高，且操作过程烦琐费时，因此，在实际酵母菌鉴定过程中都是将传统鉴定方法与其他方法结合使用。

（二）快速鉴定方法

由于传统鉴定方法的一些弊端，快速鉴定技术开始出现并迅速发展。快速鉴定技术是一类通过检测不同微生物对不同碳水化合物的利用能力或者不同的代谢产物而对微生物进行分类鉴定的方法，其实质还是利用微生物的生理生化特征。目前，鉴定微生物比较常见的方法有：Biolog鉴定系统、API鉴定系统、Sherlock鉴定系统、Auxacolor、Vitek YBC和API Candida系统。在乳源酵母菌鉴定应用中，只有API鉴定系统比较常见，包括API 20CAux、API ID 32C和ATB 32C等，鉴定结果的准确性被微生物学界所公认。但此方法成本较高，而且鉴定结果有时也难以达到要求[18]。

（三）分子生物学鉴定

上述两种方法都是基于微生物生理生化的特异性进行的，属于表型分类法。随着越来越多的新技术在酵母菌鉴定中的应用，酵母菌的分类已经从通过表型特征分类提高到了研究细胞、蛋白质和基因组特征上来，同时酵母菌之间的亲缘关系也能更好地被阐述。现在，在从形态学和生化学的诸性质中来进行分类之外加上了DNA同种异体、GC含量（鸟嘌呤和胞嘧啶的占比）和菌体脂及酸组成等化学分类，进入了分子水平阶段[19]。它们与传统的分离培养方法相互补充，使鉴定酵母菌的过程更加快捷可靠。

真菌中的核内编码核糖体 RNA 基因（rDNA）是以多重拷贝基因簇形式存在的，它们由高度相似的 DNA 序列按照头尾相连的顺序组成，通常每个基因簇大小为 8~12kb。每个重复单元主要用于转录的编码区域，重复单元之间穿插着 1 个或者多个基因间隔区域（IGS）。在一些分类中，例如大多数担子菌纲和某些子囊菌纲的酵母菌，每个重复单元还有 1 个转录编码区域 5S RNA，其位置和转录方向可能在种属间有变化。真核生物的核糖体 DNA 中包括大亚基（25~28S）、小亚基（17~18S）、5.8S 和 5S 4 大类具有不同沉降系数的核糖体 DNA 片段，排列顺序如图 5-1 所示。

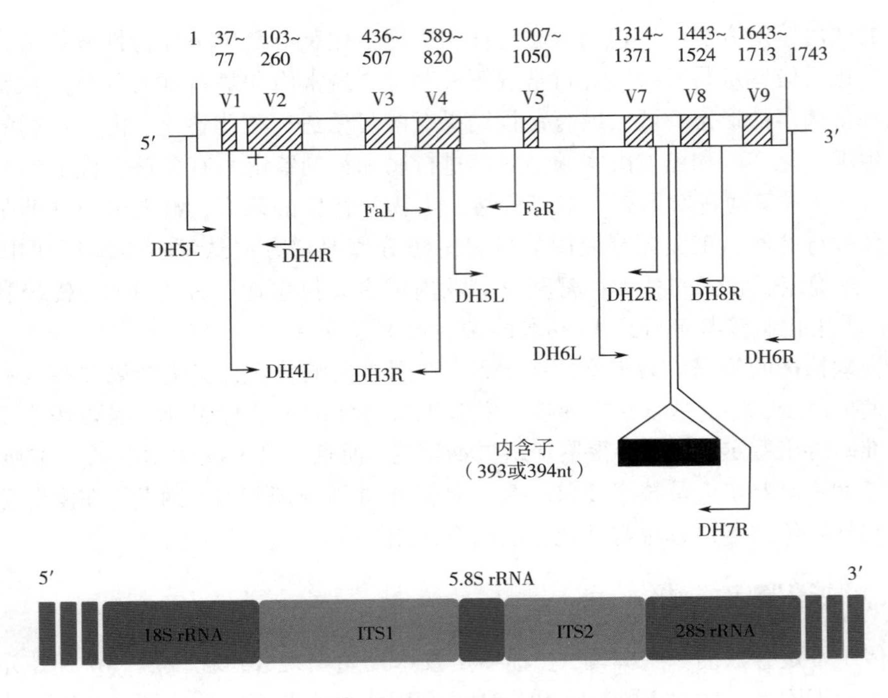

图 5-1　真核生物 18S rRNA 基因序列结构

与原核生物的 5S、23S 一样，5S、5.8S、28S 同样不适用于系统分类研究，而 18S 基因序列长短适中，其结构中既有保守区域，又有变异区域，是较好的生物标志物。根据 18S rRNA 基因不同区域序列的可变性将其分为 8 个可变区（V1~V9，不含 V6）。内转录间隔区（internal transcribed spacer，ITS）是染色体上小亚基 rRNA（SSU rRNA）与大亚基 rRNA（LSU rRNA）之间的间隔区。在真核生物中有两类 ITS，即 ITS1 和 ITS2，ITS1 位于 18S 和 5.8S 之间，ITS2 位于 5.8S 和 28S 之间，可用于真核生物系统发育研究中的种属鉴定。

目前研究人员从分子和基因水平研究酵母菌的遗传结构、组成和分类，产生了许多新的分子标记技术，用于它们的鉴定，如 DNA 序列法、DNA 的 GC 含量测定法、探针杂交法和基于 PCR 技术的分子标记等。其中基于 PCR 技术的分子标记又可分为随机扩增多态性 DNA（randomly amplified polymorphic DNA，RAPD）、扩增片段长度多态性（amplified fragment length polymorphism，AFLP）、限制性片段长度多态性（restriction fragment length polymorpphism，RFLP）、重复基因外回文序列（repetitive extragenic palindromic sequences，REP）等[20]。随着DNA序列分析技术的日趋成熟和简易化，序列分析方法已经被广泛应用于酵母菌的分类鉴定以及系统学研究[22-25]。其中，rRNA（或rDNA）基因及其转录间区（ITS）的序列是最为常用的，包括18S rDNA、26S rDNA的D1/D2、ITS、5.8S rDNA等。真菌的26S rDNA可分为D1、D2……D12等多个区域，其中D1/D2区域序列长度为500～600bp[21]。几乎所有已知酵母种模式株的D1/D2区域序列都已被测定。真菌的ITS包括ITS1及ITS2两部分，全长为300～1000bp，进化速度快具有多态性，对于亲缘关系较近的菌株区分鉴定较适合[26]。这些序列揭示了现存物种间内在的亲缘关系及其演化过程，同时也为新物种的发现提供了一个有力工具，目前均已公布于Gen Bank/EMBL/DDBJ等国际核酸序列数据库，为分类鉴定带来了极大便利。目前，国内外已有越来越多的研究人员采用分子生物学方法进行酵母菌的鉴定[27-33]。

二、不同地区酸马乳中的酵母菌多样性

笔者团队从内蒙古、新疆和蒙古采集了44份酸马乳样品，从中分离出酵母菌103株，鉴定为酵母菌的6个属8个种，酵母菌菌种组成如彩图5-1所示，优势菌种为马克斯克鲁维酵母。

（一）新疆酸马乳中的酵母菌多样性

新疆地区28份酸马乳样品中的酵母菌总数分布在（3.12×10^4）～（2.23×10^6）CFU/mL，其中4份样品的酵母菌数为（3.12×10^4）～（9.05×10^4）CFU/mL[31]。新疆3个地区自然发酵酸马乳中酵母菌活菌数的比较如图5-2所示，可以看出伊犁哈萨克自治州乌苏市样品中酵母菌活菌数显著高于伊犁哈萨克自治州尼勒克县样品中的活菌数，也显著高于巴音蒙古自治州样品中活菌数。

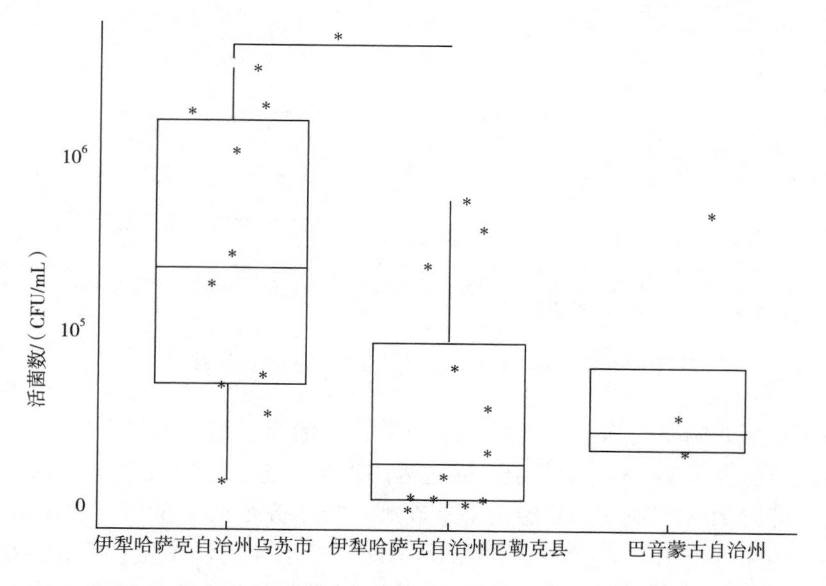

图5-2　新疆3个地区自然发酵酸马乳中酵母菌活菌数的比较

笔者团队对采集自新疆、青海等不同地区的酸马乳中酵母菌活菌数进行比较研究，结果如图 5-3 所示，青海地区的 25 份酸马乳样品中的酵母菌总数在（2.07×10^5）～（2.00×10^9）CFU/mL，其中 22 份样品中的酵母菌总数都在 10^7～10^8CFU/mL。特别是在青海省海北州的酸马乳样品中，除了一个样品的酵母菌总数为 10^6CFU/mL，其余样品的酵母菌总数全部集中在 10^7CFU/mL。这一结果普遍高于蒙古酸马乳中检测到的 $10^{3.46}$～$10^{7.42}$CFU/mL[4]。Ishii 等从内蒙古传统发酵酸马乳中分离出 43 株乳酸菌以及马克斯克鲁维酵母乳酸亚种（*Kl. marxianus* var. *lactis*）和假丝酵母（*C. kefyr*）等 20 株乳糖发酵酵母，发现酵母菌和乳酸菌的数量相差一个数量级[34]。随后，Ishii 又对蒙古 3 个游牧民族地区酸马乳的微生物进行了测定，乳酸菌数为（1.26×10^8）～（7.94×10^8）CFU/mL，酵母菌数为（2.00×10^6）～（7.94×10^6）CFU/mL，相差两个数量级[35]。Naersong 等对内蒙古地区传统发酵酸马乳中的微生物进行了研究，发酵 3d 后的酸马乳中乳酸菌数为 9.5×10^5CFU/mL，酵母菌数为 1.1×10^5CFU/mL，与本研究结果基本一致[36]。Shuang 等在研究内蒙古的 hurunge（一种传统发酵乳制品样本）时发现，样品中乳酸菌总数为（1.8×10^5）～（5.3×10^8）CFU/mL，酵母菌总数为（6.1×10^5）～（3.2×10^6）CFU/mL，酵母菌的数量相对乳酸菌要少，分离出的酵母菌经鉴定为假丝酵母、酿酒酵母、马克斯克鲁维酵母乳酸亚种、克鲁斯假丝酵母（*C. krusei*）和 *C. validacus*[37]。

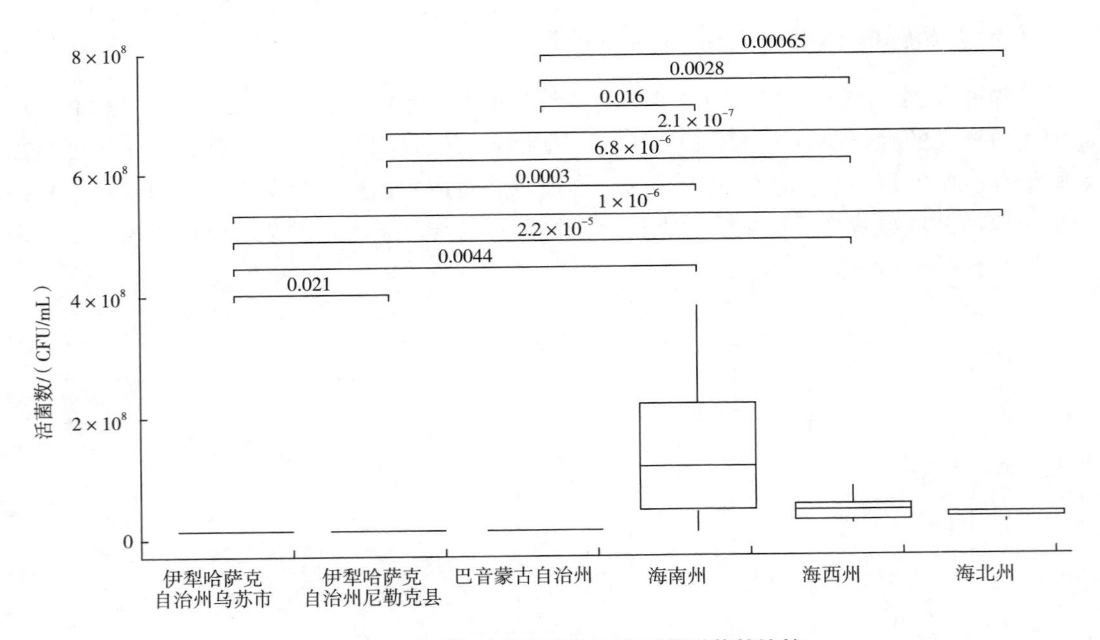

图 5-3　不同地区的酸马乳中酵母菌活菌数比较

倪慧娟等从伊犁哈萨克自治州、博尔塔拉蒙古自治州、巴音郭楞蒙古自治州哈萨克族和蒙古族牧民家庭共采集 28 份酸马乳，通过运用形态、生理学特性及 26S rDNA 分子生物学分析鉴定出酵母菌 87 株[31]。祝春梅等从新疆乌鲁木齐水西沟及伊犁牧民家庭采集 5 份酸马乳样品，运用形态、生理学特性及 5.8S rDNA 分子生物学鉴定，共分离出 25 株酵母菌。将具体实验结果汇总到表 5-1 得出新疆这 6 个不同地区分离的酵母菌共 112 株，其中除去1株白地霉和1株疑似新种，剩余的110株均为酵母菌[32]。

表5-1　新疆6个不同地区酸马乳样品中分离出的酵母菌菌株数量

酵母菌分离菌株的种属	各地区分离菌株数/株						酵母菌分离株总数/株	不同群体中分离酵母菌菌株的数量占总分离株的量/%
	B	C	D	E	F	G		
单孢酵母 (*Saccharomyces unispora*)	5	10	13	6	8	10	52	46.4%
马克斯克鲁维酵母 (*Kluyveromyces marxianus*)	6	5	4	8	1	8	32	28.6%
膜醭毕赤酵母 (*Pichia membranaefaciens*)	—	2	3	6	2	—	13	11.6%
酿酒酵母 (*Saccharomyces cerevisiae*)	1	6	—	—	1	1	9	8.0%
乳酸克鲁维酵母 (*Kluyveromyces lactis*)	—	—	—	—	—	4	4	3.6%
白地霉 (*G. geotrichum*)	—	—	—	—	—	1	1	0.9%
疑似新种	—	—	—	—	—	1	1	0.9%
不同地方分离的菌株数量	12	23	20	20	12	25	112	100%

注：—为未检测出该菌；B—伊犁哈萨克族自治州乌苏市巴音沟卡；C—伊犁哈萨克族自治州尼勒克县唐布拉牧场；D—博尔塔拉蒙古族自治州赛里木湖牧场；E—伊犁哈萨克族自治州新源县那拉提高山草原；F—巴半日高勒蒙古自治州巴音布鲁克；G—乌鲁木齐水西沟及伊犁牧民家庭。

如表5-1所示，经鉴定有单孢酵母52株（占46.4%）、马克思克鲁维酵母32株（占28.6%）、膜醭毕赤酵母13株（占11.6%）、酿酒酵母9株（占8.0%）、乳酸克鲁维酵母4株（占3.6%），其他还有白地霉以及疑似新种菌株。尽管从菌株总数上来看单孢酵母是分离数量最多的，但仔细分析数据会发现这种优势并不明显。在伊犁哈萨克族自治州乌苏市巴音沟卡（B）采集的4份样品中，共分离出6株马克斯克鲁维酵母、5株单孢酵母和1株酿酒酵母，优势菌株为马克斯克鲁维酵母。在从伊犁哈萨克族自治州新源县那拉提高山草原（E）采集的7份样品中，共分离出8株马克斯克鲁维酵母、6株单孢酵母和6株膜醭毕赤酵母（集中出现在2个样品中），优势菌株仍为马克斯克鲁维酵母。伊犁哈萨克族自治州尼勒克县唐布拉牧场（C）、博尔塔拉蒙古族自治州赛里木湖牧场（D）、巴半日高勒蒙古自治州巴音布鲁克（F）和乌鲁木齐水西沟及伊犁牧民家庭（G）这4个区域优势菌株为单孢酵母。

新疆地区酸马乳分离出的酵母菌优势菌群不同可能是受到采样地点、采样时间、自然环境、制作方法等因素的影响，倪慧娟等和祝春梅等在分析时也表明这些原因具有决定作用[31,32]。其次 Montanari 等研究了来自新疆不同地区的 94 份酸马乳样品，从中分离出 417 株酵母，其结果显示非乳糖发酵型的单孢酵母为酸马乳的特征酵母菌，并且其数量随海拔位置的升高而增加，因此海拔也是影响酸马乳中酵母菌优势菌群的重要因素之一[33]。

（二）内蒙古地区酸马乳中酵母菌多样性

赵美霞等从内蒙古锡林郭勒盟牧区采集的 15 份酸马乳样品中分离得到 19 株酵母菌，通过对其形态学特征、生理学特性分析进行了属水平的鉴定，19 株酵母菌归为 8 个属，结果如表 5-2 所示。其中内孢霉属（*Endomyces*）1 株、娄德酵母属（*Lodderomyces*）1 株、毕赤酵母属（*Pichia*）1 株、有孢圆酵母属（*Torulaspora*）1 株、克勒克酵母属（*Kloeckera*）2 株、类酵母属（*Saccharomycodes*）3 株、酒香酵母属（*Brettanomyces*）4 株、厚壁孢酵母属（*Pachytichospora*）5 株、1 株因某些形态学特征、生理学特征特殊未能归属。从菌株总数上来看，厚壁酵母属具有绝对优势[34]。

表 5-2 内蒙古酸马乳中 19 株酵母菌鉴定结果（属水平）

菌属	数量/株
内孢霉属（*Endomyces*）	1
娄德酵母属（*Lodderomyces*）	1
毕赤酵母属（*Pichia*）	1
有孢圆酵母属（*Torulaspora*）	1
克勒克酵母属（*Kloeckera*）	2
类酵母属（*Saccharomycodes*）	3
酒香酵母属（*Brettanomyces*）	4
厚壁孢酵母属（*Pachytichospora*）	5
未归属	1

杜毓容等从内蒙古锡林郭勒地区采集到酸马乳样品共 5 个，并从 5 个样品中分离纯化出 120 株酵母菌。采用 WL 营养琼脂培养基对 120 株酵母菌进行种水平鉴定。将鉴定出的 120 株酵母菌分为 8 个类型，具体结果如表 5-3 所示，分别是类型Ⅰ为葡萄汁有孢汉逊酵母（*Hansenlaspora uvarum*）、类型Ⅱ为异常汉逊酵母（*Hansenula anomala*）、类型Ⅲ为戴尔凯氏有孢圆酵母（*Torulasporadel brueckii*）、类型Ⅳ为酿酒酵母（*Saccharomyces cerevisiae*）、类型Ⅴ为路氏类酵母（*Saccharomycodes ludwigii*）、类型Ⅵ为粟酒裂殖酵母（*Schizosaccharomyces pombe*）、类型Ⅶ和类型Ⅷ未确定所属类型[35]。

表 5-3 内蒙古酸马乳中 120 株酵母菌鉴定结果（种水平）

类型	菌落颜色和形态	菌种	数量/株
Ⅰ	深绿色，扁平，不透明，黄油状	葡萄汁有孢汉逊酵母（*Hansenlaspora uvarum*）	4
Ⅱ	奶油色到蓝灰色，扁平，表面较光滑，奶油状	异常汉逊酵母（*Hansenula anomala*）	2
Ⅲ	奶油色，带淡淡的绿色，球形突起，不透明，表面光滑，奶油状	戴尔凯氏有孢圆酵母（*Torulaspora delbrueckii*）	16
Ⅳ	奶油色带绿色，球形突起，不透明，表面光滑，奶油状	酿酒酵母（*Saccharomyces cerevisiae*）	12
Ⅴ	嫩绿色，球形突起，表面光滑，不透明，奶油状	路氏类酵母（*Saccharomycodes ludwigii*）	12
Ⅵ	深绿色，菌落较小，不透明，表面光滑，黄油状	粟酒裂殖酵母（*Schizosaccharomyces pombe*）	12
Ⅶ	绿色，边缘白色，球形突起，不透明，表面光滑，奶油状	未确定所属类型	22
Ⅷ	奶油色中间一点绿色，球形突起，不透明，表面光滑，奶油状	未确定所属类型	11

分析表 5-3 发现，有很多酵母菌并没有确定所属类型，并且可能存在实验过程对酵母菌的损失现象，结果中的酵母菌数量并不足 120 株。根据鉴定出的结果，其中戴尔凯氏有孢圆酵母菌株数量最多，具有优势。

分析发现，上述两个案例都是采自内蒙古锡林郭勒的酸马乳，鉴定出的酵母菌群具有多样性，但不同的试验鉴定出的酵母菌种类有些差异，并且优势菌群也不相同。发生这种现象的原因可能是两组试验采样的时间不同，并且当时的采样环境、制作方法等都存在差异。

（三）新疆和内蒙古地区酸马乳中酵母菌多样性

张晓旭等在新疆和内蒙古采集的 10 个混合酸马乳样品中共鉴定出 7 个属、13 个种、60 株酵母菌。其中，马克斯克鲁维酵母、仙人掌毕赤酵母（*Pichia cactophila*）、发酵毕赤酵母（*Pichia fermentans*）、酿酒酵母、涎沫假丝酵母（*Candida zeylanoides*）和浅白隐球酵母（*Cryptococcus albidus*）是主要优势菌群。两地间酵母菌种类和数量呈现多样性，内蒙古地区优势酵母菌为马克斯克鲁维酵母、仙人掌毕赤酵母和发酵毕赤酵母，新疆地区优势酵母菌为涎沫假丝酵母和马克斯克鲁维酵母（表 5-4）[13]。

表 5-4 新疆和内蒙古酸马乳样品中酵母菌的分布 单位:%

酵母菌种属	内蒙古	新疆
近平滑念珠菌（*Candida parapsilosis*）	—	1.49
涎沫假丝酵母（*Candida zeylanoides*）	7.46	8.96
葡萄牙棒孢酵母（*Clavispora lusitaniae*）	1.49	—
浅白隐球酵母（*Cryptococcus albidus*）	—	4.48
斋藤氏隐球菌（*Cryptococcus saitoi*）	4.48	1.49
乌兹别克斯坦长西氏酵母（*Cryptococcus uzbekistanensis*）	—	1.49
马克斯克鲁维酵母（*Kluyveromyces marxianus*）	14.93	7.46
仙人掌毕赤酵母（*Pichia cactophila*）	13.43	1.49
发酵毕赤酵母（*Pichia fermentans*）	8.96	2.99
深红酵母（*Rhodotorula dairenensis*）	2.99	—
黏红酵母（*Rhodotorula mucilaginosa*）	2.99	—
酿酒酵母（*Saccharomyces cerevisiae*）	5.97	4.48
山楂萨克卡里孢酵母（*Saccharomycopsis crataegensis*）	1.49	1.49

注：—为未检测出该菌。

结合上述分析，新疆和内蒙古地区鉴定出的酵母菌种类具有多样性，虽然由于采样时间、环境、海拔等因素影响导致酵母菌的种类有差异。Gadaga 等在研究津巴布韦发酵牛乳时同样发现了其中酵母菌的数量及分布在不同地区样品中存在着差异[36]。Wu 等认为发酵乳微生物组成的差异可能与其海拔、发酵预处理或发酵过程有关[37]。对于优势酵母菌，新疆地区 3 个实验得出的结论基本一致，内蒙古地区有所不同，可能是三者实验时间相隔太久造成的，但是新疆和内蒙古地区酸马乳中酵母菌分离鉴定的结果表明，酸马乳中酵母菌具有多样性。在查资料时发现，针对酸马乳中的酵母菌的研究还有很多不足，在以后的研究过程中可以多利用分子生物学技术，使酵母菌的鉴定结果更加准确，方便进一步研究酵母菌对人体的有益作用和在发酵过程中的抑制杂菌作用等。

第二节　酸马乳中的其他真菌多样性

到目前为止，关于酸马乳中真菌的研究主要集中在酵母菌菌群，对其他真菌提及很少。只有少数文献简单说明酸马乳中还存在白地霉，白地霉的形态特征介于酵母菌和霉菌之间，其他并没有做详细的研究与阐述。

2024 年，中国科学院微生物所采用培养依赖和培养独立的方法，同步比较了内蒙古锡林郭勒地区酸马乳工业发酵和传统发酵过程中的微生物学和物理化学特性。同时监测了工业发酵和传统发酵不同阶段的微生物变化情况。在工业发酵模式下，巴氏杀菌马乳中细菌计数为 2.4lg CFU，未检出真菌。在传统发酵模式下，生马乳中的细菌和真菌数量分别为 7.7lg CFU 和 2.3lg CFU［图 5-4（1）］。从发酵开始到发酵结束，工业发酵模式和传统发酵模式的细菌数量分别为 5.9 ~ 7.1lg CFU 和 7.2 ~ 7.9lg CFU；在工业模式和传统模式下，真菌数量分别为 5.9 ~ 7.0lg CFU 和 6.5 ~ 7.3lg CFU［图 5-4（1）］。总体而言，在考虑两种发酵方式的所有样品时，传统发酵的微生物数量显著高于工业发酵的微生物数量（$P < 0.05$），细菌数量显著高于真菌（$P < 0.05$）［图 5-4（2）］。

从 150 份工业发酵和传统发酵样品中分离鉴定出 510 株菌株，其中细菌 212 株、36 种，真菌 298 株、18 种。传统发酵工艺中含有 24 种细菌和 17 种真菌，工业发酵工艺中含有 22 种细菌和 7 种真菌。在传统发酵过程中，细菌种类主要有克氏乳杆菌（20.2%）、坚忍肠球菌（17.1%）、肠膜明串珠菌（15.5%）和醋酸杆菌（6.2%）［图 5-4（3）］，真菌种类主要有异常酒香酵母（*Brettanomyces anomalus*，40.1%）、单孢哈萨克斯坦酵母（*Kazachstania unispora*，23.4%）、热带假丝酵母（6.8%）、马克斯克鲁维酵母（4.7%）和乳酸克鲁维酵母（4.7%）［图 5-4（5）］。在工业发酵过程中，细菌种类主要有开菲尔慢生乳杆菌（*Lentilacto bacillus kefiri*，24.1%）、醋酸杆菌（20.5%）、肠膜明串珠菌（14.5%）和意大利肠球菌（*Enterococcus italicus*）（6.0%）［图 5-4（4）］，真菌种类主要有单孢哈萨克斯坦酵母（41.5%）、异常威克汉姆酵母（40.6%）、勃氏酒香酵母（*Brettanomyces bruxellensis*，5.7%）、马氏杆菌（4.7%）和多脂耶氏菌（4.7%）［图 5-4（6）］。通过培养依赖性方法获得的细菌在门水平上主要属于厚壁菌门（76%）和变形菌门（21%）以及开菲尔慢生乳杆菌（21.7%），其次是肠膜明串珠菌（15.1%）、耐久肠球菌（11.8%）和米醋杆菌（11.8%）［彩图 5-2（1）］。大多数真菌分离株属于子囊菌门（98%），在种水平上属于异常威克汉姆酵母（40.3%）和单孢哈萨克斯坦酵母（29.9%）［彩图 5-2（2）］。

通过 ITS2Illumina 测序，共获得 4153102 个过滤片段，并聚类为 165 个扩增子序列变体（ASV）。稀疏曲线达到平台，表明有足够的序列进行生物信息学分析。大多数 ASV（88%）属于子囊菌门，其余 12%属于担子菌门；哈萨克菌属（80.8%）和毛孢子菌属（10.8%）在属水平上存在［图 5-5（4）］。共观察到 49 个真菌属，并保留了 11 个丰富的属供进一步分析。工业发酵剂和传统发酵剂的优势属均为哈萨克菌属，工业发酵剂的优势属依次为酒香酵母属（*Brettanomyces*）和丝孢酵母属（*Trichosporon*），传统发酵剂的优

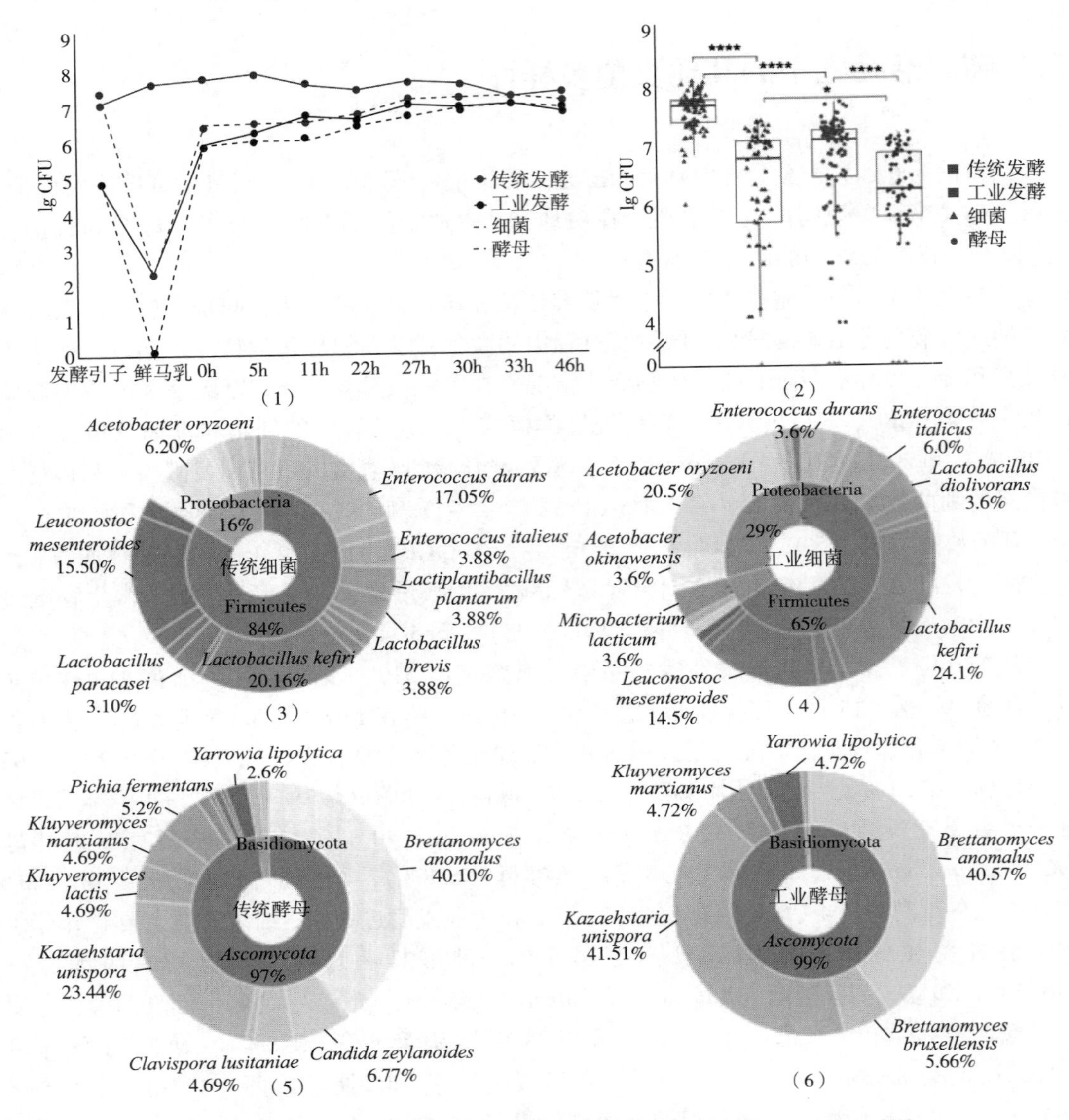

图 5-4 基于纯培养技术研究酸马乳发酵过程中微生物菌群及其变化[38]

势属依次为丝孢酵母属和假丝酵母属。毛孢菌和念珠菌在原料马乳中也占主导地位，哈萨克斯坦在传统发酵和工业发酵过程中都占主导地位。在传统发酵过程中（0 ~ 46h），哈萨克菌的相对丰度增加，而其他真菌如丝孢酵母属和假丝酵母属的相对丰度下降。值得注意的是，在巴氏杀菌的马乳中没有发现真菌，这与培养依赖的观察结果一致。在工业发酵过程中，哈萨克斯坦菌的相对丰度一直保持在较高水平［图 5-5（1）］。所有真菌在属水平上的 UpSet 图显示，29 属为传统发酵所特有，1 属为工业发酵所特有，19 属为两种发酵模式共有［图 5-5（2）］。

归一化后，每个样本 41943 个读数（对应读数最低的样本）用于多样性分析。α 多样性指数在两种发酵方式之间存在显著差异，传统发酵的真菌多样性显著高于工业发酵

（$P < 0.001$）（图 5-5）。分别分析工业发酵和传统发酵过程中真菌群落 α 多样性的变化，发现传统发酵过程中不同阶段真菌群落丰富度和均匀度的香农指数和毗卢（Pielou）指数（用于描述群落多样性的统计量）差异显著（$P < 0.05$）。

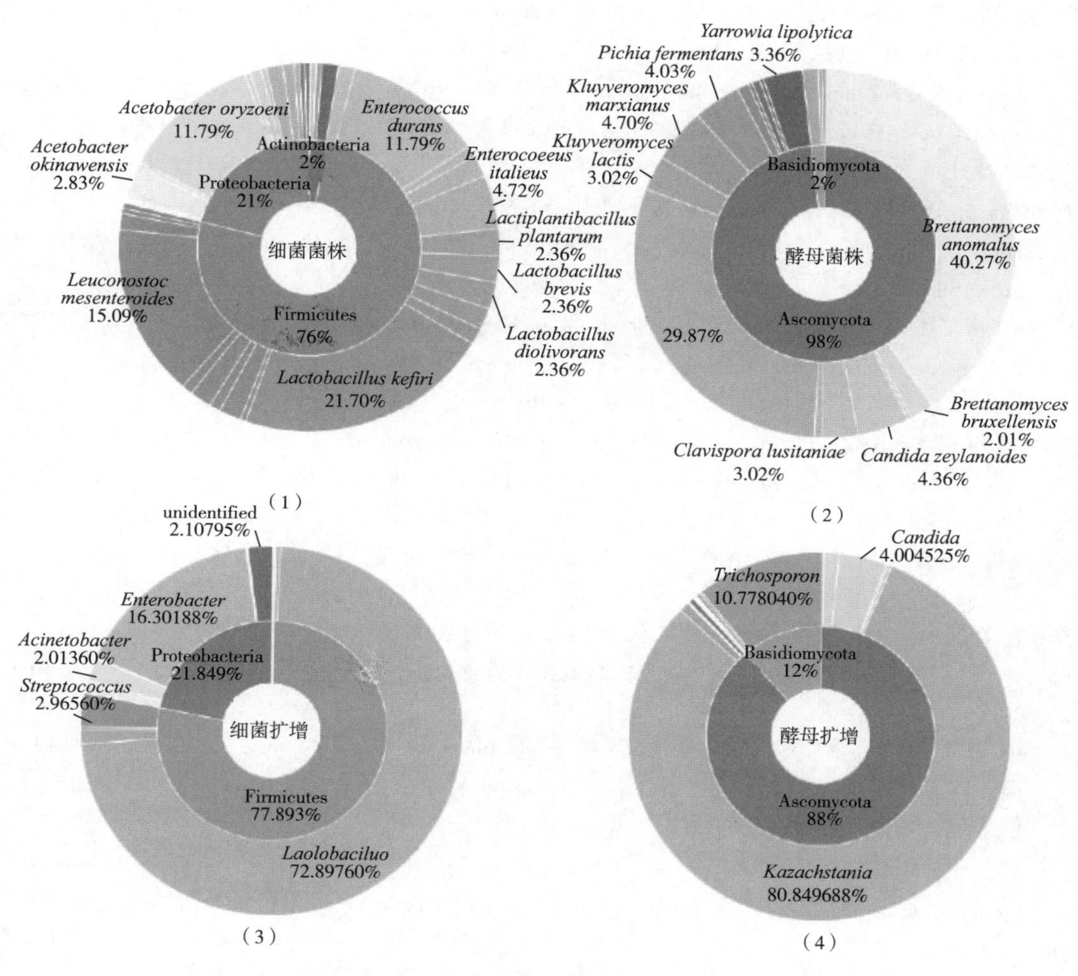

图 5-5　纯培养（1）（2）和非培养（3）（4）真菌多样性结果[39]

参考文献

[1] F M 德赖森，等．发酵乳科学与技术 [M]. 顾瑞霞，等，译．南京：东南大学出版社，1991.

[2] Koroleva N S. Starters for fermented milks. Section 4: Kefir and kumys starters [C]. Bulletin International Dairy Federation, 1988: 96-100.

[3] Montanari G, Zambonelli C, Grazia L, et al. *Saccharomyces unisporus* as the principal alcoholic fermentation microorganism of traditional koumiss [J]. Journal of Dairy Research, 1996, 63 (2): 327-331.

[4] Watanabe K, Fujimoto J, Sasamoto M, et al. Diversity of lactic acid bacteria and yeasts in Airag and Tarag, traditional fermented milk products of Mongolia [J]. World J Microbiol Biotechnol, 2008, 24: 1313-1325.

[5] Guarro J, Gené J, Stchigel A M. Developments in Fungal Taxonomy [J]. Clin Microbiol Rev, 1999, 12 (3): 454-500.

[6] Fleet G H. Yeast in dairy products [J]. J Appl Bacterial, 1990, 68: 199-211.

[7] Danova S, Petrov K, Pavlov P, et al. Isolation and characterization of *Lactobacillus* strains involved in koumiss fermentation [J]. International Journal of Dairy Technology, 2005, 58 (2): 100-105.

[8] 哈斯，苏荣，阿木，等．酸马奶及其医学价值 [J]. 中国中药杂志，2003，28 (1)：11-14.

[9] 贺银凤．酸马奶酒中微生物的分离鉴定及抗菌因子的研究 [D]. 呼和浩特：内蒙古农业大学，2008.

[10] 敖道夫，布日额．酸马奶酒的研究进展 [J]. 中国民族医药杂志，2008，14 (4)：65-67.

[11] 李伟程，侯强川，于洁，等．传统发酵乳制品中微生物多样性研究 [J]. 食品工业科技，2018，39 (1)：131-136.

[12] Illeghems K, Vuyst LD, Papalexandratou Z, et al. Phylogenetic analysis of a spontaneous cocoa bean fermentation metagenome rreveals new insights into its bacterial and fungal community diversity [J]. Plos One, 2012, 7 (5): e38040.

[13] Li X R, Ma E B, Yan L Z, et al. Bacterial and fungal diversity in the traditional Chinese liquor fermentation process [J]. International Journal of Food Microbiology, 2011, 146 (1): 31-37.

[14] 王和平，王锂韫，李少刚，等．类开菲尔粒中乳酸菌和酵母菌的分离鉴定及生物学特性 [J]. 中国乳品工业，2004，32 (12)：3-6.

[15] 王文磊，鲁永强，苏东海．蒙古奶酪凝块中酵母菌的分离鉴定 [J]. 食品工业科技，2012，33 (3)：149-152.

[16] 蒋利亚，潘波．中国传统乳制品中乳酸菌和酵母菌的分离鉴定 [J]. 北京农业，2011，12：109-110.

[17] 孙志宏，孟和，孙天松，等．分子标记技术用于乳酸菌分类鉴定研究进展 [J]. 中国乳品工业，2006，34 (5)：35-38.

[18] 张晓旭．西部牧区酸马乳和奶渣中酵母菌分离筛选及其应用研究 [D]. 杨凌：西北农林科技大学，2016.

[19] 金世琳．乳酸菌的科学与技术 [J]. 中国乳品工业，1998 (26)：14-17.

[20] 如意．酸马奶发酵剂菌株筛选及其发酵特性的研究 [D]. 呼和浩特：内蒙古农业大学，2021.

[21] 徐宗良，胡冬梅，刘丽．浅谈乳酸菌 [J]. 生命科学仪器，2012，1：40-44.

[22] 王凤梅，马利兵，潘建刚．分子生物学技术在酵母菌鉴定中的应用 [J]. 综述与述评，2009，12（10）：1-4.

[23] 陈历水，马莺．乳源酵母菌鉴定方法的研究进展 [J]. 乳品加工，2009，12：38-41.

[24] 许超德，李绍兰．核酸分子系统学方法在酵母菌分类中的应用进展 [J]. 微生物学通报，2004，31（3）：126-129.

[25] 王慧，张立强，郭凤华，等．DNA 分子标记技术在酵母菌鉴定中的研究进展 [J]. 酿酒科技，2004（7）：122-125.

[26] 周春艳，张秀玲，王冠蕾．酵母菌的 5 种鉴定方法 [J]. 中国酿造，2006（8）：51-54.

[27] Kurtzman C P, Robnett C J. Identification of clinically important ascomycetous yeasts based on nucleotide divergence in 5′ end of the large-subunit (26S) ribosomal DNA gene [J]. Journal of Clinical Microbiology, 1997, 35: 1216-1223.

[28] Groenewald M, Robert V, Smith M. The value of the D1/D2 and internal transcribed spacers (ITS) domains for the identification of yeast species belonging to the genus Yamadazyma [J]. PERSOONIA, 2011, 26: 40-46.

[29] Gardini F, Tofalo R, Belletti N, et al. Characterization of yeasts involved in the ripening of Pecorino Crotonese cheese [J]. Food microbiology, 2006, 23 (7): 641-648.

[30] Zhang J, Liu W, Sun Z, et al. Diversity of lactic acid bacteria and yeasts in traditional sourdoughs collected from western region in Inner Mongolia of China [J]. Food Control, 2011, 22 (5): 767-774.

[31] Gkatzionis K, Yunita D, Linforth R S, et al. Diversity and activities of yeasts from different parts of a Stilton cheese [J]. International Journal of Food Microbiology, 2014, 177: 109-116.

[32] Ozturk I, Sagdic O. Biodiversity of yeast mycobiota in "sucuk" a traditional Turkish fermented dry sausage: phenotypic and genotypic identification, functional and technological properties [J]. Journal of Food Science, 2014, 79 (11): M2315-M2322.

[33] Montanari G, Zambonellil C, Grazia L, et al. *Saccharomyces unisporus* as the principal alcoholic fermentation microorganism of traditional koumiss [J]. Journal of Dairy Research, 1996, 63 (2): 327-331.

[34] Ishii S. "koumiss", a treasure for nomad [J]. Onko Chishin, 2004, 41: 87-93.

[35] Ishii S. Study on the kumiss (Aairag) of Mongolian nomads after severe cold in the winters of 2000 and 2001 [J]. Milk Science, 2003, 52 (1): 49-52.

[36] Naersong, Tanaka Y, Mori N, et al. Microbial flora of "Airag", a traditional fermented milk of Inner Mongolia in China [J]. Anim Sci Technol, 1996, 67: 78-83.

[37] Shuangquan, Burentegusi, Bai Y, et al. Microflora in traditional starter cultures for fermented milk, hurunge, from Inner Mongolia, China [J]. Animal Science Journal, 2006, 77 (2): 235-241.

[38] Xin Zhao, Liang Song, Dayong Han, et al. Microbiological and physicochemical dynamics in traditional and industrial fermentation processes of koumiss [J]. Fermentation, 2024, 10: 66.

[39] Yanan Xia, Erdenebat Oyunsuren, Yang Yang, et al. Comparative metabolomics and microbial communities associated network analysis of black and white horse-sourced koumiss [J]. Food Chemistry, 2022 (370): 130996.

第六章

酸马乳的特征风味与代谢物

第一节　酸马乳中的挥发性风味物质

在发酵乳的品质评价中，除了产品的安全性外，人们最关注的就是产品的风味品质，包括挥发性风味成分和非挥发性风味成分。酸马乳在发酵过程中，由于原料马乳、发酵方式和微生物的作用，会产生丰富的挥发性风味物质从而构成酸马乳特有的风味[1]。张列兵等最早在1990年发现，在酸马乳发酵的72h中，乙醛、丙酮、乙酸乙酯、乙醇和乳酸含量均有大量增加[2]。杜晓敏等通过固相微萃取-气相色谱-质谱联用（SPME-GC-MS）在酸马乳中共测得35种挥发性风味物质。鲜马乳中风味物质种类较多，随发酵时间延长，风味物质种类逐渐减少且趋向于生成酸类、醇类和酯类物质[3]。夏亚男等应用SPME-GC-MS在5种内蒙古酸马乳中共测得69种风味物质，其中鲜马乳和酸马乳中分别检测到38种和37种，总含量分别为470.518mg/L和691.867mg/L。结合气味活度值（OAV）分析，己酸乙酯、辛酸乙酯、丁酸乙酯、戊酸乙酯、月桂酸乙酯、十四酸乙酯、癸酸乙酯、辛酸为重要的香气组分，乙酸乙酯、癸酸、月桂酸为特征香气组分[4]。乌日汗等通过SPME-GC-MS在内蒙古通辽市科尔沁地区酸马乳的9个样品发酵过程中测得挥发性风味物质约54种，并结合相对气味活度值（ROAV）及相关性分析发现，不同发酵时间酸马乳中的风味物质具有差异性，且异戊醛、苯乙醛、异戊醇、乙醇及癸酸乙酯、月桂酸乙酯等酯类物质为主要风味物质[5]。

挥发性风味物质的测定需要对样品进行预处理，浓缩其中的香气成分。常用的预处理方法包括液液萃取法、吹扫捕集法、同时蒸馏法、超临界二氧化碳流体萃取法、固相微萃取法（SPME）等[6]。选择不同的处理方法，各自对应的优缺点不同。固相微萃取法是目前较为新兴且常用的一种方法，尤其是顶空固相微萃取。其优点是简单容易操作，只需要少量的样品且不需要溶剂，灵敏度较高可以实现自动化[7]。但是这种方法同时也存在重现性差、普适性不广、需要选择合适的萃取纤维、萃取涂层易磨损、价格昂贵的缺点[8]。液液萃取法（LLE）虽存在操作烦琐、所需有机溶剂消耗量大的缺点，但技术成熟且适用性及应用广[9]。对比几种前处理方法对挥发性成分萃取效果的影响，发现SPME能够富集到更高含量的易挥发的风味物质，尤其是酯类物质，而LLE能萃取更多、更全面的风味物质[10]。

一、酸马乳发酵过程中挥发性风味物质的变化

采用液液提取-气相色谱-质谱（LLE-GC-MS）法对发酵引子、鲜马乳和酸马乳发酵期间样品的挥发性化合物进行测定，对测定到的52种化合物进行分析。从各类挥发性风味物质种类图（图6-1）中可以看出，在发酵引子、鲜马乳及发酵期间的酸马乳中检测到酸类化合物、酯类化合物、醇类化合物、酮类化合物、芳香族类化合物和其他物质共六大类挥发性风味物质。其中，鲜马乳中检测到22种挥发性风味物质，酸马乳发酵期间挥发性风味物质的种类整体较鲜马乳均有所增加，且各时期种类最多的均为酸类物质，其次为酯类物质。

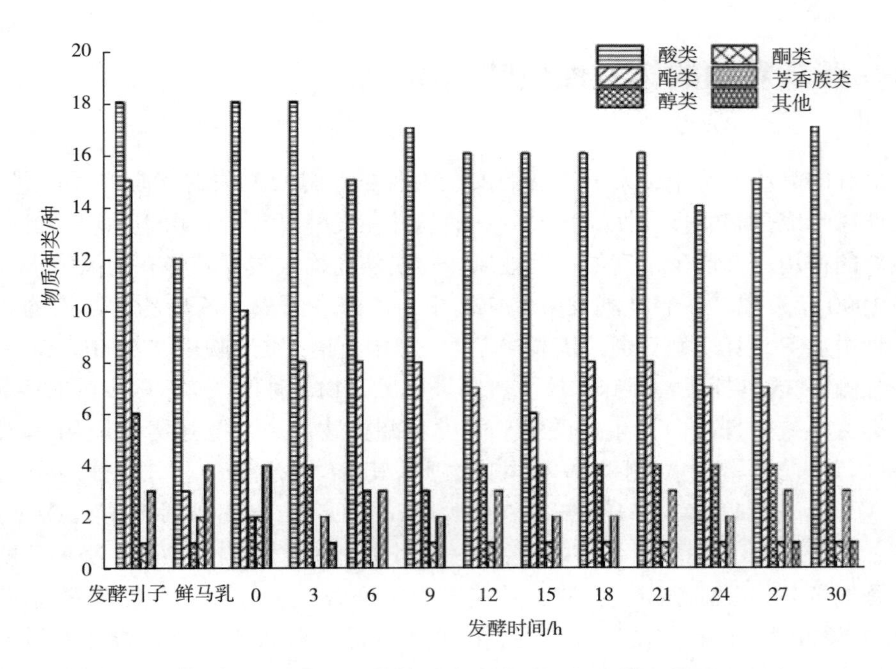

图 6-1　酸马乳发酵过程中各类挥发性风味物质种类

（一）酸马乳发酵过程中酸类物质的变化

酸类物质是酸马乳中的主体风味物质之一，同时也是检测到的种类最多的物质，共 19 种。鲜马乳的总酸含量为 31.15μg/g，发酵期间酸马乳中酸类物质的总含量为 143.82～387.35μg/g，整体呈显著增加的趋势（$P<0.05$）。

鲜马乳中检测到乙酸、正己酸、辛酸、壬酸、癸酸、9-癸烯酸、苯甲酸、月桂酸、肉豆蔻酸、棕榈酸、棕榈油酸和亚麻酸 12 种酸类物质。发酵期间主要酸类物质含量的动态变化如图 6-2 所示，发酵 0h 检测到除 *l*-乳酸外的共 18 种酸类，其中乙酸、辛酸、癸酸、9-癸烯酸、月桂酸、肉豆蔻酸、棕榈酸和棕榈油酸这些主要的酸类物质在发酵过程中稳定存在，含量分别为 11.88μg/g、11.06μg/g、19.80μg/g、4.98μg/g、25.15μg/g、15.14μg/g、26.08μg/g 和 11.36μg/g，且随发酵的进行含量不断增加，到发酵后期达到最高。而发酵 18h 开始检测到 *l*-乳酸的存在，含量逐渐升高。

不同的酸类物质能赋予酸马乳不同风味，乙酸是发酵乳制品中非常突出的一种酸类物质，具有醋的酸味，口感酸而不涩。可在柠檬酸代谢中由乳酸菌分解柠檬酸得到乙酸，与丙酮酸替代途径相关[11]。乙酸在发酵 24h 时含量最高，为 110.12μg/g，而后含量有所下降。其余 7 种酸均在发酵 27h 时含量最高，分别为辛酸（21.23μg/g）、癸酸（43.01μg/g）、9-癸烯酸（16.65μg/g）、月桂酸（44.90μg/g）、肉豆蔻酸（27.97μg/g）、棕榈酸（52.04μg/g）和棕榈油酸（18.50μg/g）。据报道，辛酸和癸酸的含量越高，越能赋予乳制品更好的乳香品质，对乳香味的贡献越大[12]。同时辛酸还能促进胃排空，利于缓解消化不良[13]。在发酵 21h 时首次检测到 *l*-乳酸的存在，到发酵 30h 时含量达到最高，由 22.59μg/g

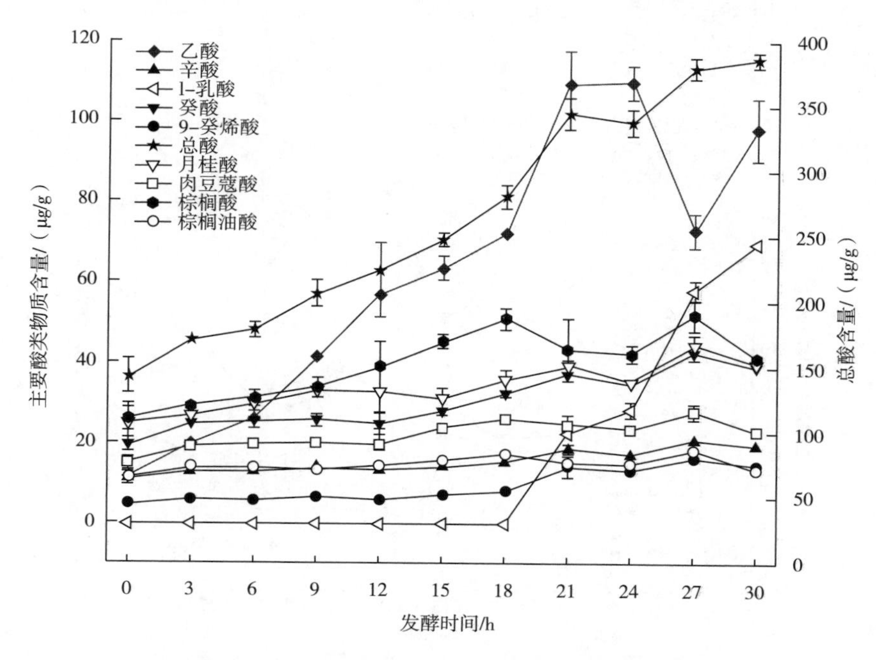

图 6-2　酸马乳发酵过程中主要酸类物质的含量变化

增加至 69.88μg/g。乳酸是发酵乳中的基础物质，使酸马乳保持乳的清香以及爽口的风味[14]。微生物在发酵前期可以利用糖产酸，pH 降低，酸类物质含量不断升高。在发酵后期酸类物质含量有所下降，可能与酯化反应的发生有关，且随着发酵的进行，酸度的增加抑制微生物生长代谢，酸类物质合成减少。

（二）酸马乳发酵过程中酯类物质的变化

酯类物质也是酸马乳的主要风味物质之一，酸马乳中的醇类与酸类可发生酯化反应。酯类化合物的风味阈值一般较低，虽然检测结果中酯类物质的质量分数较低，但对发酵乳的风味影响很大[15]。大多数酯类物质都具有水果香和花香，对于降低发酵乳中脂肪酸和胺尖锐、苦涩的味道有帮助[16]。研究共检测到 17 种酯类物质，发酵引子中包含 15 种，且总酯含量高达 477.04μg/g。

鲜马乳中总酯含量非常少（0.26μg/g），仅检测到含量很低的 3 种酯类。酸马乳发酵过程中总酯含量整体呈先下降后上升的趋势，但在发酵 24h 时总含量骤降。发酵 30h 时总酯含量最高，为 46.23μg/g。鲜马乳中的总酯含量很低，但发酵引子中的总酯含量非常高，因此酸马乳发酵前期酯类物质含量降低，可能是微生物将其分解代谢或转化为其他物质，而后由于酯化反应使得酯类物质含量升高。发酵 24h 时总酯含量突然下降可能与 *E*-11-十六碳烯酸乙酯及 9，12，15-十八碳三烯酸乙酯的消失有关。由于醇酰基转移酶和酯酶的同时存在，酸马乳中酯类物质的合成和分解同时进行，呈交替式动态变化。乳酸乙酯、癸酸乙酯、9-癸烯酸乙酯、月桂酸乙酯和肉豆蔻酸乙酯在发酵期间一直存在。乳酸乙酯在发酵 30h 时含量最高，为 6.00μg/g。其余 4 种酯类均在 27h 时含量最高，分别为癸酸乙酯

(10.85μg/g)、9-癸烯酸乙酯（3.57μg/g)、月桂酸乙酯（9.52μg/g）和肉豆蔻酸乙酯(4.41μg/g)（图6-3)。

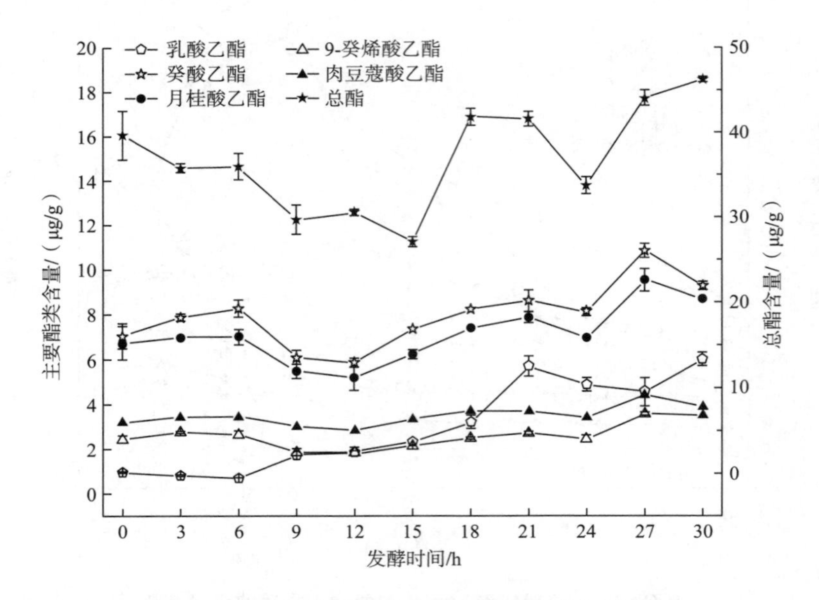

图6-3　酸马乳发酵过程中主要酯类物质的含量变化

（三）酸马乳发酵过程中醇类物质的变化

醇类物质是酸马乳中不可或缺的风味物质，但醇类化合物风味阈值较高，因此对发酵乳的风味贡献度较小。本实验中共检测到7种醇类物质，鲜马乳中仅检测到十二硫醇1种物质，含量为5.45μg/g。发酵期间的酸马乳总醇含量无明显变化，但均显著高于鲜马乳总醇含量（$P<0.05$），发酵21h时含量最高，为19.48μg/g（图6-4）。发酵前期酸马乳中的微生物利用还原糖生长代谢产生醇类物质，随发酵时间的延长微生物的活力下降，还原糖含量下降，同时醇类物质作为前体物质不断合成酯类等物质，因此醇类物质在发酵后期含量下降[17]。

适量的高级醇能够赋予酸马乳传统的酒体风味。苯乙醇具有典型的清甜玫瑰花香[18]，从图6-4可以看出，发酵0h开始检测到苯乙醇，其含量逐渐增加，至发酵30h时达到最高(1.21μg/g)。异戊醇具有水果香和杂醇味，发酵3h时开始检测到异戊醇，且其含量呈交替式上升，在30h时含量达到最高，为2.05μg/g。此外，鲜马乳中检测到的十二硫醇含量在发酵过程中交替升高，在21h时达到最高，为9.02μg/g，之后含量下降；发酵12h时检测到2,3-丁二醇，其含量逐渐增加，在发酵27h时达到10.03μg/g。

（四）酸马乳发酵过程中芳香族类、酮类及其他物质的变化

苯乙烯、2,6-二叔丁基对甲酚和2,4-二叔丁基苯酚是酸马乳中主要的芳香族化合物。苯乙烯和2,6-二叔丁基对甲酚在发酵引子、鲜马乳和发酵期间均被检测到，含量无明显变化，分别在发酵12h和21h时达到1.68μg/g和6.37μg/g的最高值。

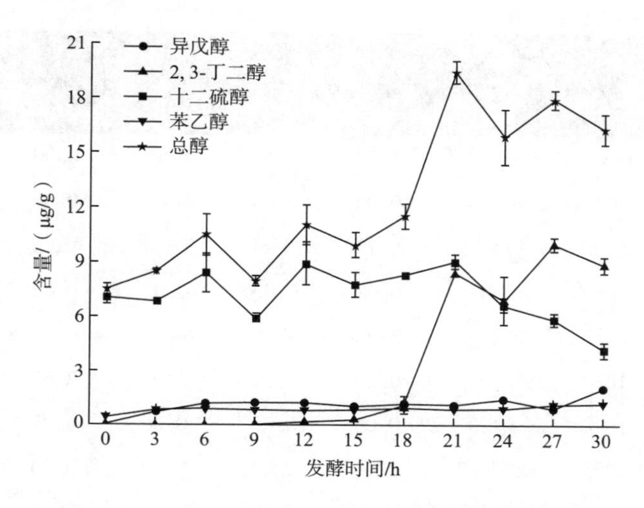

图 6-4 酸马乳发酵过程中主要醇类物质的含量变化

研究共检测到 3 种酮类物质，其中 3-羟基-2-丁酮（乙偶姻）是主要的酮类物质，自发酵 9h 时出现，21h 时含量最高（1.89μg/g），而后急剧下降。乙偶姻是发酵乳制品中普遍存在的一种对风味有重要贡献的酮类物质，能够赋予发酵乳乳香气[19]。研究同时还在发酵 3h 时检测到含量较低的二甲基砜成分。

二、酸马乳中挥发性风味物质的 OAV 分析

每一类发酵乳都有独特的风味，这主要是由其中含有的挥发性风味物质的种类、含量以及相应阈值共同决定的。上述分析虽然使用内标法对发酵酸马乳中的风味物质进行了定量分析，但只有了解到每种物质的阈值，才能将关键风味物质与其对发酵乳整体香气的贡献直接联系起来。气味阈值广泛应用于风味工业，通过计算 OAV 可以评价风味物质对食品的复合贡献[20]。通常认为 OAV≥1 的风味物质是发酵乳的香气贡献成分，OAV≥10 的风味物质是发酵乳中的重要香气成分。表 6-1 所示为酸马乳发酵过程中挥发性风味物质 OAV 的变化情况。

表 6-1 酸马乳发酵过程中挥发性风味物质的 OAV 变化

编号①	挥发性化合物	阈值/（mg/kg）	发酵时间						
			发酵引子	鲜马乳	0h	9h	18h	24h	30h
S1	乙酸	1.2	84.94	1.63	9.90	34.66	60.15	91.77	82.03
S2	异丁酸	1	3.26	0.00	0.12	0.33	0.31	0.76	1.45
S3	丁酸	1	1.92	0.00	0.53	0.77	1.04	0.00	0.90
S4	异戊酸	0.54	2.35	0.00	0.69	0.98	1.06	0.00	3.54
S5	正己酸	0.2	18.65	1.10	4.00	6.20	6.30	7.30	9.55
S6	辛酸	0.5	91.00	4.76	22.12	28.60	31.14	34.78	39.28

续表

编号[1]	挥发性化合物	阈值/(mg/kg)	发酵时间						
			发酵引子	鲜马乳	0h	9h	18h	24h	30h
S7	壬酸	1.5	0.00	0.05	0.14	0.13	0.00	0.00	0.00
S8	*l*-乳酸	1260	0.13	0.00	0.00	0.00	0.00	0.02	0.06
S9	癸酸	0.5	174.40	6.72	39.60	51.68	65.28	69.66	79.10
S11	苯甲酸	340	0.03	0.01	0.02	0.02	0.02	0.02	0.03
S12	月桂酸	0.5	254.92	5.26	50.30	66.02	72.36	70.86	80.84
S14	肉豆蔻酸	10	8.24	0.20	1.51	2.03	2.62	2.36	2.33
S16	正十五酸	10	0.28	0.00	0.05	0.06	0.07	0.07	0.07
Z1	正己酸乙酯	0.0005	820.00	0.00	0.00	0.00	0.00	0.00	0.00
Z2	乳酸乙酯	14	4.19	0.00	0.07	0.12	0.23	0.35	0.43
Z3	辛酸乙酯	0.0001	1371600	0.00	44000	0.00	74300	51100	72600
Z4	癸酸乙酯	0.02	2458.50	0.00	352.00	304.00	410.50	405.50	462.50
Z11	肉豆蔻酸乙酯	0.5	57.34	0.00	6.38	6.04	7.42	6.82	7.76
Z15	棕榈酸乙酯	1	27.37	0.00	2.65	2.23	2.86	2.85	2.70
C1	异丁醇	5.25	0.24	0.00	0.00	0.00	0.00	0.00	0.00
C2	异戊醇	0.25	20.80	0.00	0.00	4.88	4.76	5.72	8.20
C3	2,3-丁二醇	1000	0.02	0.00	0.00	0.00	0.00	0.01	0.01
C7	苯乙醇	0.045	38.89	0.00	9.56	18.67	21.11	19.78	26.89
T1	3-羟基-2-丁酮	0.04	186.50	0.00	0.00	25.75	33.25	30.00	7.50
F1	苯乙烯	0.022	16.36	22.73	24.09	42.27	35.45	38.64	25.00

注：①风味物质按酸类（S）、酯类（Z）、醇类（C）、酮类（T）、芳香族类物质（F）分类，并按大写字母相应排序。

由表6-1可知，鲜马乳中只有乙酸、正己酸、辛酸、癸酸和月桂酸是香气贡献成分，苯乙烯是唯一的重要香气成分，与发酵后的酸马乳对比，鲜马乳中的特征风味成分较少，对整体风味贡献较小。在酸马乳发酵期间，发酵0h时OAV≥10的物质有辛酸、癸酸、月桂酸、辛酸乙酯、癸酸乙酯和苯乙烯，OAV≥1的物质有乙酸、正己酸、肉豆蔻酸、肉豆蔻酸乙酯、棕榈酸乙酯和苯乙醇。上述12种物质，除辛酸乙酯和棕榈酸乙酯在发酵过程中有消失外，其余10种物质均作为重要香气成分或香气贡献成分在发酵过程中一直存在。随着发酵的进行，异戊醇、异戊酸和3-羟基-2-丁酮分别成为香气贡献成分和重要香气成分。发酵18h后丁酸和辛酸乙酯分别成为香气贡献成分和重要香气成分，在发酵30h后异丁酸成为香气贡献成分。

酸马乳发酵过程中香气贡献成分OAV的动态变化表明，随着发酵时间的延长，辛酸乙酯在发酵后期（18~30h）成为对酸马乳风味贡献最大的重要香气成分，其次为癸酸乙酯、月桂酸、癸酸等在发酵全过程中存在。辛酸乙酯赋予酸马乳类似杏的果香、奶油香和牛乳香[21]。癸酸乙酯具有果香味、椰子香味[22]。月桂酸、癸酸等为酸马乳的口感酸爽、乳香柔和起到了作用。乌日汗等也通过计算发酵过程中的 ROAV 发现，辛酸乙酯相对峰面积和风味贡献度最高[5]。上述分析说明酸马乳发酵过程中，对风味有贡献的物质不断变化，且每种风味物质的阈值对风味的呈现有一定影响，因此发酵期间的酸马乳呈现不同的风味特征。

三、酸马乳中挥发性风味物质的主成分分析

通过 OAV 确定酸马乳中的香气贡献成分后，为了更加直观地认识酸马乳发酵过程中不同时间点与关键挥发性风味物质的关联，对表 6-1 中发酵过程中 OAV≥1 的 17 种挥发性风味物质进行主成分分析（PCA），并提取前 2 个主成分做主成分分析（图 6-5）和因子载荷图（图 6-6）。

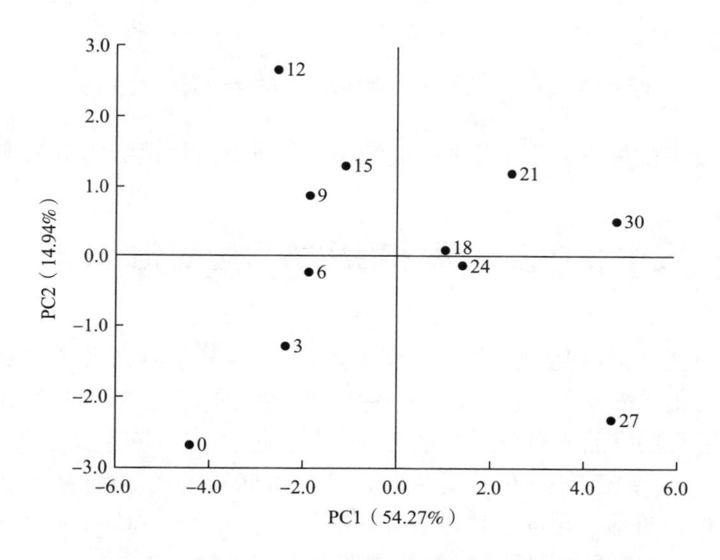

图 6-5　酸马乳发酵过程中挥发性风味物质主成分分析

图中数字为发酵时间，单位为 h。

如图 6-6 所示，不同发酵时间点的酸马乳样品在空间排布上主要分为三部分：第一部分是发酵 0~6h，处于第三象限；第二部分是发酵 9~15h，处于第二象限；第三部分是发酵 18~30h，处于第一、四象限。这三部分可将发酵期一一对应分为发酵初期、发酵中期和发酵后期。以 17 种香气贡献成分的第一主成分和第二主成分分别为 *X* 轴和 *Y* 轴所做因子载荷图。第一主成分包括乙酸（S1）、异丁酸（S2）、正己酸（S5）、辛酸（S6）、癸酸（S9）、月桂酸（S12）、肉豆蔻酸（S14）、辛酸乙酯（Z3）和苯乙醇（C7），占总权重的 54.27%。第二主成分包括丁酸（S3）、异戊酸（S4）、癸酸乙酯（Z4）、肉豆蔻酸乙酯（Z11）、棕榈酸乙酯（Z15）、异戊醇（C2）、3-羟基-2-丁酮（T1）和苯乙烯（F1），占总权重的 14.94%。结合图 6-5 和图 6-6 可以看出，发酵后期（18~30h）酸马乳的风味与乙酸、辛酸、癸酸乙酯等大多数关键挥发性风味物质密切相关。丁酸和苯乙烯是与发酵中期（9~15h）风味相关的关键香气成分，而发酵初期（0~6h）未发现关键挥发性风味物

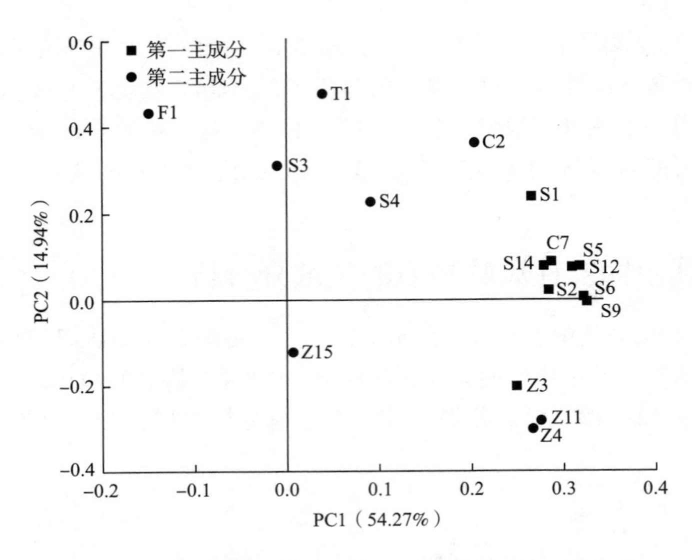

图 6-6 酸马乳发酵过程中挥发性风味物质因子载荷图

质。这表明随着发酵的进行，酸马乳中的关键香气成分对整体风味的贡献越发突出。

第二节 酸马乳中非挥发性风味物质的含量变化

食品中的非挥发性风味物质主要包括有机酸、游离氨基酸以及还原糖、小分子多肽等，是食品滋味的主要来源。有机酸作为一种天然防腐剂，除了能够判断发酵乳的发酵程度外，更是对发酵乳感官品质有重要贡献的风味营养物质[20]。陈永福等测定了 2 个酸马乳样品，其中乳酸含量为 10. 75mg/kg，柠檬酸含量为 0. 59mg/kg，醋酸含量为 1. 33mg/kg，此外还发现了痕量的苹果酸、甲酸、琥珀酸和丙酸等有机酸[23]。Wurihan 等发现在整个发酵过程中，乳酸、乙酸和丁酸含量增加，乳酸含量最高，0h 时为 2. 78g/kg，96h 时为 16. 19g/kg，丁酸含量从 0. 23g/kg 增加到 9. 47g/kg，乙酸从 0. 40g/kg 增加到 3. 69g/kg。丙酸含量变化小，波动不大[24]。

氨基酸在各种食品中大量存在，对食品风味有贡献的是游离态的氨基酸，各种游离氨基酸按照呈味特性可分为甜味、鲜味、苦味、芳香味氨基酸等[25]。随着人们对食品风味研究的深入，越来越多的学者探讨氨基酸对各种食品的呈味贡献。目前针对酸马乳中氨基酸的测定及分析多集中在营养成分贡献方面，对其呈味特性的研究较少。郭琳仪等从呈味氨基酸角度分析，证明了发酵使得马乳风味品质改善明显[26]。

一、酸马乳发酵过程中游离氨基酸的含量变化

在发酵过程中，酸马乳中的蛋白质经酶的催化作用降解为氨基酸，其中游离氨基酸（FAA）作为许多风味成分形成的前体物质，对酸马乳的滋味有较大贡献。试验共检测出 17 种游离氨基酸，在发酵过程中，酸马乳游离氨基酸总量呈先略降低后升高的趋势（图 6-7），这可能是因为鲜马乳中原有的游离氨基酸被微生物降解，而后由更多的微生物作用分

解蛋白质产生了大量游离氨基酸。游离氨基酸总量在 1002.1~1965.3mg/kg，其中含量最高的为谷氨酸，其次是脯氨酸和丙氨酸，这与大部分研究结果一致。Liu 等分析同样采自锡林郭勒地区的发酵过程中的酸马乳氨基酸含量，同样检测到 17 种氨基酸且含量最高的是谷氨酸[27]。Wurihan 等对科尔沁区酸马乳在发酵过程中的氨基酸含量进行研究，测得的氨基酸种类（14 种）和含量（1265.3mg/kg）均低于本试验，且发酵过程中其含量也呈先降低后升高的趋势[24]。截至目前，对酸马乳中氨基酸测定的试验大多研究其营养价值，而探究酸马乳中呈味氨基酸的研究少之又少，缺乏对酸马乳呈味氨基酸的系统分析。

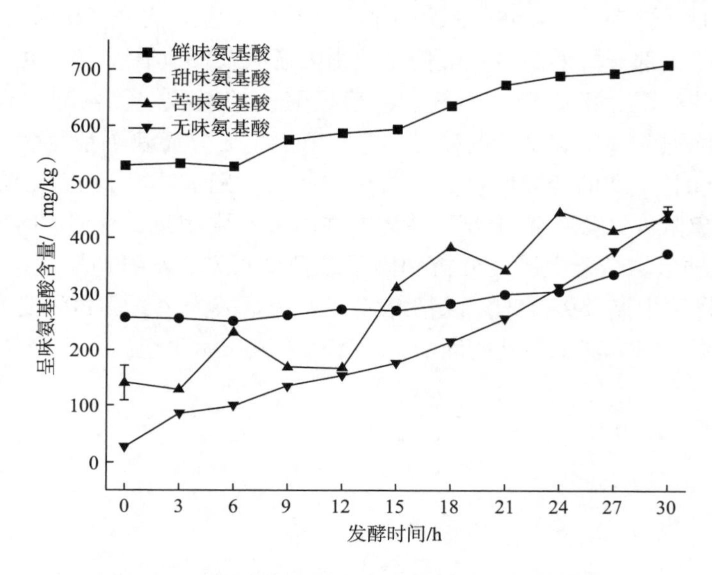

图 6-7　酸马乳发酵过程中呈味氨基酸的含量变化

鲜味氨基酸有天冬氨酸和谷氨酸，鲜马乳中鲜味氨基酸含量为（379.8±15.9）mg/kg，酸马乳中鲜味氨基酸含量达（710.1±1.4）mg/kg，占 36.1%，是最主要的呈味氨基酸[28]。谷氨酸是最主要的鲜味贡献者，发酵过程中其含量从 517.4mg/kg 逐渐增加至 692.4mg/kg。研究表明，谷氨酸是最能呈鲜的氨基酸之一，可以使食品滋味柔和浓厚，感官特性更佳[29]。甜味氨基酸有丝氨酸、苏氨酸、甘氨酸和丙氨酸，苦味氨基酸有缬氨酸、甲硫氨酸、异亮氨酸、亮氨酸、苯丙氨酸、组氨酸、酪氨酸和精氨酸，无味氨基酸有脯氨酸、半胱氨酸和赖氨酸[30]。

鲜马乳中甜味、苦味、无味氨基酸含量分别为（115.2±27.0）mg/kg、（94.5±0.4）mg/kg、（25.2±4.4）mg/kg，而在酸马乳中这 3 类氨基酸含量分别为（374.2±2.3）mg/kg、（436.2±1.3）mg/kg、（444.7±13.7）mg/kg，分别占 19.04%、22.19%、22.62%。在甜味氨基酸中，丙氨酸和苏氨酸是甜味的主要贡献者，随发酵的进行含量逐渐增加至 207.7mg/kg 和 104.2mg/kg。丙氨酸具有舒适的甜味，可降低食品中令人不愉快的口感[31]。苦味氨基酸种类较多，但每种氨基酸含量均较低。其中缬氨酸随发酵时间延长，含量显著升高至 145.1mg/100g，亮氨酸自发酵 6~24h 含量升高至 103.5mg/kg，脯氨酸随发酵进行含量显著升高至 414.0mg/kg，但由于其呈味阈值较高且属于无味氨基酸，不作具体分析。

研究表明，当苦味氨基酸低于其呈味阈值时，对鲜味和甜味有增强作用[32]。随着发酵进行，苦味氨基酸呈现交替式增长变化，4 类呈味氨基酸均整体呈上升趋势，在发酵 30h 时含量达到最高，表明发酵丰富了马乳的滋味。无味氨基酸虽不呈味，却可以增强其他呈味氨基酸味觉感受强度，对酸马乳风味品质起到提升作用。郭琳仪等测定新疆和内蒙古地区酸马乳中的呈味氨基酸发现，内蒙古酸马乳风味鲜甜，风味品质更佳[26]。正是因为不同呈味氨基酸的协同作用构成了酸马乳滋味鲜香的特点。

对 17 种游离氨基酸进行主成分分析，结果如图 6-8 所示。第一主成分贡献为 67.17%，第二主成分贡献为 14.55%，前两个主成分累计贡献超过 80%，表明其包含了酸马乳不同发酵时间大部分的游离氨基酸信息。由因子载荷图（图 6-9）可知，第一主成分反映了组氨酸、酪氨酸、丙氨酸、苏氨酸、赖氨酸、丝氨酸、谷氨酸、异亮氨酸、脯氨酸、缬氨酸、苯丙氨酸和甲硫氨酸的变异信息，第二主成分反映了精氨酸、亮氨酸、天冬氨酸、半胱氨酸和甘氨酸的变异信息。如图 6-8 所示，发酵期可分为 3 个阶段，发酵 0~6h 样品集中在第三象限内，发酵 9~15h 样品集中在第二象限附近，发酵 18~30h 样品均集中分布在 *X* 轴正半轴上。结合主成分分析和因子载荷图可知，发酵初期（0~6h）马乳中的丙氨酸较突出，发酵中期（9~15h）以精氨酸、半胱氨酸为主，发酵后期大部分呈味氨基酸实现富集，说明发酵丰富了马乳的滋味，对酸马乳风味品质起到了提升作用。

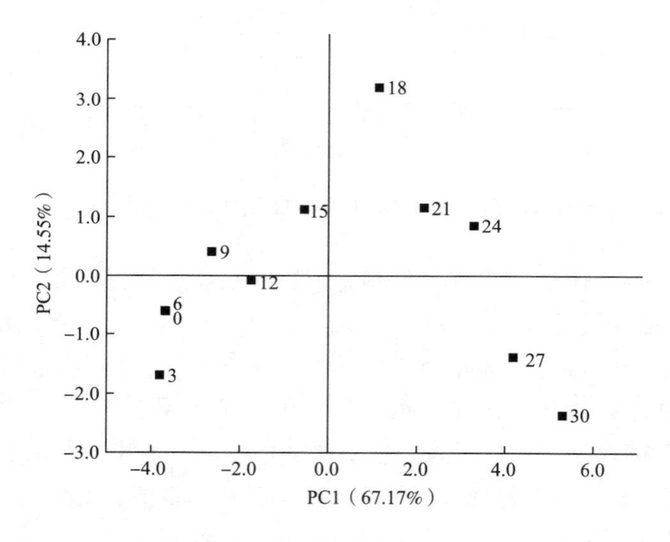

图 6-8　酸马乳发酵过程中游离氨基酸因子主成分分析

图中数字为样品编号。

二、酸马乳发酵过程中有机酸的含量变化

酸味是酸马乳中主要的特征性风味，有机酸是其中酸味的主要来源。由于酸马乳的成分较为复杂，含有的杂质会在一定程度上干扰有机酸的测定。酸马乳的发酵过程中由于乳酸菌、酵母菌等微生物的代谢作用，其中检测的 4 种有机酸（图 6-10）总含量显著增加，从发酵 0h 时的 611.62μg/mL 增加至发酵 30h 的 2411.18μg/mL，鲜马乳中总有机酸含量最

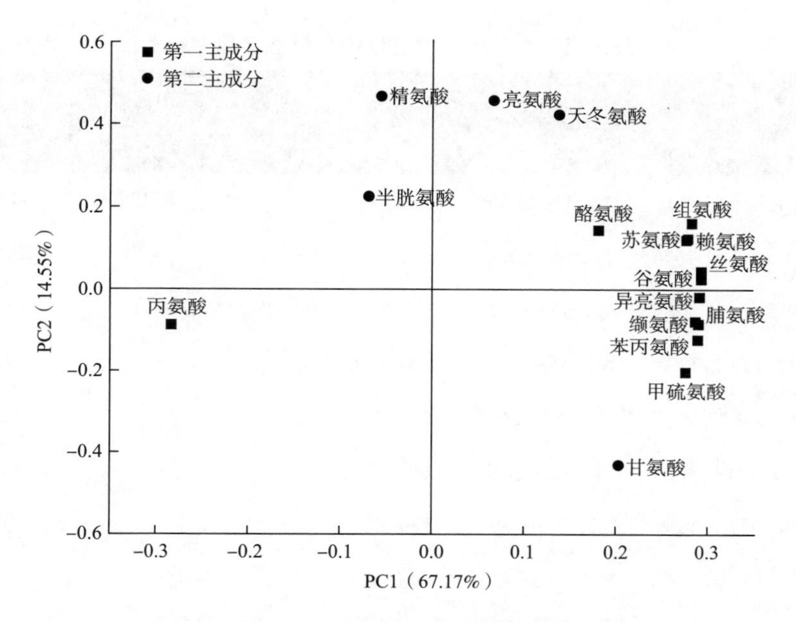

图 6-9　酸马乳发酵过程中游离氨基酸因子载荷图

低。乳酸是酸马乳中最主要的有机酸，在发酵 30h 时占有机酸总含量的 83%，其次是乙酸、柠檬酸和丙酸（表 6-2）。

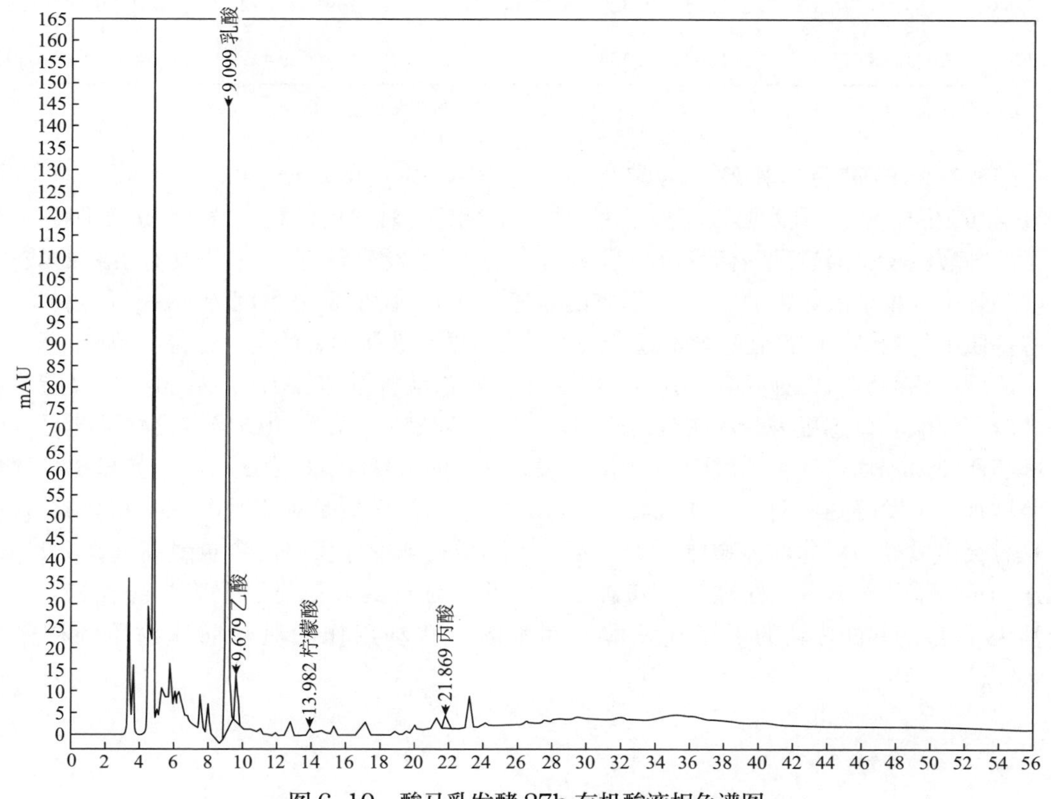

图 6-10　酸马乳发酵 27h 有机酸液相色谱图

表 6-2　酸马乳发酵过程中有机酸含量变化　　单位：μg/mL

发酵时间	有机酸种类				总有机酸含量
	乳酸	乙酸	柠檬酸	丙酸	
发酵引子	2767.41±31.59[a]	410.72±23.46[a]	—	247.47±10.58[a]	3425.60±45.21[a]
鲜马乳	101.05±11.96[m]	85.14±2.64[f]	266.28±14.86[a]	—	452.47±10.82[m]
0h	250.47±21.58[l]	100.50±2.87[ef]	260.66±6.79[ab]	—	611.62±25.97[l]
3h	312.71±7.32[k]	107.55±4.40[e]	250.82±4.75[b]	—	671.08±10.25[k]
6h	384.54±28.37[j]	111.96±4.61[e]	231.72±1.72[c]	—	728.22±25.53[j]
9h	726.50±4.32[i]	145.12±2.00[d]	160.07±5.24[d]	—	1031.69±8.30[i]
12h	792.05±4.66[h]	162.36±6.39[cd]	124.82±3.23[e]	—	1079.22±6.79[h]
15h	924.34±10.94[g]	172.73±3.17[c]	103.58±2.44[f]	49.45±4.30[f]	1250.10±14.43[g]
18h	1103.81±10.38[f]	168.42±6.66[c]	83.81±2.16[g]	62.76±5.38[e]	1481.78±16.37[f]
21h	1279.81±10.37[e]	176.68±2.08[c]	56.50±0.52[h]	72.82±6.28[e]	1585.81±13.92[e]
24h	1513.32±4.98[d]	178.27±6.27[c]	38.27±0.88[i]	93.75±3.49[d]	1823.61±5.54[d]
27h	1783.04±16.65[c]	213.75±12.42[b]	22.04±1.90[j]	149.04±2.20[c]	2167.87±21.55[c]
30h	2001.48±17.92[b]	231.07±15.35[b]	—	178.63±4.92[b]	2411.18±30.39[b]

注：不同字母表示样本间具有显著差异（$P<0.05$），“—”表示未检出。

随着发酵的进行，乳酸、乙酸含量呈上升趋势，在发酵 30h 时乳酸含量达到 2001.48μg/mL。酸马乳发酵以乳酸发酵为主，后期进行轻微的酒精发酵。研究表明，发酵乳中的乳酸主要是通过乳酸菌发酵以乳糖为主的可发酵糖所产生，本身具有柔和的酸味，是酸马乳中的主要酸味来源[23]。在适宜的发酵条件下，随着发酵程度的加深，乳酸菌不断发酵基质中的糖类，使得乳酸含量逐渐增加，该结果与其他学者的研究结果一致[33]。

乙酸口感刺激，酸而不涩。酸马乳发酵 30h 时乙酸含量达 231.07μg/mL，这可能是酸马乳较其他酸乳口感更为酸涩刺激的原因之一。研究表明，乳酸菌的异型发酵与酵母菌的糖酵解代谢途径均可产生乙酸[34]。丙酸表现为一定的辛辣味，在发酵中期开始检出且含量显著增加，至发酵 30h 时达到 178.63μg/mL。乳中的柠檬酸是利用丙酮酸生物合成所得，是具有突出贡献的风味前体物质，口感温和[35]。鲜马乳中柠檬酸的含量最高（266.28μg/mL），而发酵引子中不含柠檬酸。随着发酵时间的延长其含量显著下降，直至 27h 时完全消失，可能是酸马乳的引子在发酵期间不断分解利用作为风味前体物质的柠檬酸所致[36]。

第三节　酸马乳微生物组成与风味物质的相关性

通过斯皮尔曼（Spearman）相关性分析初步解析鲜马乳及发酵过程中酸马乳细菌和真菌微生物与风味物质的内在相关性，以挖掘潜在的风味功能微生物，探寻对风味形成有贡献的微生物菌群，以期对发酵酸马乳的菌株精准筛选及风味调控提供指导。

一、细菌组成与风味物质的相关性

（一）细菌组成与挥发性风味物质的相关性

酸马乳发酵过程中的细菌组成与挥发性风味物质的相关性网络如彩图 6-1 所示。

图中蓝色节点代表细菌，其余颜色节点代表风味物质，连线表示细菌与风味物质具有相关联系，红线表示正相关，绿线表示负相关，线的粗细表示相关系数的大小。彩图 6-1 共描述了 16 种细菌和 27 种挥发性风味物质的相关性，对具有较大连接数的细菌属进行分析。乳杆菌属与 11 种酸、5 种酯、2 种醇呈显著正相关，包括异丁酸（S2）、正己酸（S5）、辛酸（S6）、*l*-乳酸（S8）、癸酸（S9）、9-癸烯酸（S10）、苯甲酸（S11）、月桂酸（S12）、肉豆蔻酸（S14）、正十五酸（S16）、棕榈酸（S17）、乳酸乙酯（Z2）、辛酸乙酯（Z3）、癸酸乙酯（Z4）、月桂酸乙酯（Z8）、肉豆蔻酸乙酯（Z11）、2,3-丁二醇（C3）、苯乙醇（C7）和*N*-丙烯酰吗啉（Q2），表明乳杆菌与这些物质的合成有关。同时，乳杆菌与壬酸（S7）呈显著负相关，表示乳杆菌也参与壬酸的分解过程。酸马乳中乳杆菌与辛酸、己酸、癸酸和辛酸乙酯等挥发性风味物质间的显著正相关之前已被报道[37]，陈倩等通过对传统发酵食品中与风味物质形成相关的微生物综合分析也发现，乳杆菌几乎参与发酵食品中所有风味物质的形成[38]。

肠杆菌属、肠球菌属、链球菌属等与壬酸（S7）的合成有关，其中肠杆菌与 1,3-二叔丁基苯（F2）和 2-十五酮（T2）呈显著正相关。同时，这 3 类菌属还与异丁酸（S2）、癸酸（S9）、辛酸（S6）等 11 种酸，乳酸乙酯（Z2）、辛酸乙酯（Z3）、癸酸乙酯（Z4）等 5 种酯和异戊醇（C2）、2,3-丁二醇（C3）、苯乙醇（C7）共 19 种风味物质的分解有关。研究表明，肠杆菌能够产生脂肪酸，参与体内糖酵解和磷酸戊糖降解途径[39]。嗜热链球菌本身具有较强的产酸能力，与酯类等风味化合物呈负相关则可能与产生的糖苷酶水解风味物质引起香气物质变化有关[40]。明串珠菌属可进行乳酸菌异型发酵产酸，营造酸性发酵环境[41]，与壬酸（S7）呈显著正相关，与上述酸类、酯类和醇类呈负相关。不动杆菌属与正己酸（S5）、辛酸（S6）、9-癸烯酸（S10）等 6 种酸以及乳酸乙酯（Z2）、异戊醇（C2）、2,3-丁二醇（C3）、3-羟基-2-丁酮（T1）呈显著负相关。不动杆菌在发酵罗非鱼香肠中也表现出了与大多数挥发性风味物质的负相关性[42]，表明其与风味物质的分解相关。

（二）细菌组成与非挥发性风味物质的相关性

酸马乳发酵过程中的细菌组成与非挥发性风味物质的相关性网络如彩图 6-2 所示。

据报道，蛋白质水解是乳酸菌代谢的一种主要途径，能产生多种有机酸、氨基酸及风味物质，并且乳酸菌中含有多种氨基酸代谢酶，可将游离氨基酸进一步分解为许多低分子质量的挥发性有机分子[43]。彩图6-2共描述了17种细菌与15种游离氨基酸和4种有机酸的相关性。乳杆菌属与10种游离氨基酸和3种有机酸呈显著正相关，包括谷氨酸（Glu）、丝氨酸（Ser）、丙氨酸（Ala）、缬氨酸（Val）、异亮氨酸（Ile）、亮氨酸（Leu）、苯丙氨酸（Phe）、精氨酸（Arg）脯氨酸（Pro）、赖氨酸（Lys）、乳酸（O1）、乙酸（O2）、丙酸（O4），表明乳杆菌参与了大部分氨基酸及有机酸的合成，其中包括风味氨基酸谷氨酸和丙氨酸。同时，乳杆菌与甘氨酸（Gly）和柠檬酸（O3）的分解途径相关，甘氨酸是风味物质异戊醇的前体物，这表明乳杆菌可能与异戊醇的合成有关[44]。Wurihan等研究了酸马乳发酵过程中代谢产物与细菌的相关性，同样发现了优势菌属乳杆菌与甘氨酸之间的极显著负相关关系[24]。

肠杆菌属、肠球菌属、不动杆菌属、链球菌属等细菌均与甘氨酸（Gly）和柠檬酸（O3）呈显著正相关。刘芸雅在绍兴黄酒中发现肠杆菌是柠檬酸的主要贡献者[39]。同时这几种细菌与谷氨酸（Glu）、丝氨酸（Ser）、丙氨酸（Ala）等10种游离氨基酸和乳酸（O1）、乙酸（O2）、丙酸（O4）3种有机酸显示负相关关系。在酸马乳报道中已发现链球菌与乳酸、乙酸、丙酸和11种氨基酸的负相关关系[26]。乳球菌属只与组氨酸（His）呈正相关，郑晓吉在新疆干酪中也发现了组氨酸与乳球菌丰度的正相关作用[45]。

对相对丰度前20的菌属与风味物质的相关性分析发现，风味物质与细菌微生物群落关系比较复杂。在酸马乳发酵过程中，各种风味物质的合成和分解同时进行，同一种微生物可能与多种风味物质的代谢活动密切相关。多种细菌与风味物质呈现的负相关性可能与微生物之间的竞争作用有关，但这些与风味物质主要呈负相关的细菌在群落结构中相对丰度占比较少，因此不影响整体风味。优势细菌属乳杆菌属共与32种风味物质的合成有关，其次是肠杆菌属和肠球菌属，分别与5种和3种风味物质合成有关。这些细菌是酸马乳发酵过程中对风味成分形成有突出贡献的核心功能细菌微生物，也是后期酸马乳风味功能细菌精准筛选的方向。

二、真菌组成与风味物质的相关性

（一）真菌组成与挥发性风味物质的相关性

酸马乳发酵过程中的真菌组成与挥发性风味物质的相关性网络如彩图6-3所示。

彩图6-3共描述了7种真菌和21种挥发性风味物质之间的相关性。德克酵母属（*Dekkera*）与11种酸、4种酯和3种醇呈显著正相关，包括异丁酸（S2）、正己酸（S5）、辛酸（S6）、*l*-乳酸（S8）、癸酸（S9）、9-癸烯酸（S10）、苯甲酸（S11）、月桂酸（S12）、肉豆蔻酸（S14）、正十五酸（S16）、棕榈酸（S17）、乳酸乙酯（Z2）、辛酸乙酯（Z3）、癸酸乙酯（Z4）、肉豆蔻酸乙酯（Z11）、异戊醇（C2）、2,3-丁二醇（C3）、苯乙醇（C7），表明德克酵母可能参与了这些物质的合成，同时也参与了S7（壬酸）的分解。德克酵母对很多发酵食品的风味形成起关键作用。在红葡萄酒中，布鲁塞尔德克酵母（*Dekkera bruxellensis*）参与芳香化合物的形成[46]。也有报道称，布鲁塞尔德克酵母等很多非传统酵母对于工业生产酯类、醇类等物质非常重要[47]。

红酵母属（*Rhodotorula*）与壬酸（S7）和1,3-二叔丁基苯（F2）的形成有关，与异丁酸（S2）、癸酸（S9）、辛酸（S6）等11种酸，乳酸乙酯（Z2）、辛酸乙酯（Z3）、癸酸乙酯（Z4）等4种酯，异戊醇（C2）、2,3-丁二醇（C3）、苯乙醇（C7）和*N*-丙烯酰吗啉（Q2）呈显著负相关。姜蕾以红酵母属菌株酿造的葡萄酒较酿酒酵母酿造的酸类物质含量明显降低，在黄酒中红酵母属可产酶降解酯类物质[49]，与本研究结果相似。久浩酵母属（*Guehomyces*）同样显示出与壬酸（S7）的较好正相关，与异丁酸（S2）、癸酸（S9）、辛酸（S6）等11种酸，乳酸乙酯（Z2）、异戊醇（C2）、2,3-丁二醇（C3）、苯乙醇（C7）呈显著负相关。方冠宇发现在玫瑰醋中，红酵母属与醇类有较好的负相关性，耐冷酵母（*Guehomyces*）与酯类物质同样有负相关关系，表明其与醇类和酯类等风味物质的分解有关，与本研究结果相似[50]。同时，有部分真菌属主要参与风味物质的分解。线黑粉酵母属（*Filobasidium*）与异丁酸（S2）、正己酸（S5）、辛酸（S6）等5种酸，2,3-丁二醇（C3）、苯乙醇（C7）和乳酸乙酯（Z2）呈显著负相关，可能与这8种物质的分解有关。克鲁维酵母属（*Kluyveromyces*）参与了辛酸（S6）、癸酸（S9）、9-癸烯酸（S10）、2,3-丁二醇（C3）、乳酸乙酯（Z2）的分解过程。翟明昌发现克鲁维酵母产生风味物质与其存活时间有关，存活时间短则不利于风味形成，而乳酸菌的存在会抑制酵母菌的生长，减少风味物质的合成[51]。

（二）真菌组成与非挥发性风味物质的相关性

酸马乳发酵过程中的真菌组成与非挥发性风味物质的相关性网络如彩图6-4所示。

酵母菌在发酵过程中代谢产生有机酸，也可以分解蛋白质和脂肪产生多肽、氨基酸等物质改善风味。彩图6-4描述了8个真菌属与11种游离氨基酸、4种有机酸之间的相关性。优势真菌属德克酵母属与8种游离氨基酸和3种有机酸呈显著正相关，包括谷氨酸（Glu）、丝氨酸（Ser）、丙氨酸（Ala）、缬氨酸（Val）、异亮氨酸（Ile）、亮氨酸（Leu）、精氨酸（Arg）、脯氨酸（Pro）、乳酸（O1）、乙酸（O2）和丙酸（O4），表明德克酵母与这11种风味物质的形成有关。同时，德克酵母与甘氨酸（Gly）和柠檬酸（O3）呈显著负相关，可能参与这两种物质的分解。研究发现德克酵母作为产香酵母菌在酸马乳、开菲尔粒等中发挥重要作用[52,53]。

红酵母属是参与氨基酸代谢的主要风味真菌属之一[54]。红酵母属和久浩酵母属均与甘氨酸（Gly）和柠檬酸（O3）具有较好的正相关，与谷氨酸（Glu）、丝氨酸（Ser）、丙氨酸（Ala）等9种游离氨基酸，乳酸（O1）、乙酸（O2）、丙酸（O4）3种有机酸呈显著负相关。久浩酵母属还与苯丙氨酸（Phe）分解代谢相关，这可能与其高产乳糖酶参与食品中风味物质代谢的特性有关[55]。丝孢酵母（*Trichosporon*）和克鲁维酵母与谷氨酸（Glu）、丝氨酸（Ser）、丙氨酸（Ala）等7种游离氨基酸和乳酸（O1）呈显著负相关，其中丝孢酵母可能还参与了柠檬酸（O3）的合成。据报道，丝孢酵母属能产生β-葡萄糖苷酶，通过水解氨基酸等风味前体物质参与代谢循环[56]。毕赤酵母与丝氨酸（Ser）存在显著负相关，研究发现，毕赤酵母在腐乳酱中也参与了丝氨酸的代谢途径，与本研究结果一致[57]。

真菌属与风味物质的相关性分析显示，德克酵母属（*Dekkera*）共与29种风味物质的合成密切相关，在风味物质的形成过程中起主导作用。其次是红酵母属和久浩酵母属分别与4种和3种风味物质合成有关，与德克酵母属共同构成酸马乳核心风味功能真菌群。

第四节 酸马乳中的主要代谢物

代谢组学（Metabolomics）由帝国理工学院 Jeremy K. Nicholson 教授于1999年提出，是继基因组学、转录组学和蛋白质组学之后诞生的一种新兴组学技术[58]。代谢组学通过定性、定量地分析生物体或生物组织受到外界刺激或扰动后，其低分子质量（低于1ku）代谢产物成分及其多元反应变化，动态地分析呈现生物体的代谢过程[59,60]。这些代谢产物一般包括肽、多酸、多酚、核酸、氨基酸、有机酸、维生素、生物碱、无机物和碳水化合物等。

代谢组学不仅是系统生物学的一个重要分支，同时也是目前最热门的组学研究领域之一。根据研究所针对对象的不同，代谢组学可以分为靶向代谢组学和非靶向代谢组学。靶向代谢组学是针对若干特定的预期代谢物进行靶向分析，但它要求检测手段灵敏度高，并需要对代谢物进行充分的纯化前处理以排除其他生物物质对目标代谢物的干扰；而非靶向代谢组学则是检测样本中所有代谢产物，这就需要尽可能地从样本中分析出更多的代谢物，获取更多的物质信息[61,62]。代谢组学技术发展迅速，目前已广泛应用于毒理学、环境学、植物学、临床医学、生命科学和医药研发等多个研究领域，同时也为食品科学领域提供了新的研究思路[63]。在食品科学领域，代谢组学主要研究食品在生产、加工以及贮藏过程中的代谢产物变化或食品在食用者体内的代谢过程与作用，它已逐渐被应用于食品成分分析、食品质量调控、食品安全把关和食品营养检测等多个方面[64,65]，是研究微生物和发酵食品代谢的有效方法。

一、酸马乳中的主要代谢物概述

选取2种具有代表性的马乳品种（阿巴嘎黑马乳、乌珠穆沁白马乳）作为研究对象，展开详细代谢物解析。阿巴嘎黑马，原名僧僧黑马，经2006年多方协商后更名为阿巴嘎黑马。阿巴嘎黑马主要产于内蒙古锡林郭勒盟阿巴嘎旗北部边境苏木。该地区属蒙古高原地区，为中温带干旱、半干旱大陆性气候，总面积达27495km^2，可利用的草场面积占总面积的91%以上。阿巴嘎旗南部水资源丰富，水质良好，故阿巴嘎黑马以体大、乌黑、悍威、产乳量高、抗病抗旱性强等特性著称。截至2015年，阿巴嘎全旗阿巴嘎黑马的存栏量为3758匹。阿巴嘎黑马的泌乳期平均为86d，每匹马年单产乳量为398.64kg左右，日产乳量为5.46kg左右[66,67]。

乌珠穆沁白马，蒙语名为“乌珠穆沁查干阿都”，是成吉思汗时期宫廷中的御马。乌珠穆沁白马主要产于内蒙古锡林郭勒盟西乌珠穆沁旗。西乌珠穆沁草原在中国温带典型草原中最具代表性，总面积达22434.5km^2，可利用草场面积占总面积的90%，天然草场类型占可利用草场的一半，是良好的放牧草场。西乌珠穆沁旗境内的河流均为内陆河，归于乌拉盖水系，水利资源丰富，故乌珠穆沁白马以胸部发达、体型优美、眼睛光亮、聪明睿智、耐力较好等特性著称。截至 2017 年，乌珠穆沁白马存栏量 6184 匹，毛色以污白毛、白青毛和白褐毛为主，纯白毛仅占 7%，纯白毛的马堪称稀世绝品，极为珍贵[68-70]。

阿巴嘎黑马乳与乌珠穆沁白马乳中共鉴定出 380 种代谢物，其中以正离子和负离子模式分别检出 237 种和 202 种代谢物，包括 73 种有机酸及其衍生物，43 种有机氧化合物，32 种脂类和类脂化合物，25 种有机杂环化合物，19 种核苷、核苷酸及其类似物，14 种苯环型化合物，10 种有机氮化合物以及 4 种苯丙素类化合物和聚酮化合物。对所有样品进行主成分分析（图 6-11）发现，4 组样品分布在不同的象限，表明各组代谢物存在显著差异。

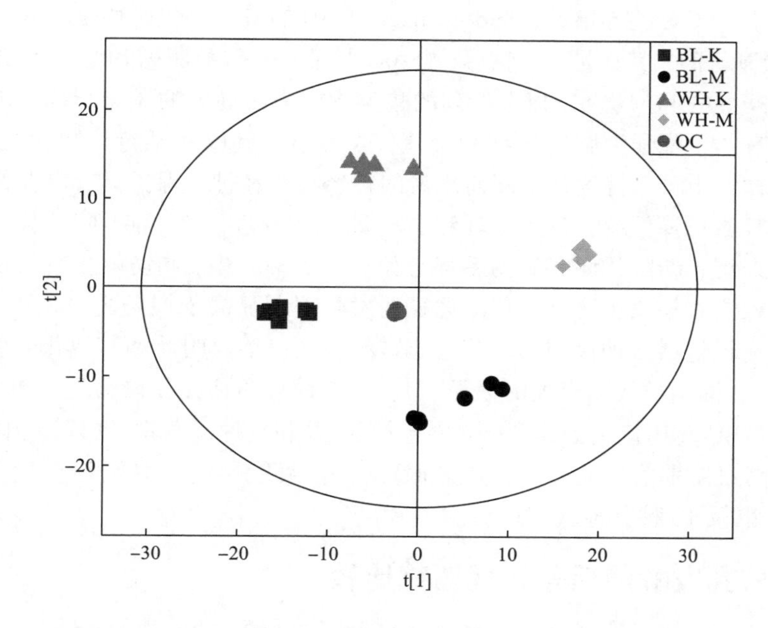

图 6-11　不同种类酸马乳样品代谢物的主成分分析

BL-K 表示黑马酸马乳，BL-M 表示黑马鲜马乳，WH-K 表示白马酸马乳，WH-M 表示白马鲜马乳，QC 表示质控样品。

二、黑马乳与白马乳主要代谢物比较

以 VIP（变量对模型的重要性，variable importance in the projection）> 1 和 $P < 0.05$ 作为差异代谢物的筛选标准，在黑马乳和白马乳之间总共发现了 59 种差异代谢物，包括 9 种羧酸及其衍生物、9 种有机氧化合物、8 种脂肪酰基化合物、3 种嘧啶核苷、3 种甘油磷脂、3 种羟基酸及其衍生物、2 种二嗪类物质、2 种吡啶及其衍生物、1 种鞘脂类、苯和苯基衍生物、芳基硫酸盐、黄嘌呤、7-羟基香豆素和苯丙酸/托品烷生物碱，以及 17 种其他物质。

在差异代谢物中，黑马乳中的 33 种代谢物高于白马乳，26 种代谢物低于白马乳。在黑马乳中，东莨菪素、吡哆醇、*N*-乙酰-D-氨基葡萄糖、胞苷、3-α-甘露糖二糖、α-N-乙酰-L-谷氨酰胺和甘油 3-磷酸是主要化合物。大多数代谢物都具有显著的生理功能。据报道，东莨菪素衍生物可以通过诱导线粒体去极化和凋亡来杀死癌细胞[71]。维生素 B_6（吡哆醇）是人体内一些辅酶的组成成分，并参与多种代谢反应，尤其是氨基酸代谢。维生素 B_6 在临床上有助于预防和治疗妊娠呕吐和放射病引起的呕吐。在儿童创伤性脑损伤的保守治疗中，加入维生素注射液可有效缓解创伤性脑损伤症状，缩短住院时间，提高临床疗效[72]。天然 *N*-乙酰-D-氨基葡萄糖（NAG 或 GlcNAC）是软骨的组成成分，可以保护软骨和韧带等软组织，增强骨骼润滑。*N*-乙酰-*β*-D-氨基葡萄糖苷酶可以增强机体免疫系统，抑制癌细胞的过度生长，起到抑制癌症和恶性肿瘤的作用。同时，*N*-乙酰-*β*-D-氨基葡萄糖苷酶能促进双歧杆菌的生长和繁殖，进一步调节肠道菌群[73]。

在白马乳中，FC（差异倍数，fold change）> 10 的最主要代谢物是 5,6,7,8-四氢-2-萘甲酸和 3-羟基己酸，其次是 1-肉豆蔻酰-*sn*-甘油-3-磷酸胆碱和维生素 B_6。尿苷、十二酸、癸酸和辛酸的 FC 均>5。以上所列的酸类物质为白马乳的风味和抑菌能力提供了物质基础。尿苷有助于增强大脑中的细胞交流，改善组织健康和维持认知功能。富含尿苷/胆碱的多营养饮食干预对轻度认知障碍患者的神经再生和神经保护具有潜在作用[74]。

基于 KEGG 数据库注释，在黑马乳和白马乳之间发现了 21 种不同的代谢途径；这些都与环境信息处理、新陈代谢和生物系统有关。在黑马乳中，脂肪酸生物合成、醚脂代谢以及角质、木栓质和蜡质生物合成代谢途径的发生率明显高于白马乳。在这些途径中，脂肪酸生物合成途径包括 5 种代谢物。其他丰富的途径包括与胆汁和其他化合物的分泌、维生素 B_6 代谢和甘油脂类代谢有关的途径。其余 15 种代谢途径在白马乳中更为普遍，尤其是涉及代谢和 ABC 转运蛋白的途径，分别包括 32 种和 9 种代谢物。白马乳中有 11 种主导途径，包括胰高血糖素信号途径、三羧酸循环（柠檬酸循环）、甘油脂类代谢、泛酸和辅酶 A 生物合成以及 10 种其他代谢途径。

三、酸马乳发酵前后差异代谢物比较

黑马酸马乳发酵前后发现的 74 种差异代谢物包括 43 种上调物质和 31 种下调物质。发酵后，白马酸马乳含有 42 种上调物质和 27 种下调物质，总共 69 种差异代谢物，差异代谢物的变化与黑马乳相似。值得注意的是，在黑马乳发酵后，D-丙酮酸、20-羟基-花生四烯酸（20-HETE）、4-氨基丁酸酯、尿嘧啶、乙酰乙酸盐、腺嘌呤、组胺、腺苷、D-脯氨酸、L-异亮氨酸和 *l*-抗坏血酸的水平上升。在白马乳中，腺嘌呤、组胺、D-脯氨酸、鞘氨醇和甲羟戊酸水平呈上升趋势。

p-丙酮酸盐可作为一种抗炎化合物，防止肝细胞和人类衰老 Hs68 细胞的氧化应激损伤。20-HETE 是一种有效的血管收缩剂，可激活血管内皮细胞，调节血管的收缩和舒张功能，还可促进血管内皮细胞的增殖，进而促进血管的新生，目前已被认为是高血压等心血管疾病治疗的靶点。4-氨基丁酸酯是 4-氨基丁酸（GABA）的一个衍生物，不仅可以促进大脑活动，还是人体的抑制性神经递质，具有降血压、降血脂、防癌等多种功能。但在生理条件下，GABA 并不容易穿透血脑屏障，因此口服无效。GABA 的衍生物——4-氨基丁酸酯容易进入大脑，可能具有有效的治疗效果。尿嘧啶被报道与多种肿瘤（消化道肿瘤、乳腺癌、卵巢癌、皮肤癌）防治有关。乙酰乙酸盐味甜，带有水果香气，广泛用于各种食

物和酒的风味改善[75]。

维生素 B_4（腺嘌呤）是核酸和辅酶的组成成分，参与体内DNA和RNA的合成。为了维持生物体的代谢功能，腺嘌呤有助于调节心率、缓解疲劳、增强免疫功能、防止自由基的形成和调节血糖平衡[76]。腺苷是人体细胞内的内源性核苷，可通过磷酸化直接进入心肌生成磷酸腺苷，参与心肌能量代谢。腺苷还参与冠状血管的扩张，从而增加血流量，并对心血管系统和身体的许多其他系统和组织产生生理影响。异亮氨酸是人体不能产生的必需氨基酸之一，只能通过饮食获得。异亮氨酸与亮氨酸和缬氨酸一起修复肌肉，控制血糖，并为身体组织提供能量，使其适用于低蛋白饮食的高水平体力活动人群[77]。D-脯氨酸虽为人体非必需氨基酸，但被用于氨基酸输注，应用于营养不良、蛋白质缺乏、严重胃肠疾病、烫伤、手术后的蛋白质补充。*l*-抗坏血酸（维生素C）是一种水溶性维生素，在小肠上部吸收[78]。维生素C的主要作用是增强免疫力，预防癌症、心脏病和脑卒中，保护牙齿和牙龈[79]。甲羟戊酸途径的中间产物甲羟戊酸是酵母菌细胞代谢过程中重要的有机酸，是合成高附加值次生代谢产物的前体化合物[80]。因此，马乳中这些生物活性成分的存在可能赋予酸马乳重要的生理功能。

在黑马酸马乳的发酵过程中，尿嘧啶、*N*,*N'*-二乙酰壳二糖、L-组氨酸、精氨酸-谷氨酸和α-D-半乳糖-1-磷酸水平下调。*N*,*N'*-二乙酰壳二糖、4-氨基丁酸和丙酮醛主要作为前体物质支持代谢活动，在白马乳中水平也下调。尿嘧啶已被证明是酸马乳发酵过程中的关键差异代谢物，并对多种肿瘤产生影响，如消化道肿瘤、乳腺癌、卵巢癌和皮肤癌肿瘤[81]。*N*,*N'*-二乙酰壳二糖可用于防止DNA氧化损伤，减少室内空气污染的毒性作用。L-组氨酸可用作营养强化剂，并且是氨基酸输注中的重要成分。组氨酸和维生素C的组合可用于治疗胃溃疡和十二指肠溃疡[82]。精氨酸-谷氨酸是一种二肽。廖顺等在奶豆腐中分离出风味肽Asp-Phe-Lys-Arg-Glu-Pro，具有鲜味[83]。此外，4-氨基丁酸是一种天然存在的非蛋白氨基酸，是哺乳动物中枢神经系统中一种重要的抑制性神经递质。GABA可降低血压，改善肾/肝功能，促进酒精代谢和减肥[84]。据报道，酸马乳中的3/5-氨基丁酸水平被上调，GABA的衍生物4-氨基丁酸酯水平在发酵后被显著上调，这可能是由GABA转氨作用或酯化反应产生的。鲜马乳含有上述功能性成分，经适当灭菌后可能具有一定的功能特性[85]。

基于KEGG数据库，在黑马酸马乳和白马酸马乳的发酵中分别涉及130个和112个代谢途径，并且基于它们的显著性分别鉴定了55个和39个重要的代谢途径。选择具有最高显著性的前20个代谢通路进行分析。黑马乳和白马乳在发酵过程中发现的关键代谢途径非常相似。最有影响的途径是微生物代谢通路，其次为ABC转运通路和丙氨酸、天冬氨酸和谷氨酸代谢。在黑马乳和白马乳中发现代谢途径分别涉及45种和40种代谢物，上调代谢物比下调代谢物多。在微生物代谢通路中，4-氨基丁酸、尿酸、丙酮醛、胆碱、*N*,*N'*-二乙酰壳二糖、柠檬酸和尿苷二磷酸葡萄糖（UDP-D-葡萄糖）在黑马乳和白马乳中均下调。11种物质被协同上调，包括2-异丙基苹果酸、柠康酸、维生素 B_6 和D-脯氨酸。ABC转运通路在黑马乳和白马乳分别涉及16种和12种代谢物。胆碱和*N*,*N'*-二乙酰壳二糖均下调，腺苷和L-丙氨酸均上调。

蛋白质消化吸收及丙酮酸代谢也是黑马乳和白马乳发酵过程中的重要途径。黑马乳的

8 种代谢产物参与蛋白质消化吸收通路（ko 04974），L-丙氨酸、L-亮氨酸和 L-异亮氨酸显著上调。白马乳中的 5 种代谢物参与丙酮酸代谢（ko 00620），其中丙酮醛转化导致 2-异丙基苹果酸、*l*-苹果酸和琥珀酸的生成。

黑马酸马乳、白马酸马乳之间确定了 80 种差异代谢物，二者分别存在 24 种、56 种特征代谢物。特别是，黑马酸马乳富含类脂分子、有机氧化合物和有机杂环化合物，尤其是甲羟戊酸、罗必醇、胞苷和 *S*-甲基-5′-硫代腺苷，FC 均>10。黑马酸马乳最显著的特征代谢物是 *D*-丙酮酸、20-HETE、4-氨基丁酸酯、东莨菪素、苏氨酸-亮氨酸和苯丙氨酸-IlE，其次是 L-异亮氨酸和 *l*-抗坏血酸。

第五节　酸马乳中的菌群组成与代谢物形成的关系

一、酸马乳优势微生物与差异代谢物的相关性

合成和分解代谢都发生在发酵过程中，特定的菌株参与不同物质的合成和分解。在白马酸马乳中，17 种代谢物的形成与乳杆菌属、醋杆菌属、德克酵母菌属、哈萨克斯坦菌属、耶氏菌属和子囊菌属有关，包括 *N*-乙酰-D-氨基葡萄糖、甘露庚糖醇、组胺和乳酸。13 种代谢物如硫醚酰胺-PC、环己胺、胆碱、尿苷、3,4-二羟基扁桃酸和甜菜碱的合成与罗氏菌属、明串珠菌属、乳球菌属、大球菌属等 18 个细菌属和 9 个真菌属（如毕赤酵母属、毛孢酵母属、红酵母属等）有关。值得注意的是，维生素 B_6 的形成只与乳酸杆菌有关。异根瘤菌属、新根瘤菌属、伴根瘤菌属、根瘤菌属在白马酸马乳中不是优势菌属，但与 10 种差异代谢产物呈正相关，包括硫醚酰胺-PC、环己胺和胆碱。虽然假丝酵母是白马酸马乳中含量最高的优势真菌，但其对差异代谢产物合成的影响不显著，在发酵过程中逐渐被其他真菌取代。

黑马酸马乳发酵前后差异代谢产物与微生物的相关性与白马酸马乳相似。乳杆菌属、醋酸杆菌属和德克酵母菌属负责 20 种差异代谢物的合成，包括腺嘌呤、D-脯氨酸、L-异亮氨酸、十二烷酸和短肽。另外 13 种代谢物（如柠檬酸盐、4-氨基丁酸、D-乳糖）的形成与 13 个细菌属（如乳球菌属、链球菌属、肠球菌属、肠杆菌属和明串珠菌属）和 10 个真菌属（如棒孢酵母属、红酵母属和丝孢酵母属）有关。麦角菌属不是白马酸马乳中的优势菌属，但与 5 种不同的代谢产物呈正相关。

二、酸马乳微生物代谢网络

黑马酸马乳的微生物代谢网络显示，15 个微生物属（5 种真菌属、10 种细菌属）与 37 种差异代谢物具有相关性，白马酸马乳中，18 个微生物属（8 种真菌属、10 种细菌属）与 32 种差异代谢物具有相关性。上面列出的微生物属与特定代谢物的形成或分解有关，表明所有这些菌属都对酸马乳的发酵过程有贡献；然而，它们的贡献的程度不同。

乳杆菌属分别与白马酸马乳和黑马酸马乳中 18 种和 21 种代谢物的形成有关，并且可以被认为是最重要的细菌属。乳杆菌属参与两种酸马乳中维生素 B_6、组胺、酪胺和琥珀酸

的合成。在之前的研究中，乳杆菌被证明对酸马乳的风味有显著贡献。乳杆菌与酸马乳中的关键酸性风味物质高度相关，如辛酸、正癸酸、乙酸、己酸、9-癸酸、十二酸、3-甲基-1-丁醇和1-辛醇。Tang等发现乳酸菌与鲜味有关[86]。艾学东认为，采用德氏乳杆菌和马克斯克鲁维酵母组合制成的发酵马乳可以替代传统酸马乳[85]。

德克菌属分别与白马酸马乳和黑马酸马乳中17种、20种代谢物的形成有关，被认为是最重要的真菌属。在这两组中，德克菌属负责组胺、酪胺、琥珀酸和丙氨酸的形成，并且与丙氨酸的合成显著相关。德克菌属在许多发酵食品中被检测到，如发酵乳Airag[87]、苹果酒和单品种葡萄酒。Tang等提出，德克菌属与酸味、涩味、苦味和回味有关[86]。

醋杆菌属分别与白马酸马乳和黑马酸马乳中的17种、20种代谢物的形成有关，也是酸马乳中一个重要的细菌属。醋酸菌属参与了两组样品组胺、酪胺和琥珀酸的合成。醋酸菌存在于许多具有酸味的发酵食品中，包括酸马乳、果蔬汁酵素饮料。Meng等推测，酸马乳中的醋酸菌与癸酸、乙酯和辛酸乙酯的形成有关，这些物质是酸马乳特有风味的来源[88]。在以前的研究中，木醋杆菌还显示出在连续曝气的情况下产生抗微生物物质，并负责抗酸胁迫。

红酵母属、丝孢酵母属和罗氏菌属也被认为是酸马乳中重要的真菌属，这与孙哲航的研究结果一致[89]。这些真菌属分别与白马乳和黑马乳中的13种、14种代谢物的合成呈正相关，并且都与两组中硫醚酰胺-PC和甲氧普烯的形成有关。此外，这两类酸马乳都有自己重要的真菌属。白马乳中的哈萨克斯坦酵母属在发酵过程中分别参与17种和13种代谢物的合成。黑马乳的麦角菌参与14种代谢物的合成。

链球菌属、明串珠菌属和大球菌属是酸马乳中代谢产物合成的重要细菌属，它们都参与了包括硫醚酰胺-PC和甲氧普烯在内的14种差异代谢产物的形成。链球菌在不同的发酵食品中起着不同的作用。Zhao等发现，链球菌对发酵罗非鱼香肠的理化和风味形成的影响很小。已在奶牛瘤胃中检测到大球菌，能显著降低瘤胃液中的乳酸浓度；增加乙酸、丙酸和丁酸的浓度；并在一定时间范围内降低乙酸与丙酸的物质的量的比[90]。

此外，肠球菌和罗氏菌属虽然被认定为许多食物中的有害细菌，但它们参与了两组中超过13种代谢物的合成，包括硫醚酰胺-PC和甲氧普烯。肠球菌通常存在于发酵食品中（如干酪和香肠），并在它们的典型味道和风味形成中起重要作用[91,92]。这表明肠球菌对发酵过程也有贡献，但浓度需要严格控制在安全范围内。

参考文献

[1] 宋继宏，王记成，其木格苏都，等．酸乳中风味物质的研究进展 [J]．食品研究与开发，2016，37 (2)：214-220.

[2] 张列兵，李锋格，赵天佐．马奶发酵过程中几种风味物质变化规律的研究 [J]．食品与发酵工业，1990 (6)：49-53.

[3] 杜晓敏，刘文俊，张和平．传统酸马奶发酵过程中挥发性风味物质动态变化研究 [J]．中国乳品工业，2017，45 (5)：4-9.

[4] 夏亚男，赵赟，王浩燃，等．SPME-GC/MS 结合 OAV 值分析马奶酒的关键香气成分 [J]．食品科技，2019，44 (4)：318-325.

[5] 乌日汗，包连胜，包秀萍，等．科尔沁地区食疗用酸马奶发酵过程中挥发性风味物质的动态变化研究 [J]．中国乳品工业，2019，47 (8)：10-16.

[6] 张春林，敖宗华，炊伟强，等．顶空固相微萃取-气质联用快速测定大曲中的挥发性风味成分 [J]．食品科学，2011，32 (10)：137-140.

[7] Clarke H J, Mannion D T, O' Sullivan M G, et al. Development of a headspace solid-phase microextraction gas chromatography mass spectrometry method for the quantification of volatiles associated with lipid oxidation in whole milk powder using response surface methodology [J]. Food Chemistry, 2019, 292: 75-80.

[8] 刘翔，邓冲，侯杰，等．酱油香气成分分析研究进展 [J]．中国酿造，2019，38 (6)：1-6.

[9] 张艳树，林振华，胡玉玲，等．化妆品分析样品前处理方法研究进展 [J]．分析测试学报，2016，35 (2)：127-136.

[10] 陈臣，牟德华，张哲琦，等．溶剂萃取与顶空固相微萃取检测欧李果酒中香气成分的研究 [J]．酿酒科技，2013 (12)：89-93.

[11] Torino M I, Taranto M P, Valdez G F D. Mixed-acid fermentation and polysaccharide production by *Lactobacillus helveticus* in milk cultures [J]. Biotechnology Letters, 2001, 23 (21): 1799-1802.

[12] 刘梅森，何唯平，赖敬财，等．奶粉脂肪酸与乳制品风味关系研究 [J]．中国乳品工业，2008 (2)：13-15.

[13] 刘文俊，张和平．发酵乳中的主要风味物质及其代谢合成途径和关键功能基因 [J]．中国科技论文，2016，11 (12)：1391-1397.

[14] 刘景．成品发酵乳风味与风味物质的研究 [D]．上海：上海交通大学，2010.

[15] Cheng, Hefa. Volatile flavor compounds in yogurt: A review [J]. Critical Reviews in Food Science & Nutrition, 2010, 50 (10): 938-950.

[16] 严超．红枣白兰地发酵过程中细菌群落结构及与风味物质的相关性研究 [D]．保定：河北农业大学，2018.

[17] 乔鑫，付雯，乔宇，等．豆酱挥发性风味物质的分析 [J]．食品科学，2011，32 (2)：222-226.

[18] Ott A, Germond J E, Baumgartner M, et al. Aroma comparisons of traditional and mild yogurts: headspace gas chromatography quantification of volatiles and origin of alpha-diketones [J]. Journal of Agricultural & Food Chemistry, 1999, 47 (6): 2379-2385.

[19] Plotto A, Margaría C A, Goodner K L, et al. Odour and flavour thresholds for key aroma components in an orange juice matrix: esters and miscellaneous compounds [J]. Flavour and Fragrance Journal,

2010, 23 (6): 398-406.

[20] 郭婷，张健，杨贞耐．基于不同发酵方法制作的曲拉中挥发性风味物质分析［J］．食品工业科技，2017，38（8）：209-213+238.

[21] 郭婷，余志坚，陈超，等．基于快速成熟模型的藏灵菇发酵切达干酪挥发性风味物质分析［J］．食品科学，2018，39（8）：90-96.

[22] Buffa M, Guamis B, Saldo J, et al. Changes in organic acids during ripening of cheeses made from raw, pasteurized or high-pressure-treated goats' milk [J]. LWT- Food Science and Technology, 2004, 37 (2): 247-253.

[23] 陈永福，王记成，云振宇，等．高效液相色谱法测定传统发酵乳中的有机酸组成［J］．中国乳品工业，2007（1）：54-58.

[24] Wurihan, Bao, Liansheng, et al. Bacterial community succession and metabolite changes during the fermentation of koumiss, a traditional Mongolian fermented beverage [J]. International Dairy Journal, 2019, 98: 1-8.

[25] 白莉圆．麸皮红枣乳酸发酵片加工工艺研究［D］．西安：陕西师范大学，2019.

[26] 郭琳仪，孙慧阳，马洁，等．新疆、内蒙古地区马乳及发酵酸马奶中氨基酸分析与营养评价［J］．乳业科学与技术，2019，42（2）：1-6.

[27] Liu W, Wang J, Zhang J, et al. Dynamic evaluation of the nutritional composition of homemade koumiss from Inner Mongolia during the fermentation process [J]. Journal of Food Processing and Preservation, 2019, 43 (8): 14022.

[28] Tseng Y H, Lee Y L, Li R C, et al. Non-volatile flavour components of Ganoderma tsugae [J]. Food Chemistry, 2005, 90 (3): 409-415.

[29] 耿瑞蝶，王金水．呈味氨基酸和肽对发酵食品中风味的作用［J］．中国调味品，2019，44（7）：176-178，183.

[30] 武俊瑞，顾采东，田甜，等．豆酱自然发酵过程中蛋白质和氨基酸的变化规律［J］．食品科学，2017，38（8）：139-144.

[31] 杨欣怡，宋军，赵艳，等．网箱海养卵形鲳鲹肌肉中呈味物质分析评价［J］．食品科学，2016，37（8）：131-135.

[32] Lioe H N, Apriyantono A, Takara K, et al. Umami taste enhancement of MSG/NaCl mixtures by subthreshold L-α-aromatic amino acids [J]. Journal of Food Science, 2006, 70 (7): S401-S405.

[33] D González de Llano, Rodriguez A, Cuesta P. Effect of lactic starter cultures on the organic acid composition of milk and cheese during ripening - analysis by HPLC [J]. Journal of Applied Microbiology, 2010, 80 (5): 276-570.

[34] 丹彤，张和平．发酵乳中风味物质的研究进展［J］．中国食品学报，2018，18（11）：293-298.

[35] 申永波．发酵乳味觉特征调控技术研究［D］．上海：上海应用技术大学，2017.

[36] Adhikari K, I U GRüN, Mustapha A, et al. Changes in the profile of organic acids in plain set and stirred yogurts during manufacture and refrigerated storage [J]. Journal of Food Quality, 2002, 25 (5): 435-451.

[37] Ren S, Chen A, Tian Y, et al. *Lactobacillus paracasei* from koumiss ameliorates diarrhea in mice via tight junctions modulation [J]. Nutrition, 2022, 98: 111584.

[38] 陈倩，李永杰，扈莹莹，等．传统发酵食品中微生物多样性与风味形成之间关系及机制的研究进展［J］．食品工业科技，2021，42（9）：412-419.

[39] 刘芸雅．绍兴黄酒发酵中微生物群落结构及其对风味物质影响研究［D］．无锡：江南大学，2015.
[40] 代晨曦．葡萄酒苹果酸-乳酸发酵过程中乳酸菌与风味物质的相关性研究［D］．石河子：石河子大学，2019.
[41] 韩宏娇，丛敏，李欣蔚，等．自然发酵酸菜化学成分含量和微生物数量的动态变化及其相关性分析［J］．食品工业科技，2019，40（2）：148-153.
[42] Zhao A Y, Wang A Y, Li B C, et al. Novel insight into physicochemical and flavor formation in naturally fermented tilapia sausage based on microbial metabolic network［J］. Food Research International, 2021, 141: 110-122.
[43] Mcauliffe O, Kilcawley K, Stefanovic E. Symposium review: Genomic investigations of flavor formation by dairy microbiota［J］. Journal of Dairy Science, 2019, 102（1）: 909-922.
[44] 张文叶，吴庆伟，吴刚，等．氨基酸种类与添加量对山楂酒中主要高级醇生成量的影响［J］．轻工学报，2017，32（3）：1-7.
[45] 郑晓吉．新疆哈萨克族奶酪微生物菌群结构及特征风味解析［D］．无锡：江南大学，2018.
[46] 苏永慧，丁燕，官磊．了解酵母基因组有利于生产更优质的葡萄酒［J］．中外葡萄与葡萄酒，2012（5）：77.
[47] Gray S R, Rawsthorne H, Dirks B, et al. Detection and enumeration of Dekkera anomala in beer, cola, and cider using real-time PCR［J］. Letters in Applied Microbiology, 2015, 52（4）: 352-359.
[48] 姜蕾．焉耆葡萄产区非酿酒酵母菌的筛选及呈香效应研究［D］．石河子：石河子大学，2019.
[49] 赵雅敏．红酵母降解中国黄酒中氨基甲酸乙酯的研究［D］．无锡：江南大学，2012.
[50] 方冠宇．浙江玫瑰醋搅拌工艺及发酵过程中微生物与风味物质相关性研究［D］．杭州：浙江工商大学，2019.
[51] 翟明昌．混菌发酵中克鲁维酵母衰亡原因及其对酒风味的影响［D］．大连：大连工业大学，2011.
[52] 张积荣，姚新奎，谭晓海，等．酸马奶中酵母菌的分离提纯及鉴定［J］．新疆农业科学，2007（2）：206-211.
[53] 钟浩．开菲尔（Kefir）粒中菌种的分离鉴定及优良菌株的复合发酵乳研究［D］．镇江：江苏大学，2016.
[54] 臧金红．酸鱼发酵过程中特征风味形成与微生物的关系研究［D］．无锡：江南大学，2020.
[55] 张晓蒙，李德美，金玮鋆，等．西藏青稞酒酿造小曲微生物多样性分析［J］．中国酿造，2018，37（9）：28-33.
[56] 王玉霞．阿氏丝孢酵母（*Trichosporon asahii*）β-葡萄糖苷酶及葡萄糖苷类风味物质水解机制的研究［D］．无锡：江南大学，2012.
[57] 解春芝．基于氨基酸代谢的腐乳酱风味促熟及机理研究［D］．贵阳：贵州大学，2019.
[58] Nicholson J K, Lindon J C, Holmes E. 'Metabonomics': understanding the metabolic responses of living systems to pathophysiological stimuli via multivariate statistical analysis of biological NMR spectroscopic data［J］. Xenobiotica, 1999, 29（11）: 1181-1189.
[59] 戴媛．大豆多肽 TTYY 的抗氧化功能及其代谢组学研究［D］．长春：吉林大学，2017.
[60] 王珂佳，邱树毅．微生物代谢组学及其在白酒酿造中的应用研究进展［J］．中国酿造，2019，38（9）：1-6.
[61] 任向楠，梁琼．麟基于质谱分析的代谢组学研究进展［J］．分析测试学报，2017，36（2）：161-

169.
[62] 禹晓婷．黑糯米酒工艺优化及发酵过程代谢组学研究［D］．贵阳：贵州大学，2019.
[63] Nicholson J K, Connelly J, Lindon J C, et al. Metabonomics: a platform for studying drug toxicity and gene function［J］. Nature reviews drug discovery, 2002, 1 (2): 153.
[64] 王龑，许文涛，赵维薇，等．组学技术及其在食品科学中应用的研究进展［J］．生物技术通报，2011，13（11）：26-32.
[65] Wishart D S. Metabolomics: applications to food science and nutrition research［J］. Trends in food science & technology, 2008, 19 (9): 482-493.
[66] 芒来，杨永平，萨仁苏和，等．阿巴嘎黑马-激情草原上奔腾的良驹［J］．内蒙古科技与经济，2011（19）：5-7+15.
[67] 鲍红梅．阿巴嘎黑马种质资源调查研究及马乳成分分析［D］．呼和浩特：内蒙古农业大学，2017.
[68] 旭仁其木格．乌珠穆沁白马的遗传资源调查及生产性能的研究［D］．呼和浩特：内蒙古农业大学，2018.
[69] 敖敏．乌珠穆沁白马不同年龄段非遗传因素研究及保种调查［D］．呼和浩特：内蒙古农业大学，2019.
[70] 姜艳丰．内蒙古西乌珠穆沁旗伏沙地植被和土壤特征研究［D］．呼和浩特：内蒙古大学，2008.
[71] Shi Z, Chen L, Sun J. Novel scopoletin derivatives kill cancer cells by inducing mitochondrial depolarization and apoptosis［J］. Anticancer Agents in Medical Chemistry, 2021, 21 (14) 1774-1782..
[72] 彭四维，刘颖，何睿瑜，等．维生素 B_6 注射液在治疗儿童脑外伤中的临床效果［J］．中国处方药，2020，18（12）：5-6.
[73] 王春茹，郭晓风，单胜艳．天然型 *N*-乙酰-D-氨基葡萄糖的生理功效及市场前景［J］．食品研究与开发，2014，35（2）：131-134.
[74] Saydoff J A, Olariu A, Sheng J, et al. Uridine prodrug improves memory in Tg2576 and TAPP mice and reduces pathological factors associated with Alzheimer's disease in related models［J］. Journal of Alzheimer's Disease, 2013, 36 (4): 637-657.
[75] Xia Y, Yu J, Miao W, et al. A UPLC-Q-TOF-MS-based metabolomics approach for the evaluation of fermented mare's milk to koumiss［J］. Food Chemistry, 2020, 320: 126619.
[76] Baumel, B S, Doraiswamy P M, Sabbagh M, et al. Potential neuroregenerative and neuroprotective effects of Uridine/Choline-enriched mu-ltinutrient dietary intervention for mild cognitive impairment: a narrative revi-ew［J］. Neurology and Therapy, 2020, 10 (1): 43-60.
[77] Zhao Y, Yan M, Jiang Q, et al. Isoleucine improved growth performance, and intestinal immunological and physical barrier function of hybrid catfish Pelteobagrus vachelli×Leiocassis longirostris［J］. Fish & Shellfish Immunology, 2021, 109: 20-33.
[78] Shao Y, Wen Q, Zhang S, et al. Dietary supplemental vitamin D_3 enhances phosphorus absorption and utilisation by regulating gene expression of related phosphate transporters in the small intestine of broilers［J］. The British journal of nutrition, 2019, 121 (1): 9-21.
[79] 焦守礼．*l*-抗坏血酸对小鼠卵母细胞和胚胎发育的作用及其机制研究［D］．武汉：华中农业大学，2016.

[80] 王璇，欧科，冯光文，等．重组酵母菌 N6076 的差异表达基因功能及甲羟戊酸代谢分析 [J]. 食品与发酵工业，2020，46 (17)：22-26.

[81] Salgaonkar N A, Thakare P M, Junnarkar M V, et al. Use of *N*, *N'*-diacetylchitobiose in decreasing toxic effects of indoor air pollution by preventing oxidative DNA damage [J]. Biologia, 2016, 71 (5): 508-515.

[82] Borghi B. Treatment of gastric and duodenal ulcers with histidine and vitamin C combination [J]. Omnia medica Supplemento, 1995, 6 (4): 377-90.

[83] 廖顺，胡雪潇，金二庆，等．白腐乳中呈味肽的分离与鉴定 [J]. 食品科学，2017，38 (9)：113-118.

[84] 张敏．γ-氨基丁酸乳酸菌诱变选育及其发酵条件优化 [D]. 芜湖：安徽工程大学，2020.

[85] 艾学东．γ-氨基丁酸的生理活性及其在饮料中的应用现状 [J]. 饮料工业，2017，20 (5)：67-69.

[86] Tang H, Ma H M, Hou Q C, et al. Profiling of koumiss microbiota and organic acids and their effects on koumiss taste [J]. BMC Microbiology, 2020, 20 (1): 507-511.

[87] Renchinkhand G, Cho S H, Park Y W, et al. Biotransformation of major ginsenoside Rb1 to Rd by Dekkera anomala YAE-1 from Mongolian fermented milk "Airag" [J]. Journal of Microbiology and Biotechnology, 2020, 30 (10): 1536-1542.

[88] Meng Y C, Chen X L, Sun Z H, et al. Exploring core microbiota responsible for the production of volatile flavor compounds during the traditional fermentation of Koumiss [J]. LWT-Food Science and Technology, 2021, 135: 110049.

[89] 孙哲航．酸马奶源优势菌群与特征风味的探讨及代谢组学研究 [D]. 杭州：浙江工商大学，2019.

[90] Zhao Y, Yan M, Jiang Q, et al. Isoleucine improved growth performance, and intestinal immunological and physical barrier function of hybrid catfish *Pelteobagrus vachelli*×*Leiocassis longirostris* [J]. Fish & Shellfish Immunology, 2021, 109: 20-33.

[91] Moreno M R F, Sarantinopoulos P, Tsakalidou E, et al. The role and application of enterococci in food and health [J]. International Journal of Food Microbiology, 2006, 106 (1): 1-24.

[92] 刘珊春，赵欣，李键，等．高抗氧化乳酸菌的筛选鉴定 [J]. 食品与发酵工业，2017，43 (8)：59-66.

第七章

酸马乳生产的现代化

传统酸马乳的制作大多是以家庭作坊的形式，利用发酵引子、制作器具和生境（微生物种群栖息所需要的特异性生态环境）中的微生物（主要包括乳酸菌和酵母菌）在开放的环境中经自然发酵，使鲜马乳酸化、成熟而制得。受不同地区和家庭之间发酵引子、自然环境及制作工艺等因素的影响，制作的酸马乳风味和质地状态均有差异，产品质量参差不齐。酸马乳的制作和饮用具有地区性，内蒙古地区牧民喜欢喝酸度较高且含有一定酒精的酸马乳，长时间的发酵不仅赋予酸马乳特有的酸味，还有一种特殊的醇香，令人感到愉悦。但是，随着经济的发展和城镇化进程的加快，即使是原先生活在牧区的牧民，对乳制品的制作也正逐渐减少对传统工艺的依赖。近年来，随着对酸马乳在人体营养健康方面的研究不断深入，酸马乳正受到国内外不同人群的青睐，越来越多的普通民众也希望通过喝酸马乳提高体质，但是酸马乳的高酸度和自然发酵形成的特殊风味难以被大众普遍接受。同时，由于人们对食品安全的担忧和对食品营养健康的重视，手工作坊式传统工艺制作的发酵食品必须进行工业化、标准化和规模化生产，并符合国家相关标准和规范的要求，才会有更广阔的市场空间和发展潜力[1]。

第一节　酸马乳传统生产工艺

过去，在我国内蒙古和新疆以及中亚各国和俄罗斯，酸马乳的制作几乎都是沿用传统工艺，以家庭作坊式制作为主。也就是鲜马乳挤出后经过多层纱布等过滤直接添加到正在发酵中的酸马乳中，用专用搅拌用具连续搅打混合，并间隔一定时间再次添加新挤出的鲜马乳，每日至少添加5~6次鲜马乳，间隔一定时间搅拌，发酵至飘出浓郁的酸化风味时即可直接饮用或倒入另一容器中供饮用。

一、酸马乳发酵引子

酸马乳的发酵引子蒙语称为“horongo”。乌扎木苏在《酸马乳疗法》中记录了典型引子的制作方法：将250g蒙古炒米放入布袋中，在热水中浸泡2~3min使其软化。然后将其浸泡在3~4L的鲜马乳中，15~25℃培养3~7d以便微生物生长繁殖。发酵引子在干燥后避光保藏或-20℃下冷冻储存。牧民日常生活中的炒米、小米和葡萄干等食材都可以用于制作发酵引子，有时开花植物的叶子也用于制作发酵引子。发酵引子的组成、品质和活力与酸马乳品质的好坏、风味特点等有密切关系，是延续酸马乳质量的关键。

二、酸马乳传统生产工艺流程

酸马乳传统方法制作通常是每年7—9月期间进行。其发酵容器随地域有一定差异，生活方式传统的地区通常采用皮囊，例如新疆伊犁州的一些地区用一种大布制成的囊袋来发酵，也有一些地区采用瓦缸、塑料桶或木桶发酵。生活方式城镇化的地区，通常采用不锈钢桶或瓦缸等来发酵。

酸马乳的传统方法发酵中，发酵引子是关键，也就是现代发酵工业中所谓的发酵剂。其实，鲜马乳刚刚挤出时其中就含有一定数量的乳酸菌和酵母菌，以及其他类型的细菌。

鲜马乳中的微生物大体有两个来源：一是内源性来源，即以马体乳腺细菌为主的微生物；二是外源性来源，即挤乳环境中空气、尘埃颗粒、清洗用水以及盛奶桶、挤乳器及其管道、操作人员身体及操作过程中的污染等。鲜马乳中总细菌数随挤乳方式和容器的清洁程度、环境的因素而差异较大，通常在每毫升几千至上百万不等。在酸马乳的自然发酵过程中，其微生物群随环境温度变化而竞争发育生长，伴有乳 pH 和酸度的变化，最终在微生物种类和数量上发生显著变化，初期的一些革兰阴性细菌、如大肠菌群类细菌和不属于乳酸菌类的细菌种类和数量急剧减少，甚至达到无法检出的水平。而乳酸菌和酵母菌占据优势地位，形成一个以乳酸为主要产物的发酵过程，并伴随着酵母菌的发酵而生成一些醇类物质。因此，自然发酵的传统酸马乳中的微生物类群随地区和制作环境不同有很大区别，使其中的乳酸菌和酵母菌具有丰富的多样性。

对于发酵引子，不同地区有不同的说法。开始制作酸马乳时，为了使其快速进入正常发酵状态，会采取一些措施加快发酵的进程，例如从邻里请酸马乳引子，也就是通过一种仪式去已经成功发酵酸马乳的人家请回酸马乳，倒入鲜马乳中加速发酵。还有将五谷杂粮混合后装入布袋蒸煮后放入发酵的鲜马乳。其实，这些手段都是为了促进乳酸菌和酵母菌的自然选择进入发酵的优势地位。酸马乳的传统生产工艺流程如图 7–1 所示。

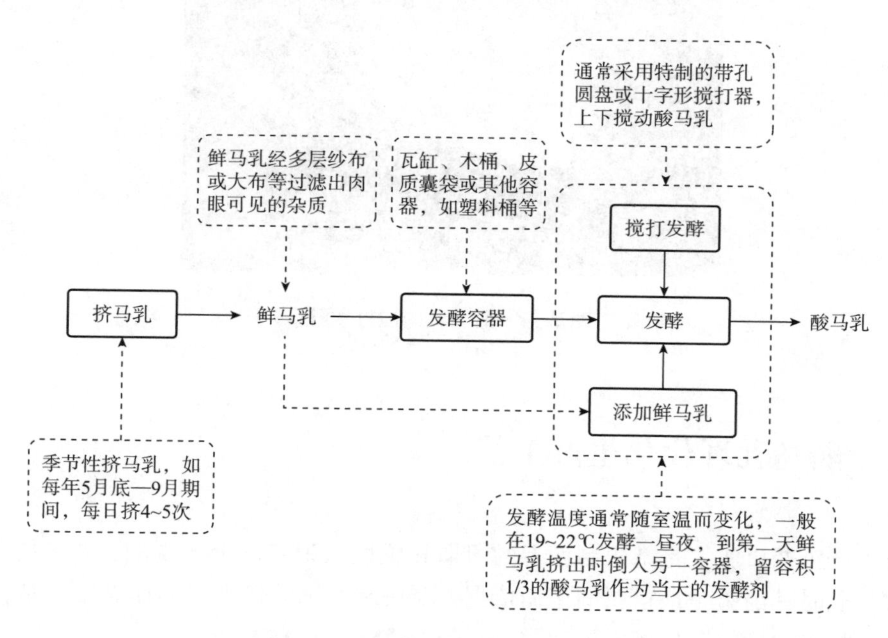

图 7–1 酸马乳的传统生产工艺流程

三、酸马乳的搅打发酵

酸马乳的传统制作只能在马的产乳期（夏季的 7—9 月）内进行，需要皮囊、陶瓷缸和木棒等工具。皮囊的用途因其容量的大小而有区别，例如发酵酸马乳、准备发酵引子和运输酸马乳等。牧民将陶瓷缸底部埋入土中，保持缸内发酵温度恒定（一般为 20℃左右）。通常需要 2 个缸，1 个缸用来发酵，另 1 个缸用来存放已发酵好的酸马乳。将过滤好的鲜马乳倒入干净的陶瓷缸中，再加入准备好的“引子”进行混匀。每天用木棒上下搅拌，混匀马乳促使其发酵，保证酸马乳的风味（图 7-2）。每次在发酵缸中要留下少量酸马乳当作下一次发酵的“引子”。待本年度的制作结束后，将少量的酸马乳留作来年的发酵引子[2,3]。

图 7-2 酸马乳的搅打发酵

第二节 酸马乳现代化生产工艺

传统生产工艺事实上是基于制作者的习惯和感性认识基础上实现的，大多数家庭或作坊制作酸马乳时其经验是最重要的遵循依据，因缺乏系统的培训，制作者很少从微生物发酵的理论与技术角度思考生产中的问题。

传统工艺的改进首先要清楚鲜马乳的化学组成及其理化性质。其实马乳与其他家畜鲜乳同属一类，是人类可利用的营养物质来源之一。在人类对牛乳的性质及其加工特性已充分了解的基础上，对马乳的分析和掌握变得很简单。此外还有参与发酵的微生物类群及其来源的分析，哪些微生物在酸马乳特征风味形成中起到关键作用，而且能够纯化分离培养这些占据优势地位的主要贡献菌株。

根据酸马乳生产实践并结合发酵乳生产工艺技术形成了酸马乳现代化生产工艺流程，如图 7-3 所示。

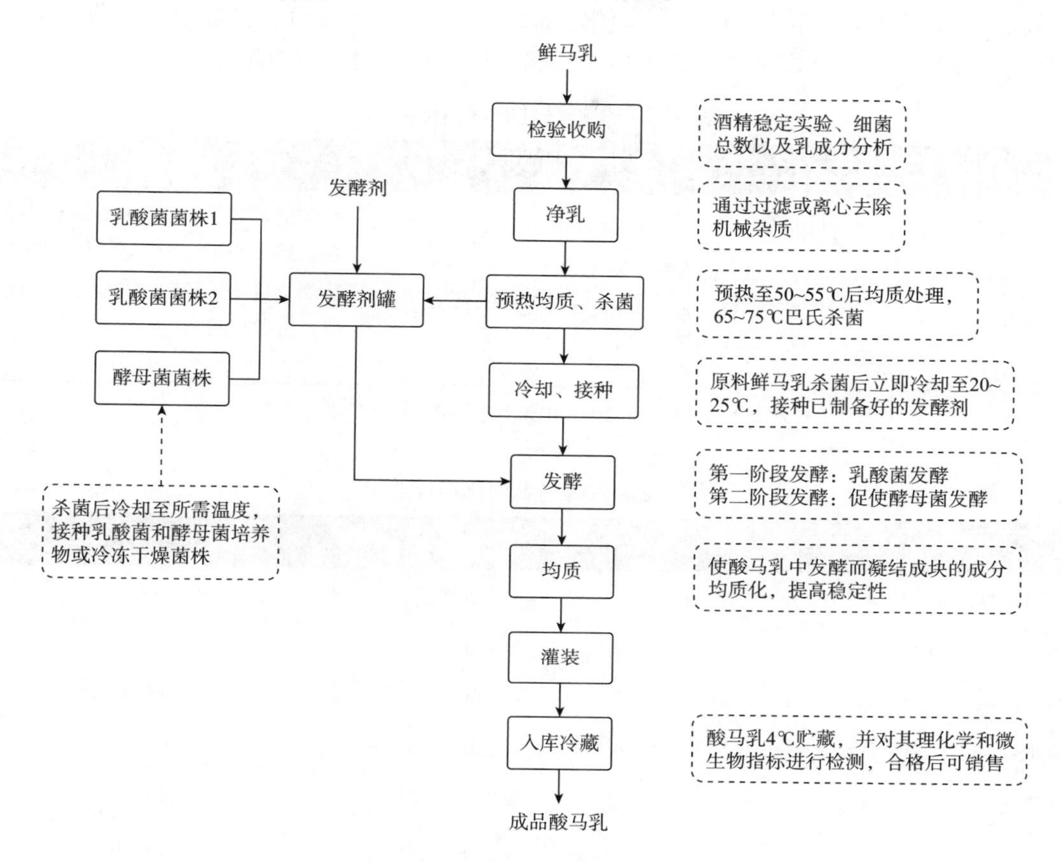

图 7-3　酸马乳现代化生产工艺流程图

第三节　酸马乳现代化加工技术

一、鲜马乳的收购与贮藏

鲜马乳主要指作为酸马乳生产原料乳的生鲜马乳。酸马乳等马乳制品生产所需的生鲜原料乳应符合内蒙古自治区食品安全地方标准 DBS15/110—2019《食品安全地方标准　生马乳》中所规定的卫生质量指标。生鲜马乳挤出后应在短时间内冷却至 10℃以下，以 4℃为佳，以此抑制乳中微生物的大量繁殖和生鲜马乳的酸化变质。同时，避免冷热生鲜马乳相混合，以防冷却好的生鲜马乳升温变质。在运送至工厂途中也应采用冷藏设备以确保温度不变。

生鲜马乳的感官指标和理化指标的要求如表 7-1 和表 7-2 所示。与此同时也要求生鲜马乳中微生物限量指标，即细菌菌落总数应$\leqslant 1\times10^6$CFU/mL。此外，污染物限量、真菌毒素农药兽药残留限量指标都要求符合相关国标乳及乳制品的限量规定。

马乳加工厂按照地方标准规定的指标要求检验收购生鲜马乳作为酸马乳等产品的加工

原料乳。在收购生鲜马乳时，还可利用测定 pH 和酒精实验等来确认其新鲜度。收购的生鲜马乳应及时转移至冷藏罐，冷却至 4℃贮藏至加工，贮藏时间越短越好。

表 7-1 生鲜马乳感官指标要求

项目	要求	检验方法
色泽	呈乳白色	取适量试样置于 50mL 烧杯中，在自然光线下观察其色泽和组织状态，闻其气味，用温开水漱口，品尝其滋味
滋味、气味	具有马乳固有的香味，无异味	
组织状态	呈均匀一致液体，无凝块、无沉淀、无正常视力可见的杂质或异物	

资料来源：内蒙古自治区地方标准 DBS15/110—2019《食品安全地方标准　生马乳》。

表 7-2 生鲜马乳理化指标要求

项目	指标	检验方法
相对密度/（20℃/4℃）	≥1. 030	GB 5009. 2
蛋白质/（g/100g）	≥1. 6	GB 5009. 5
脂肪/（g/100g）	≥0. 66	GB 5009. 6
乳糖/（g/100g）	≥6. 0	GB 5413. 5
非脂乳固体/（g/100g）	≥7. 8	GB 5413. 39
杂质度/（mg/kg）	≤1. 0	GB 5413. 30
酸度/（°T）	≤18	GB 5009. 239

资料来源：内蒙古自治区地方标准 DBS15/110—2019《食品安全地方标准　生马乳》。

二、净乳、预热均质与杀菌

净乳是乳制品加工中不可缺少的关键操作工序，是利用高速旋转离心去除乳中肉眼不可见颗粒性机械杂质的措施。通常鲜马乳的多层纱布过滤只能清理一些肉眼可见的毛发或颗粒性异物，有些细小的杂质不易去除。净乳能离心除掉部分体细胞或细菌、酵母菌等[4]。

均质是使悬浮液或乳化液体系中的分散物微粒化、均匀化的处理过程。在牛乳制品的加工过程中通常通过均质破碎牛乳中的脂肪球，使其更细小均匀地分布于乳中，能够改善乳制品的质地和风味并防止脂肪上浮等。均质是物料在被挤压、强力冲击与失压膨胀等作用下实现的，需要在一定的温度和压力条件下进行。马乳在脂肪含量和组成上与牛乳等其他畜乳不同，即含脂率低而饱和脂肪酸含量也较低，因此鲜马乳或酸马乳静置一段时间不易出现脂肪上浮或脂肪凝块现象。因此，加工企业根据生产产品的需要，可选择是否在杀菌前对原料生鲜马乳进行均质处理。如果是酸马乳发酵也可以杀菌前不均质，直接杀菌后发酵再均质[5]。

杀菌是对原料生鲜马乳进行升温热处理，杀灭大多数具有食品安全隐患的大肠菌群、金黄色葡萄球菌、沙门菌、蜡样芽孢杆菌等食源性病原菌，从而提高发酵原料乳的品质，更好地掌控后续酸马乳的发酵过程，减少异常发酵，是获得优质酸马乳的前提和保障。马乳中乳糖含量较高，乳糖在受热过程中易与乳中氨基酸发生反应并生成羰基化合物，致使乳液色泽发黄或褐变。因此，生鲜马乳的杀菌通常采用低温长时间的巴氏杀菌，即根据设备情况采用65~85℃温度进行，例如65℃时可处理15~30min，随着温度提高可缩短处理时间，如85℃处理5min等。热处理杀菌后最好及时冷却至发酵温度且降至4℃贮藏[6]。冷却需要短时间内完成，有条件的加工厂可利用板式热交换器实现冷却。

三、接种与发酵

接种是指将已制备好的发酵引子或纯种乳酸菌、酵母菌培养物或直投式冷冻干燥发酵剂接入已杀菌鲜马乳中的过程。目前，许多地方酸马乳生产企业或作坊使用传统工艺手段发酵制备的发酵引子作为发酵剂。受各种因素及技术条件影响，纯种乳酸菌培养物发酵剂或直投式发酵剂还没有被应用。自制发酵引子就像是一个活物处于不断变化中，处理不当就会出现异样，影响酸马乳的风味及质地。这种发酵剂的接种量通常较大，即达到原料乳的5%~10%。

发酵是保持一定的温度促使乳酸菌和酵母菌生长代谢，致使马乳中糖类等组成发生改变，随时间监控其pH和酸度变化，达到产品要求时通过冷却停止发酵的过程。发酵的关键因素是温度和发酵过程中的搅拌。发酵温度通常在20~25℃，传统发酵引子发酵时，温度较低，有利于乳酸菌和酵母菌平衡发展，所制得的酸马乳风味比较纯正。温度>25℃时，易促使酵母菌过度生长而风味发生改变。在发酵中间隔一定时间搅拌能够防止蛋白质酸化凝结成块，同时促使发酵均衡发展。

酸马乳产品质量的监控按照内蒙古自治区食品安全地方标准DBS15/013—2019《食品安全地方标准　蒙古族传统乳制品　策格（酸马奶）》中规定的要求进行，如表7-3和表7-4所示。

表7-3　酸马乳感官指标要求

项目	要求	检验方法
色泽	呈乳白色或淡青色	取适量试样置于50mL烧杯中，在自然光线下观察其色泽和组织状态，闻其气味，用温开水漱口，品尝其滋味
滋味、气味	具有酸马乳固有的香味，微酸，无异味	
组织状态	呈液体，允许有絮状或颗粒状沉淀，无正常视力可见的外来异物	

资料来源：摘自内蒙古自治区地方标准DBS15/013—2019《食品安全地方标准　蒙古族传统乳制品　策格（酸马奶）》。

表7-4　酸马乳理化指标要求

项目	指标	检验方法
蛋白质/（g/100g）	≥1.6	GB 5009.5
脂肪/（g/100g）	≥0.6	GB 5009.6

续表

项目	指标	检验方法
酸度/°T	≥85	GB 5009. 239
酒精度/%（体积分数）	0. 5~2. 5	GB 5009. 225

资料来源：摘自内蒙古自治区地方标准 DBS15/013—2019《食品安全地方标准　蒙古族传统乳制品　策格（酸马奶）》。

DBS 15/013—2019 中，除了污染物和真菌毒素限量按照相关乳及乳制品标准规定执行之外，对金黄色葡萄球菌、沙门菌和霉菌也制定了限量范围，对其特征微生物乳酸菌和酵母菌数量也有规定，即乳酸菌数≥1×10^6CFU/mL 和酵母菌数≥1×10^4CFU/mL。

在 2022 年颁布的内蒙古自治区地方标准 DB15/T1990—2020《蒙古族传统奶制品　策格（酸马奶）生产工艺规范》中也规定了酸马乳生产的基本要求、工艺管理及包装贮藏运输等，以此来保障酸马乳产品的品质及安全性。

四、二次均质与冷却

在酸马乳的生产过程中，因发酵酸化而蛋白质易凝结成块出现乳清分离分层等现象，因此需不断搅拌破碎凝块防止沉淀，使乳液呈均匀液态。一些传统作坊生产的酸马乳因其搅拌力度不均或欠缺而在存放过程中易分层，因此有些工厂增加了二次均质，该工序能够明显改善凝块沉淀问题，保证其组织状态的均匀性。二次均质不需要加热等预处理，均质压力也不需要过大，常规均质压力即可。也可不经过均质而通过长时间的连续边搅拌边冷却的方法，使其达到均匀质地。

酸马乳的各项指标达到产品标识标准后，冷却至 10℃以下或至 4℃即可灌装。

五、灌装及产品管理

冷却后的酸马乳即可进入无菌车间进行灌装，将清洁消毒后的包装容器送入灌装设备中，准备装载发酵好的乳制品。根据产品的特性和包装容器的规格，调整灌装设备的参数，包括灌装速度、灌装量等，以确保稳定高效地完成灌装过程。将发酵好的乳制品注入包装容器中。在此过程中需要确保灌装过程平稳进行，避免产生气泡和溢出。灌装完成后，对包装容器进行密封，确保产品不受外界污染和氧化。根据需要可以进行包装，如贴标签、包装外箱等。对灌装好的产品进行质量检查，包括外观、包装完整性、标签标识等方面，确保产品符合质量标准和法规要求。将质量合格的产品存储在适当的环境中，通常是冷藏或冷冻状态，以延长其保质期。随后进行配送，确保产品及时送达销售点或消费者手中。对灌装过程中的关键参数和质量检查结果进行记录，建立产品追溯体系，以便在需要时进行溯源和追踪。

六、设备清洗及消毒

在酸马乳生产过程中，原料及产品不可避免地会残留在设备表面及管壁上。由于它们是微生物营养物质，如果不及时清洗，必然导致微生物的大量繁殖，造成严重污染。如果用被污染的设备和管道进行生产，势必给产品的质量带来严重后果，所以，清洗是酸马乳生产过程中不可缺少的程序。

酸马乳生产结束后，应对料管线、发酵罐和灌装机等进行全面清洗，一般多采用原位清洗（CIP）系统，其中清洗流程主要分为小循环、大循环两种。

（1）小循环清洗流程　主要是：水→碱→热水。

（2）大循环清洗流程　主要是：水→碱→水→酸→热水。

清洗过程应严格按照程序，再使用纯化水精洗，使其尽快干燥，避免微生物滋生。

清洗消毒结束后采用微生物涂抹对清洗消毒效果进行检测。

第四节　酸马乳品质管理

内蒙古自治区作为国内酸马乳和马奶酒的主要产区，市场上的产品品牌和种类五花八门。通过多次市场调查研究发现，内蒙古地区目前的酸马乳和马奶酒市场比较混乱。主要问题集中在产品过度包装、产品标识不清和原料造假等方面。产品过度包装主要体现在过度使用民族元素和造型对产品进行外包装，而与产品直接接触的包装材料却五花八门，安全性存在一定隐患。产品标识不清主要表现为产品外包装名称、标识与产品配料表不统一，以牛乳酒或乳清酒冒充马奶酒的现象很普遍。原料造假表现为企业使用普通甚至低劣白酒和香精勾兑调制后冒充马奶酒，在针对马奶酒企业的专项检查中，发现有些企业只有白酒生产许可证，并不具备奶酒的生产资质，却利用色素、香精等勾兑造假，严重影响了行业健康发展。

一、发酵剂的质量控制

酸马乳的发酵主要靠的是引子发酵剂中的微生物，所以引子发酵剂质量的好坏是影响发酵的主要因素。酸马乳风味受到多种因素的影响，包括原料乳的质量以及生产过程中微生物种群的活动，其主要风味物质是引子发酵剂中菌种代谢产生的酶类以及乳中糖、脂肪和蛋白质分解后产生的风味物质。因此有必要对引子发酵剂的质量进行控制。其次接种量也是一个关键指标。接种量要适中，接种量不够，会造成发酵不够；接种量太多，会使引子发酵剂中的微生物大量繁殖，产生更多的代谢产物，也会对酸马乳的品质造成影响。发酵剂的制作品质与酸马乳产品品质关系密切，但发酵剂的菌种活力稳定性较差，很难控制，因此对于没有制作发酵剂设备的厂家或还未建立微生物实验的厂家而言，这是一个关键控制环节；这类厂家可以通过直接购买一次性菌种的方法解决发酵剂的问题，而对于需要自己制作发酵剂的厂家来说，应从以下几方面进行控制，确保发酵剂产品满足制作工艺的需求。

首先，酸马乳厂应成立专业的制作团队，派专业人员负责发酵剂的制作工作；同时还应对菌种的保存、监控环节进行严格管理，定时检测菌种的活力，对菌种的形态变化及变异情况进行实时监控，以便做出适当调整。其次，做好车间的卫生工作。发酵剂在制作过程中应处于清洁环境中，因此生产车间、配料间等工作区域的卫生工作要派专人负责。工作间应每天进行一次彻底的消毒清洁，不仅要对生产外部环境进行杀菌消毒，还要对生产设备进行彻底的消毒处理；选取消毒剂时尽量避免长时间使用同一种消毒剂，适当提高更换频率，可有效防止杂菌的滋生。

二、酸马乳生产过程中的品质控制

酸马乳生产过程中，原料乳是整个生产中的基础部分。鲜马乳品质直接影响酸马乳的风味和最终品质。所以企业要严格规范原料的验收流程，确保入厂验收准确，不符合原料标准的要进行妥善处理，避免对其他原料乳造成污染。收乳标准是酸度≤10°T、pH≤6.5，其余指标均要符合 DBS15/011—2019《食品安全　地方标准　生马乳》。

巴氏杀菌可杀灭其中的致病性细菌和绝大多数非致病性细菌，但是如果时间或者温度不够，会造成微生物没有被杀灭，对后续酸马乳的发酵造成污染，而超高温或超长的巴氏灭菌可能会对产品质量产生负面影响。巴氏杀菌关键限值为：温度 70~75℃、时间 1h。

冷却接种是酸马乳发酵过程中最重要的一步，如果没有达到冷却温度就加入酸马乳引子发酵剂，会因为温度过高，造成引子发酵剂中的微生物死亡，影响发酵效果。如果温度过低，会使发酵时间延长，影响酸马乳的口感。所以冷却的温度不能太高或太低。冷却温度为 28~30℃，接种量为鲜马乳的 10%~15%，酸度为 200~220°T。

在洁净车间进行无菌灌装，存在的危害主要是在灌装完成后，生产加工人员在拧瓶盖时可能会对灌装后的产品造成污染。灌装机在使用完毕后，可能会清洗不干净或者残留清洗所用的水，造成微生物的生长繁殖[7]。因此，应确保灌装机内无水分残留，不得有微生物检出。进入洁净车间的操作人员一定要做好消毒。

生产加工设备的清洁程度是影响微生物生长繁殖的重要因素。生产酸马乳的过程中所用的发酵罐等会有大量的马乳残留，进行 CIP 清洗时，如果 CIP 清洗液浓度不够，会清洗不干净，造成酸马乳残留；如果清洗时间不够，可能会造成清洗液残留，对后续的生产加工造成化学污染。

酸马乳在加工过程中，要经过鲜马乳的巴氏杀菌，以及杀菌后鲜马乳的冷却。加热会造成生产车间温度较高，湿度较大，给微生物创造良好的生长环境，使微生物大量生长繁殖。而且也可能会对后期酸马乳接种造成污染导致产品不合格。所以生产车间的定期消杀非常重要。CIP 清洗，碱液浓度为 5~10g/L，酸液浓度为 10~20g/L，清洗时间为生产完酸马乳后，清洗频率为每次。发酵罐等设备中不得检出大肠菌群、霉菌以及金黄色葡萄球菌，菌落总数小于≤250CFU/cm²。生产车间的温度≤15℃；沉降菌落≤80CFU/（皿·30min）。同时应对车间定时进行紫外照射消毒杀菌。

三、酸马乳的贮藏稳定性

酸马乳贮藏期间的品质与酸马乳的后熟条件、贮藏温度、稳定剂、发酵剂的菌种组成密切相关。

后熟是指酸马乳在冷藏 24h 内缓慢发酵的过程，在此期间，酸马乳的酸度仍会上升，并产生芳香物质，从而增强酸马乳的风味。后熟能增加酸马乳蛋白质的水合作用，改变酸马乳的质地，并改善酸马乳的稳定性。通常认为，将后熟温度控制在 5℃以下时，酸马乳中的微生物处于休眠状态，后发酵能力较弱，酸马乳的品质较好。

酸马乳贮藏期间，主要是利用低温贮藏条件抑制乳酸菌的生长繁殖，延长酸马乳的保质期。如果贮藏温度过高，乳酸菌会继续生长繁殖，酸马乳后酸化严重，品质下降较快。

研究表明，常温贮藏与低温贮藏的样品相比较，后酸化严重、质量品质下降较快、活菌衰亡速度也更快。

稳定剂对贮藏期间酸马乳的品质有重要影响。稳定剂主要改善贮藏期间酸马乳的蛋白质沉淀和乳清析出等不良现象，提高产品的稳定性，延长酸乳的保质期。研究发现果胶、海藻酸丙二醇酯（PGA）、大豆多糖等稳定剂的添加对酸马乳稳定性影响显著，添加稳定剂的酸马乳与无添加组合相比，明显改善了其乳清析出和絮状沉淀等现象。

发酵剂对贮藏期间酸马乳的品质也有一定影响。发酵剂在酸马乳的贮藏期间主要影响其pH、酸度和感官评分。使用单一菌种的发酵剂生产酸马乳时，贮藏期间的酸马乳感官质量较差。单独使用乳酸菌时，酸马乳的组织状态较差，口感酸涩，香气平淡。而添加乳酸菌和酵母菌混合发酵剂，可以利用菌种之间的共生作用，使酸马乳的酸度和色泽、口感和香气等感官质量均较好。

四、酸马乳运输贮藏期间的风味品质变化

酸马乳在冷链运输及低温贮藏期间，乳酸菌、酵母菌等仍在生长代谢，因此其风味也处于波动状态。研究者对酸马乳和马奶酒共36批次样品进行了GC-MS分析。通过保留时间和谱库匹配度比较进行了定性分析，总共筛选出86种风味物质，分为烃类、醇类、醛类、酮类、酸类、酯类、芳香族化合物、含氮化合物和含硫化合物9大类，其中酸马乳中共检出51种风味物质，发酵型马奶酒中共检出67种风味物质，蒸馏型马奶酒中共检出68种风味物质。3种样品中酸类和酯类物质的种类均最多，其中酸马乳中主要是脂肪酸和乙酯类，奶酒样品中脂肪酸种类很少，酯类多以内酯为主。醇类主要存在于马奶酒中，酸马乳中几乎没有，此外酸马乳中也几乎不含醛类、酮类、含氮化合物、含硫化合物。酸马乳和马奶酒中芳香类物质的种类不太相同，马奶酒中主要以2,6-二叔丁基对甲酚（BHT）和香兰素等香味食品添加剂为主。

王洋考察了内蒙古酸马乳、发酵型乳酒和蒸馏型乳酒的关键风味物质，发现酸马乳中风味物质总量平均约为7328.23mg/L，主要风味物质为酸类和酯类物质，平均占风味物质总量的98%以上[8]。N1实验室发酵酸马乳和N3鲜马乳的风味物质总量和酯类物质占比与酸马乳产品相比明显偏低。发酵型马奶酒风味物质总量比酸马乳少，酸类和酯类占据了主要部分，芳香类物质平均含量约3%、醇类物质平均含量约6%、含氮类物质平均含量约5%，相比酸马乳，酸类和酯类以外的物质对发酵型马奶酒的风味产生了更多影响。含硫化合物几乎不存在于发酵型马奶酒中。同时通过计算筛查到异常数据样品F9，经样品信息追溯核实后确定为马乳露酒。蒸馏型马奶酒的风味物质总量范围比较大，为2000~11000mg/L，样品中酸类和酯类物质占总风味物质的75%以上，最高值达98.24%；醇类物质的平均含量约8%，芳香类物质的平均含量约6%，含氮化合物平均含量约1%，醛类物质未在蒸馏型马奶酒中检测到，酮类物质平均含量<1%。总之，酸马乳中风味物质的种类比较集中于酸类（脂肪酸）和酯类（乙酯），并且占比很高，其他风味物质对酸马乳风味贡献较小，同时酸马乳样品风味物质总量较稳定。发酵型马奶酒风味物质总量偏低，除酸类和酯类物质外，醇类、芳香类和含氮类物质也可能对发酵型马奶酒的风味造成一定影响。蒸馏型马奶酒中风味物质总量随产品不同有较大差异，醇类和芳香类物质占比相对较高。

参考文献

[1] 刘雪云. 酸马奶生产过程中质量管理体系的建立及应用 [D]. 呼和浩特: 内蒙古农业大学, 2023.

[2] 包文峰. 蒙医饮食疗法的研究进展 [J]. 临床医药文献电子杂志, 2019, 6 (92): 197.

[3] 龚姜巴, 巴达日胡, 都日娜. 蒙医酸马奶疗法的演变及其临床应用 [J]. 中国民族医药杂志, 2019, 25 (2): 4.

[4] X S, X Z, R A, et al. Current status and frontier tracking of the China HACCP system [J]. Frontiers in nutrition, 2023, 10: 1072981.

[5] 曾庆孝, 许喜林. 食品生产的危害分析与关键控制点 (HACCP) 原理与应用 [M]. 广州: 华南理工大学出版社, 2000.

[6] 霍红, 崔天天. 基于 HACCP 和 SPC 的鲜奶加工环节质量安全控制研究 [J]. 中国乳品工业, 2017, 45 (12): 43-46.

[7] 宫智勇, 刘建学, 黄和. 食品质量与安全管理 [M]. 郑州: 郑州大学出版社, 2011.

[8] 王洋. 内蒙古地区酸马奶和奶酒挥发性风味物质差异分析及评价 [D]. 呼和浩特: 内蒙古农业大学, 2020.

第八章

酸马乳与机体健康

《蒙古族秘史》记载“成吉思汗十代祖先索端察尔每日必至，索求策格（酸马乳）喝”成吉思汗受伤大出血昏厥后哲别偷来策格用以救治[1]。威廉·鲁布鲁克的“蒙古游记”中，记载蒙古帝国时期酸马乳的制作过程，以及其在滋补养神、治疗疑难杂症中的应用[2]。随着现代医疗技术的迅猛发展，酸马乳的应用和记载更为突出，例如19世纪，蒙医罗布桑却因泊勒在《哲对宁诺尔》中，对酸马乳的描述为“鲜酸奶味酸涩，性轻，能升发胃火，除湿化瘀，健脾开胃，治痔疮，小便艰涩及诸般肿胀”[3]。近年来也有哈斯宝鲁日在文献中对酸马乳在传统疗法书籍中的功效和对应症状进行汇总，如表8-1所示[4]。

表8-1 酸马乳在传统疗法书籍中的功效记载

书籍	功效	成书时间
《四部医典》	生胃火，袪脾、胰、痔疮、油未消化	8世纪末
《饮膳正要》	性冷、味甘、止渴、治热	14世纪
《医学广论药师佛意庄严四续光明蓝琉璃紫茉莉》	开胃，袪巴达干，生胃火，袪便秘、脾胰疾病、痔疮和油未消化	17世纪中叶
《简明蒙医学》	滋补身体，调理体素，轻微下泄，用于心脏疾病、肺脏疾病、胃病、水肿病、巴木病、中毒症	1983年
《金光注释集》	生胃火，袪巴达干赫依，滋补身体，用于痞症、水臌、痔疮、胃病、尿不畅、恶心、油未消化、配制毒、脾痞症、浮肿	1984年
《蒙医简史》	滋补身体，治疗疾病作用，可用于外伤引起的大出血	1985年
《蒙医史研究》	滋补强健身体，治疗陈旧性疾病	2004年
《伊景格医案》	生胃火，袪巴达干赫依，软化肌肤，消肿（肢体），滋补身体，袪脾赫依，助消化，调理体质，活血化瘀，调补血素，助眠，焕发精神，可用于肺结核、陈旧性肺病、胃肠道疾病、心血管疾病	2012年
《蒙古族传统医学史纲》	助消化，促进新陈代谢，解毒，调理体质，调补血素，焕发精神，柔软肌肤，改善睡眠	2016年

众多文献显示，每年夏季6—9月马乳质量高且产量大，酸马乳多选用夏季马乳酿制，传统制作通常在盛放成品酸马乳的皮袋中加入新鲜马乳，经天然发酵制得成品后排出，再次灌入新批次的马乳多批次制作；也有使用发酵牛乳与马乳混合搅拌先制作酸马乳引子，再将引子与新鲜马乳放入发酵罐内搅打发酵。有文献显示，酸马乳的制作方法、发酵程度、储藏时间和温度，与其成分、性状、微生物组成，以及对机体的作用都有着密切联系[5]。酸马乳是食品，但也具有保健价值。“酸马乳疗法”是蒙医七大疗法之一，上述蒙医典籍多有记载。因其营养物质组成异于牛乳，更为接近人体需要，例如酸马乳的蛋白质组成，即酪蛋白和乳清蛋白比例最为适宜；脂肪组成中不饱和脂肪酸含量为牛乳的数倍，亚油酸和亚麻酸等人体必需脂肪酸含量更高；马乳干物质中乳糖含量最高，为牛乳的1.5

倍，更接近人乳；矿物质组成中钙磷比约为2∶1，接近人乳；维生素组成中维生素C含量是牛乳的5倍以上；人体必需氨基酸含量高；还富含牛磺酸等。同时，酸马乳中富含乳酸菌、酵母菌等多种有益微生物以及微生物代谢产生的如胞外多糖和活性肽等有益代谢物，现代医疗同样关注其对机体健康的作用。随着多元化检测手段的发展，关于酸马乳的试验研究和临床研究都在进行，不仅证明了酸马乳对高血压、冠心病、消化道疾病、肺部疾病、糖尿病等症状具有预防和辅助治疗效果，同时也发现了酸马乳中的微生物及其代谢产物与机体健康密切相关。

第一节　酸马乳与机体免疫

一、酸马乳中的机体免疫相关物质

马乳中富含乳铁蛋白，每千克马乳含乳铁蛋白0.2～2g，仅略低于人乳，是牛乳的10倍。乳铁蛋白与血清铁蛋白同源，但乳铁蛋白不存在于血浆中，它们具有不同的物理化学性质，但都具有结合铁的能力。此外，乳铁蛋白具有杀菌及病毒灭活的作用，马初乳中的主要免疫球蛋白为IgG，而牛乳中为分泌型IgA。IgG是唯一能通过胎盘传递给胎儿的免疫球蛋白，在自然被动免疫中起重要作用，是初级免疫应答中最持久、最重要的抗体。人类的IgG在子宫内被转移到胎儿体内。马科动物的新生儿依赖于初乳的IgG供应，马乳中的IgG水平远高于牛乳。同时，马乳中富含溶菌酶，而牛乳中的溶菌酶仅微量存在。溶菌酶具有抗病毒特性，马乳中的溶菌酶含量高于人乳，且稳定性强于人乳中的溶菌酶，同时，马乳中的溶菌酶在碱性环境中不稳定，在酸性环境中稳定，所以酸马乳可以较好地保持溶菌酶。酸马乳富含的溶菌酶、乳铁蛋白、免疫球蛋白IgG，赋予其良好的抑菌、抗病毒活性及免疫调节特性等[6]。

二、酸马乳及其有益成分对机体免疫的调节作用

酸马乳具有免疫抑制调节作用。Li等使用腹腔注射环磷酰胺诱导构建免疫抑制动物模型，再给予高中低剂量的酸马乳干预。结果显示，中高剂量的酸马乳干预（20.83mL/kg体重和31.25mL/kg体重）有助于大鼠脾脏和胸腺指数的恢复，低中剂量的酸马乳干预更加显著，有助于佩耶氏（Peyer）斑块数量增加，改善大鼠胸脾萎缩，并缓解环磷酰胺诱导的免疫器官损伤。同时上调了大鼠外周血淋巴细胞中CD3+和CD4+细胞的表达，并增加了模型大鼠CD4+/CD8+比例，对免疫抑制的调节有积极作用[7]。

酸马乳富含有益微生物，有益微生物及其代谢产物同样具有增强特异性免疫的作用。Chen等发现，从酸马乳中分离出的酿酒酵母可以分泌抗菌化合物，影响致病性大肠杆菌Os细胞表面特性，并抑制其生长。且这类抗菌化合物还可以增加外周淋巴器官中CD3+和成熟T淋巴细胞的浓度，以增强淋巴器官的免疫功能；或者降低T淋巴细胞中CD8+的浓度以调节CD4+/CD8+的比例[8]。Wang等发现，从酸马乳中分离出的干酪乳酪杆菌Zhang（*Lactobacillus casei* Zhang）可有效抑制聚肌苷∶聚胞苷酸（Poly Ⅰ∶C）引起的炎症反

应[9]。Poly Ⅰ：C 通常用作模拟双链 RNA（dsRNA）病毒，以模拟巨噬细胞（RAW264.7）中的病毒感染过程。研究表明，酸马乳中的干酪乳酪杆菌通过增加 Toll 样受体的转录和增强巨噬细胞中促炎介质和Ⅰ型干扰素（IFN）的产生来保持先天免疫系统的警觉性，具有抗病毒功效。此外，酸马乳中分离出的干酪乳酪杆菌 Zhang 通过增加血清中总免疫球蛋白 G（IgG）的水平和脾脏中白细胞介素-2（IL-2）的含量来促进免疫增强。诱导 T 淋巴细胞和 B 淋巴细胞的活化，增强自然杀伤（NK 细胞）活性，并增加单核细胞和巨噬细胞对肿瘤细胞或细菌的活性。也可刺激辅助性 T 细胞和 NK 细胞的活化，分泌促炎细胞因子干扰素 γ（IFN-γ）[10]。IFN-γ 可与跨膜糖蛋白受体 IFN-γR 结合，诱导巨噬细胞和 T 淋巴细胞流向炎症部位并增强免疫反应。

酸马乳具有拮抗食源性人畜共患寄生虫的作用。Yan 等利用 BALB/c 小鼠构建弓形虫急性感染、慢性感染、隐性感染活化 3 种模型，酸马乳灌胃量为每日 5mL/kg 体重，研究发现酸马乳无法提升急性感染及隐性感染活化小鼠存活率，但酸马乳的干预可显著减少慢性弓形虫感染模型小鼠的脑包囊数，减轻小鼠的脑组织炎性反应浸润和海马体中 β 淀粉样蛋白的沉积。同时，3 种模型小鼠的血清 IFN-γ、TNF-α 的水平均显著下调，且 3 组小鼠肠道菌群的群落结构均发生改变，慢性弓形虫感染模型小鼠肠道毛螺菌科（Lachnospiraceae）和嗜黏蛋白阿克曼菌（*Akkermansia muciniphila*）相对丰度显著提升[11]。

三、酸马乳对过敏性鼻炎临床症状的缓解作用

过敏性疾病是人类特有的疾病，是机体接触变态反应过敏原后产生的特异性变态免疫反应。过敏性鼻炎即变应性鼻炎，是指特应性个体接触变应原后，主要由 IgE 介导的介质（主要是组胺）释放，并有多种免疫活性细胞和细胞因子等参与的鼻黏膜非感染性炎性疾病。其发生的必要条件有 3 个：①特异性抗原，即引起机体免疫反应的物质；②特应性个体，即所谓个体差异、过敏体质；③特异性抗原与特应性个体二者相遇。变应性鼻炎是一个全球性的健康问题。酸马乳是乳酸菌和酵母菌混合发酵的功能性乳制品。已有报道称，乳酸菌能够缓解过敏性疾病的症状。

（一）招募过敏性鼻炎患者及相关观测指标

笔者团队参与并开展了内蒙古锡林郭勒盟蒙医医院临床研究，招募 45 位过敏性鼻炎患者自愿成为酸马乳治疗组的志愿者。其中，患者性别组成为男性 18 名，女性 27 名；根据世界卫生组织提出的新的年龄分段，过敏性鼻炎患者按年龄分为青年人组（18~44 岁）27 人、中年人组（45~59 岁）18 人。根据民族分为汉族 22 名、蒙古族 23 名。

每位患者每天给予酸马乳 0.75kg。饮用 21d 为一个疗程，分别在早、中、晚餐前空腹饮用 0.25kg。观测肝肾功能的生化指标、血常规指标、尿常规指标以及免疫指标：免疫球蛋白 G（IgG）、免疫球蛋白 A（IgA）和免疫球蛋白 M（IgM）、IgE、补体 C3、补体 C4。

临床症状评估均为在过敏性鼻炎发作期并排除药物干扰因素后的指标。包含以下几项。

（1）鼻症状总积分表（total nasal symptom scores，TNSS）　分为鼻塞、流涕、鼻痒、喷嚏 4 个症状，每个症状按轻重程度分为 4 个等级：0=无症状（无鼻塞、无流涕、无喷

嚏、无鼻痒）；1=中度（鼻子稍塞、流涕间歇少量、喷嚏<5 个/d、鼻痒偶有）；2=较重（鼻子有明显阻塞感、流涕持续量多、喷嚏<5~10 个/d、鼻痒轻痒）；3=非常重（鼻子完全阻塞、流涕不止、喷嚏>10 个/d、鼻痒剧痒难忍）。累积总分即为鼻炎症状总积分。

（2）体征积分　下鼻甲与鼻底鼻中隔紧靠，见不到中鼻甲，或中鼻甲黏息肉样变、息肉形成，记录为 3 分；下鼻甲与鼻中隔（或鼻底）紧靠，下鼻甲与鼻底（或鼻中隔）之间尚有小缝隙，记录为 2 分；鼻甲轻度肿胀，鼻中隔、中鼻甲尚可见，记录为 1 分。

（3）辅助疗效计算　根据症状和体征积分评定疗效，计算公式为式（8-1）。

$$疗效指数/\% = \frac{治疗前总分 - 治疗后总分}{治疗前总分} \times 100\% \tag{8-1}$$

（4）辅助疗效判定标准　按 3 级评定疗效，即显效、有效、无效。

根据症状与体征总积分的变化评定疗效指数，显效为疗效指数≥66%，有效为疗效指数 26%~65%，无效为疗效指数≤25%。

（二）酸马乳对过敏性鼻炎症状的改善效果

连续饮用酸马乳 21d 后，患者在鼻塞、流涕、鼻痒和喷嚏等方面均有良好的改善作用（图 8-1），患者在饮用酸马乳期间均未出现严重不良反应。依据临床症状及疗效判定标准（表 8-2），对饮用酸马乳饮用前后过敏性鼻炎患者的症状进行打分。

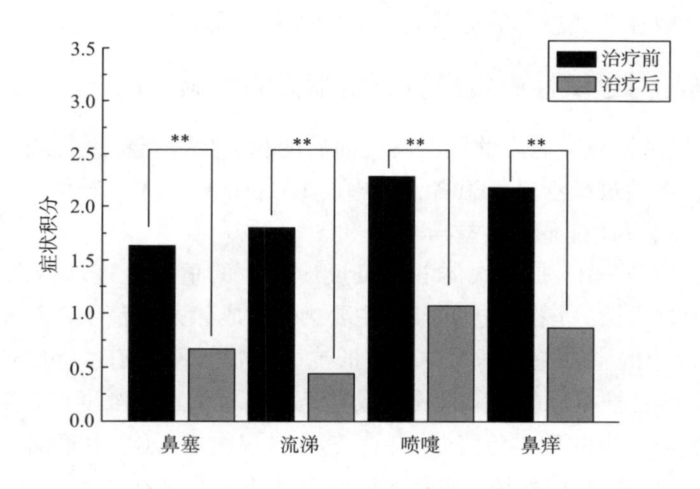

图 8-1　饮用酸马乳对过敏性鼻炎症状的影响

** 表示饮用前后症状差异极显著（$P<0.01$）。

表 8-2　鼻炎症状总积分表

记分	鼻塞	流涕	喷嚏	鼻痒
0	无	无	无	无
1	稍塞	间歇量少	<5 个/d	偶有
2	明显阻塞感	持续量多	5~10 个/d	轻痒
3	完全阻塞	流涕不止	>10 个/d	剧痒难忍

饮用酸马乳对过敏性鼻炎症状的辅助治疗效果评价如表 8-3 所示。

表 8-3 饮用酸马乳对过敏性鼻炎症状的辅助治疗效果评价

有效程度	治疗效果
显效	57. 78%
有效	33. 33%
无效	8. 89%
总有效率	91. 11%

如图 8-1 所示，过敏性鼻炎患者相关症状在连续饮用酸马乳 21d 后有显著改善（$P<0.01$），具有统计学意义。由表 8-3 可知，通过酸马乳疗法治疗过敏性鼻炎，总有效率高达 91. 11%，其中显效率高达 57. 78%，说明连续饮用酸马乳对过敏性鼻炎患者的鼻塞、流涕、鼻痒和喷嚏等症状有不同程度的改善作用。张惠敏等报道过敏性鼻炎患者服用脱敏止嚏汤 4、6、8 周的显效率分别为 57. 69%、59. 45%、63. 33%，总有效率分别为 88. 46%、89. 18%、90. 00%[12]。而本试验过敏性鼻炎患者在饮用酸马乳 21d 后的显效率与服用脱敏止嚏汤 4 周后的效果较一致，与服用脱敏止嚏汤 8 周后的总有效率较一致。进一步说明蒙医酸马乳疗法对过敏性鼻炎患者的症状有较好的改善作用。

（三）酸马乳对过敏性鼻炎患者免疫指标的影响

对 45 例慢性过敏性鼻炎患者饮用酸马乳前后的相关免疫指标进行统计和描述，发现在连续饮用 21d 后，慢性过敏性鼻炎患者血清中的 IgG、IgA、IgM、补体 C3、补体 C4 和 IgE 的浓度在统计学上均不具有显著性差异。

IgG 是单体免疫球蛋白，是再次体液免疫反应产生的重要免疫球蛋白，远高于其他免疫球蛋白，且维持时间长，是机体抗感染的主要力量，成年人血清 IgG 正常浓度在 6~16g/L。IgA 是外分泌液中的主要免疫球蛋白，能抵抗微生物入侵肠道、呼吸道、泌尿生殖道、乳腺和眼睛，凝集颗粒性抗原和中和病毒。成年人血清 IgA 正常浓度在 0. 76~3. 9g/L。IgM 是初次体液免疫反应产生的重要免疫球蛋白，其含量仅次于 IgG，由浆细胞完整分泌，一般仅存在于血液内，起抗原受体作用，成年人血清 IgM 正常浓度在 0. 4~3. 4g/L。血清免疫球蛋白含量升高，说明机体体液免疫功能增强。补体系统是体内重要的免疫效应和免疫效应放大系统，发挥机体特异性和非特异性的抗感染作用。成年人血清补体 C3 正常浓度在 0. 8~1. 5g/L，补体 C4 正常浓度在 0. 13~0. 37g/L。补体 C3 和补体 C4 含量升高说明机体特异性细胞免疫功能增强。王永芹等报道 30 例健康青年的免疫指标分别为 11. 63g/L（IgG）、1. 7g/L（IgM）、1. 8g/L（IgA）、0. 87g/L（补体 C3）、0. 42g/L（补体 C4）[13]。

45 例慢性过敏性鼻炎患者的免疫指标均显著高于王永芹等的报道，说明慢性过敏性鼻炎患者存在着体液免疫增强反应，导致血清中免疫球蛋白及补体含量增高。戴海玲等报道，IgE 与过敏原有协同作用，可加强 T 淋巴细胞的功能和活性。随着血清总 IgE 水平增高，变态反应性炎症反应逐渐强烈，变态反应严重程度逐渐加重，故对过敏患者测定血清总 IgE 定量水平，有助于病情严重程度的判定[14]。成年人血清 IgE 水平在 20～200IU/mL，一般认为>333IU/mL 时为异常升高。本试验中 45 例慢性过敏性鼻炎患者在连续饮用酸马乳 21d 后 IgE 浓度极显著下降（$P<0.01$），具有统计学意义（图 8-2）。说明酸马乳对过敏性鼻炎患者的免疫指标有一定程度的改善作用。

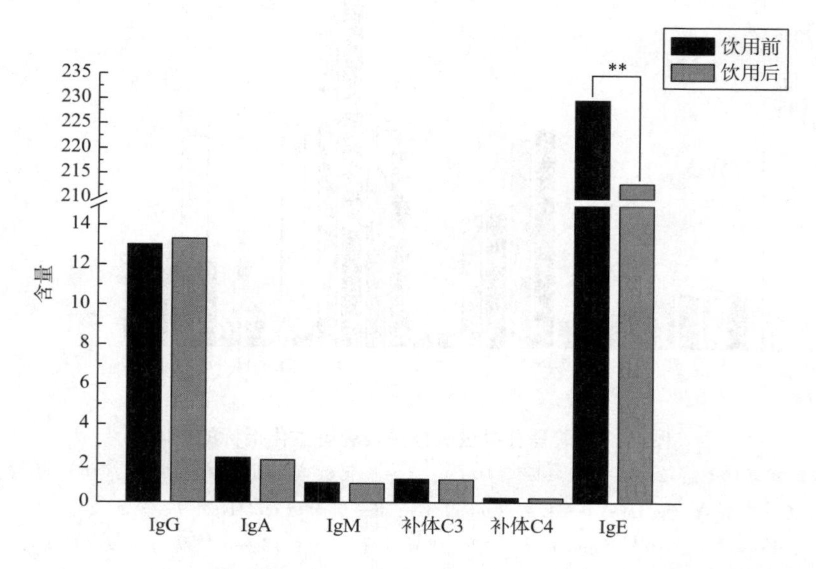

图 8-2　饮用酸马乳对过敏性鼻炎患者免疫指标的影响

** 表示饮用前后指标差异极显著（$P<0.01$）。

（四）酸马乳对过敏性鼻炎患者生化指标的影响

对过敏性鼻炎患者连续饮用酸马乳前后的相关生化指标进行统计和描述。如图 8-3 所示，患者在饮用酸马乳后，除肌酐、直接胆红素和球蛋白外，均无显著性差异。血浆肌酐浓度反映肾脏损害、肾小球滤过率、尿路通畅性等肾功能，是一项比尿素、尿酸更具有特异性的肾功能指标，肾功能受损程度与血浆肌酐浓度呈正相关，血浆肌酐浓度升高，会引起钠、钾以及水的代谢失调，酸中毒和血液系统病变等严重后果。本试验中，过敏性鼻炎患者在连续饮用酸马乳后肌酐平均浓度由 66.6mol/L 降至 61.58mol/L，具有显著性差异（$P<0.05$）。测定直接胆红素主要用于鉴别黄疸的类型。血清结合胆红素升高，说明经肝细胞处理和处理后胆红素从胆道的排泄发生障碍。在本试验中，过敏性鼻炎患者在连续饮用酸马乳后，其直接胆红素平均浓度由 4.39mmol/L 降至 3.57mmol/L，具有极显著差异（$P<0.01$），直接胆红素浓度的降低避免了人体肝脏发生病变或胆管发生阻塞等异常情况。球蛋白偏高则常用于肝病的确诊。球蛋白并不单独用来检测肝病，通常是以球蛋白白蛋白比值的形式来说明肝脏的问题。如果人体中的球蛋白浓度偏高，会引起肝脏炎症病变等肝脏受损的疾病。在本试验中，过敏性鼻炎患者在连续饮用酸马乳后，其球蛋白平均浓度由 28.67U/L 降至 26.34U/L，具有显著性差异（$P<0.05$）。以上结果说明，酸马乳疗法对高脂血症患者的肾脏及肝脏功能有一定程度的改善作用。

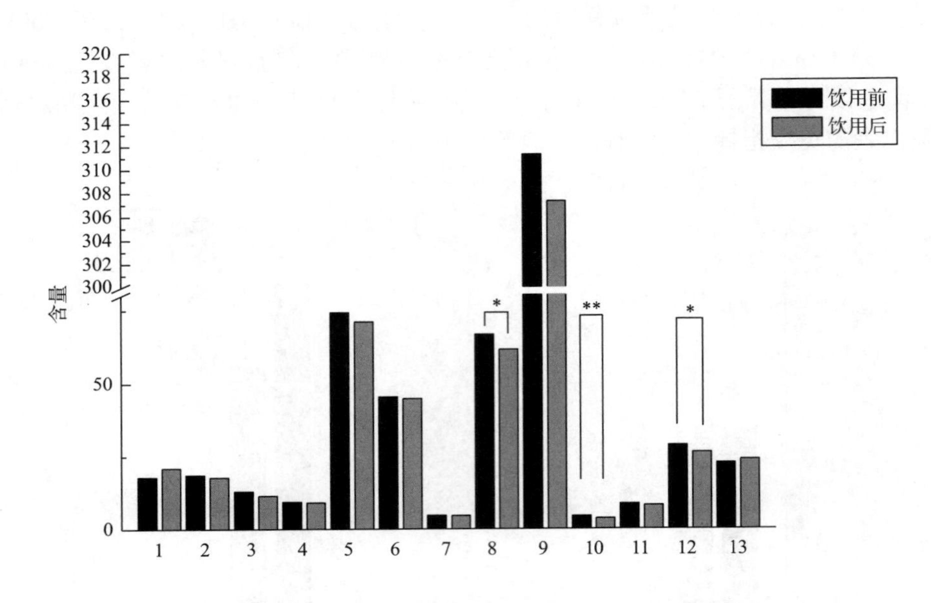

图 8-3　酸马乳对过敏性鼻炎患者生化指标的影响

1—谷丙转氨酶（U/L）；2—谷草转氨酶（U/L）；3—总胆红素（μmol/L）；4—总胆汁酸（μmol/L）；5—总蛋白（g/L）；6—白蛋白（g/L）；7—尿素（mmol/L）；8—肌酐（mol/L）；9—尿酸（μmol/L）；10—直接胆红素（mmol/L）；11—间接胆红素（mmol/L）；12—球蛋白（U/L）；13—谷氨酰转肽酶（U/L）。

** 表示饮用前后指标差异极显著（$P<0.01$）；* 表示饮用前后指标差异显著（$P<0.05$）。

（五）酸马乳对过敏性鼻炎患者血常规指标的影响

如图 8-4 所示，过敏性鼻炎患者在饮用酸马乳后，除淋巴细胞比率和血红蛋白外，均无显著性差异。淋巴细胞属白细胞的一种，由淋巴器官产生，是机体免疫应答功能的重要细胞成分。正常生理情况下，淋巴细胞比率为 20%～40%，当机体被病毒感染患感染性疾病时，机体淋巴细胞增多。在本试验中，过敏性鼻炎患者在连续饮用酸马乳后其直接胆红素平均浓度由 34.86mmol/L 降至 31.58mmol/L，具有显著差异（$P<0.05$）。血红蛋白是高等生物体内负责运载氧的一种蛋白质。若机体出现连续剧烈呕吐、大面积烧伤、严重腹泻、大量出汗等，或患有慢性肾上腺皮质功能减退、尿崩症、甲状腺功能亢进等，会使体内血红蛋白相对增多。过敏性鼻炎患者在连续饮用酸马乳后，其血红蛋白平均浓度由 141.67×10^9/L 降至 133.21×10^9/L，具有显著差异（$P<0.05$）。

（六）酸马乳对过敏性鼻炎患者尿常规指标的影响

检测连续饮用酸马乳前后过敏性鼻炎患者的尿常规指标发现，如表 8-4 所示，过敏性鼻炎患者饮用酸马乳后，其尿常规指标合格率整体呈上升趋势，说明酸马乳对过敏性鼻炎患者的肾脏功能有一定程度的改善作用。

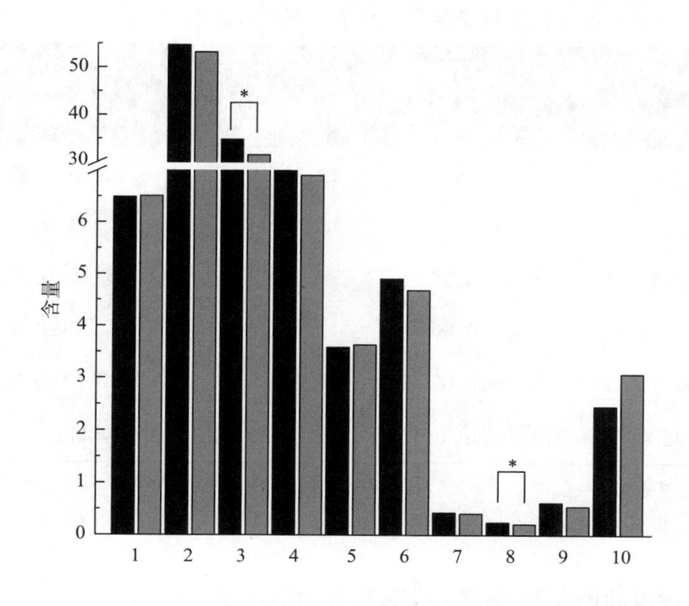

1. 白细胞($\times 10^9$/L)
2.中性粒细胞百分比(%)
3.淋巴细胞百分比(%)
4.单核细胞百分比(%)
5.中性粒细胞计数($\times 10^9$/L)
6.红细胞($\times 10^{12}$/L)
7.红细胞压积
8.血红蛋白($\times 10^9$/L)
9.血小板($\times 10^9$/L)
10.降钙素原

图 8-4　酸马乳对过敏性鼻炎患者血常规指标的影响

*表示饮用前后指标差异显著（$P<0.05$）。

表 8-4　饮用酸马乳对过敏性鼻炎患者尿常规指标合格率的影响　　单位：%

指标	尿葡萄糖	尿胆红素	酮体	酸碱度	尿蛋白	尿胆原	亚硝酸盐	隐血	白细胞	维生素 C	尿比重
饮用前	100.00	88.89	91.11	100.00	95.56	97.78	100.00	93.33	91.11	88.39	100.00
饮用后	100.00	89.44	97.78	100.00	100.00	100.00	100.00	94.11	91.89	89.44	100.00

（七）影响酸马乳对过敏性鼻炎患者辅助治疗效果的因素分析

1. 患者性别

Ⅰ型速发型超敏反应又称过敏反应，是免疫系统中最为强烈的病理反应之一。主要特征为机体针对外源性蛋白（抗原）产生 IgE 抗体。通常认为血清总 IgE 抗体和变应原特异性 IgE 抗体是诊断变态反应的主要指标。由表 8-5 可知，不论男性还是女性，饮用酸马乳后其 IgE 水平呈显著下降趋势；而女性的 IgG 水平极显著升高（$P<0.01$），男性的 IgG 水平也有升高趋势，但不具有显著性，说明女性患者在连续服用酸马乳后，机体产生免疫保护作用，IgG 水平升高的同时 IgE 水平降低。文洁等利用玉屏风颗粒（黄芪、白术和防风）治疗过敏性鼻炎，发现玉屏风颗粒使体液免疫作用明显增强，表现为血清 IgE 水平降低，IgA 和 IgG 水平升高，使过敏性鼻炎症状显著缓解，提示可通过扶正脱敏，调节免疫反应着手治疗过敏性鼻炎[15]。说明酸马乳对过敏性鼻炎患者的免疫指标有一定程度的改善作用，尤其对女性过敏性鼻炎患者的免疫指标有更好的改善效果。

表 8-5　饮用酸马乳对不同性别过敏性鼻炎患者免疫指标的影响

血脂指标	男性（n=18）		女性（n=27）	
	饮用前	饮用后	饮用前	饮用后
免疫球蛋白 G/（g/L）	12.61±0.42	13.2±0.4	13.31±0.4**	14.36±0.49**
免疫球蛋白 A/（g/L）	2.40±0.19	2.36±0.2	2.3±0.14	2.3±0.13
免疫球蛋白 M/（g/L）	0.74±0.06	0.76±0.05	1.2±0.08	1.2±0.09
补体 C3/（g/L）	1.25±0.03	1.26±0.06	1.19±0.04	1.18±0.05
补体 C4/（g/L）	0.25±0.02	0.26±0.02	0.22±0.01	0.23±0.02
IgE/（IU/mL）	241.63±46.45**	210.94±40.04**	227.74±29.14**	199.41±26.72**

注：** 表示饮用前后指标差异极显著（P <0.01）。

2. 患者年龄

根据联合国世界卫生组织提出新的年龄分段，过敏性鼻炎患者分为青年人组（18~44岁）和中年人组（45~59岁）。如表 8-6 所示，青年组和中年组的 IgG 水平在饮用酸马乳后均呈显著性上升（P <0.05），青年组的 IgE 水平在饮用酸马乳后显著下降（P <0.01），具有统计学意义，而中年组的 IgE 水平在饮用酸马乳后不具有显著性差异，但呈下降趋势。罗星星等报道血清 IgG 水平的变化和血清 IgE 具有相关性，由于 IgG 对Ⅰ型变态反应具有介导作用，当介导吸入物过敏反应时，IgG 可凭借竞争机制的作用，阻断 IgE 介导的Ⅰ型变态反应[16]。在本试验中饮用酸马乳使青年组 IgE 水平降低的同时使 IgG 水平升高，说明饮用酸马乳可调节体内体液免疫系统，增强免疫系统内部调节关系，达到缓解过敏反应的作用。在连续饮用酸马乳 21d 后，青年组的免疫指标改善程度好于中年组，说明青年人在酸马乳的作用下具有更快的恢复能力。可据此为不同年龄段患者酌情调整酸马乳治疗方案。

表 8-6　饮用酸马乳对不同年龄段过敏性鼻炎患者免疫指标的影响

血脂指标	青年人（n=27）		中年人（n=18）	
	饮用前	饮用后	饮用前	饮用后
免疫球蛋白 G/（g/L）	12.99±0.4*	13.83±0.49*	13.11±0.49*	14.08±0.5*
免疫球蛋白 A/（g/L）	2.36±0.14	2.37±0.14	2.29±0.18	2.18±0.17
免疫球蛋白 M/（g/L）	1.04±0.08	1.04±0.08	1.03±0.13	1.04±0.12
补体 C3/（g/L）	1.18±0.04	1.23±0.05	1.28±0.04	1.28±0.07
补体 C4/（g/L）	0.23±0.01	0.24±0.02	0.24±0.01	0.24±0.01
IgE/（IU/mL）	241.96±30.75**	206±26.98**	214.47±45.97	198.33±42.29

注：** 表示饮用前后指标差异极显著（P <0.01）；* 表示饮用前后指标差异显著（P <0.05）。

3. 患者民族

将过敏性鼻炎患者按民族分类，研究结果如表 8-7 所示，蒙古族患者的 IgG 水平在饮用酸马乳后呈显著上升（$P<0.05$），具有统计学意义，而 IgE 水平不具有显著差异，但呈下降趋势。汉族患者的 IgE 水平在饮用酸马乳后显著下降（$P<0.01$），具有统计学意义，而 IgG 水平在饮用酸马乳后不具有显著差异，但呈上升趋势。这可能与两个民族的生活环境、饮食习惯和接触的常见过敏原不一致有关。

表 8-7　饮用酸马乳对不同民族过敏性鼻炎患者免疫指标的影响

血脂指标	汉族（n=22）		蒙古族（n=23）	
	饮用前	饮用后	饮用前	饮用后
免疫球蛋白 G/（g/L）	13.42±0.44	14.24±0.53	12.61±0.42**	13.57±0.48**
免疫球蛋白 A/（g/L）	2.18±0.14	2.2±0.14	2.5±0.17	2.4±0.17
免疫球蛋白 M/（g/L）	0.97±0.1	1.01±0.1	1.1±0.09	1.08±0.1
补体 C3/（g/L）	1.21±0.04	1.24±0.07	1.22±0.04	1.25±0.05
补体 C4/（g/L）	0.22±0.01	0.22±0.02	0.25±0.02	0.26±0.02
IgE/（IU/mL）	241.05±32.94**	200.59±27.97**	222.35±40.06	206.2±37.18

注：** 代表饮用前后指标差异极显著（$P<0.01$）。

罗星星等报道地区间常见过敏原不一致，造成过敏性疾病出现地区性差异[16]。张家超等报道肠道菌群与人体形成了密不可分的互惠共生关系，它的平衡稳定与宿主的营养物质加工、免疫调节等重要生理活动息息相关[17]。传统蒙古族饮食极具特色，肉食、奶食及发酵乳制品在其饮食结构中占很大比例，其饮食结构及其肠道菌群结构相关性密切。本试验中不同民族人群饮用酸马乳对不同的免疫指标具有不同的改善效果，这可能与不同民族人群肠道菌群差异有关。Bjorksten 等报道牛乳过敏儿童较健康儿童肠道内乳酸杆菌比例低，而需氧菌尤其是肠杆菌、链球菌比例高[18]。王小卉等研究发现，食物过敏婴儿肠道的双歧杆菌和乳酸杆菌较健康婴儿明显减少，而大肠杆菌数量却明显增多[19]。戴晓青等报道，在喂养婴幼儿时，在其食物中添加乳酸杆菌能有效抑制过敏性疾病的发生及发展[20]。Giovannini 等报道长期食用含有特定干酪乳酪杆菌的发酵牛乳可以改善学龄前儿童患过敏性哮喘和鼻炎[21]的情况。Morita 等报道，连续食用含有格氏乳杆菌 TMC0356（*Lactobacillus gasseri* TMC0356）的发酵牛乳可以显著降低患有过敏性鼻炎患者的 IgE 水平[22]。孙天松等报道传统发酵酸马乳中乳酸菌的生物多样性，主要乳酸菌为瑞士乳杆菌、其次为对嗜酸乳杆菌和干酪乳酪杆菌假植物亚种，此外，格氏乳杆菌、干酪乳酪杆菌乳亚种、弯曲乳杆菌、短乳酸杆菌、植物乳植杆菌、同型腐酒乳杆菌、发酵乳杆菌、德氏乳杆菌保加利亚亚种等乳杆菌在酸马乳中也有出现[23]。传统发酵酸马乳具有丰富的乳酸菌多样性，可通过乳酸菌改善人体肠道的屏障功能，起到防治过敏反应的作用[17]。这进一步说明连续饮用酸马乳可以改善过敏性鼻炎患者的免疫调节。

不同性别、不同年龄、不同民族在酸马乳作用下对不同的免疫指标具有不同的改善程度。杨钦泰等报道，血清总 IgE 水平受到许多因素影响，如变态反应疾病、种族、性别、年龄、寄生虫感染和季节性等[24]。因此可根据过敏性鼻炎患者性别、年龄等特征酌情调整酸马乳辅助治疗方案。

第二节　酸马乳与心血管健康

心血管疾病（cardiovascular disease，CVD）是一系列涉及循环系统的疾病，是高发病率、高致残率、高死亡率、高社会资源消耗的慢性非传染性疾病。2016 年，我国因心血管疾病死亡人数达 434 万。2020 年，心血管疾病成为我国城乡居民的首要死亡原因，农村居民死亡比例为 48. 00%，城市居民死亡比例 45. 86%。心血管疾病病因复杂，属于多因素致病，包含遗传因素、环境因素和不良生活方式等。我国人口老龄化、城镇化进程和不健康的生活方式是心血管疾病发病率持续增高的原因。心血管疾病的危险诱因包含：年龄、性别、种族、家族史、高血压、高胆固醇血症、糖尿病、腹型肥胖、运动少、吸烟、精神紧张等[25]。高血压是引起心血管疾病的首要危险因素，近 50% 的心血管疾病发病起因于高血压。血脂异常是心血管动脉粥样硬化性改变的重要原因，也是心血管疾病发病的重要危险因素。血脂异常通常指血清胆固醇、甘油三酯、低密度脂蛋白胆固醇水平升高，高密度脂蛋白胆固醇水平降低，与临床心血管疾病密切相关，尤其是低密度脂蛋白胆固醇水平升高[26]。长期血脂异常可导致动脉壁形成粥样斑块，使管壁逐渐狭窄，斑块也可能发生破裂，血小板聚集，血栓形成，阻塞血流，从而引发心肌梗死、脑卒中等。

一、酸马乳与高血压

对于心脑血管疾病患者来说，血压控制应以同时满足心脏、脑组织的有效灌注为目标，达到血压、血管狭窄状态与组织耗氧量之间的平衡。Chen 等采集内蒙古锡林郭勒地区的酸马乳样品，检测其中含有的血管紧张素转化酶（ACE）抑制肽，采用超滤和高效液相色谱（HPLC）纯化了 4 种新型 ACE 抑制肽（P_I、P_K、P_M、P_P）。分类研究表明，这 4 种肽属于真正的抑制剂类型。通过序列分析，发现 ACE 抑制肽 P_I 是马乳中的 β-酪蛋白肽。而 ACE 抑制肽 P_K、P_M、和 P_P 与已知的牛乳蛋白均不同。血管紧张素 I 转换酶（ACE）是一种非特异性但高选择性的关键多功能外酶，参与外周血压的调节，已被证明可以降低外周血压并在体内发挥抗高血压作用[27]。Tang 等利用乳酸菌与酵母菌共同发酵制作酸马乳，ACE 抑制活性高达 80. 67%[28]。Wang 等利用从自然发酵酸马乳中分离出的干酪乳酪杆菌制作益生菌干酪，检测到高 ACE 抑制活性和 γ-氨基丁酸含量[29]。扎木苏在《酸马乳疗法》中记录，对 150 例高血压患者给予酸马乳干预，治疗后患者收缩压平均下降（4. 1±2. 38）kPa，舒张压平均下降（3. 5±1. 32）kPa，且治疗前后差异显著（$P<0.01$）[30]。

二、酸马乳与高血糖

我国人群糖尿病患病率增长趋势显著。目前我国成人糖尿病人数达 1. 298 亿（男性 0. 704 亿，女性 0. 594 亿）。糖尿病极大地增加了心血管疾病发病风险。2013—2018 年，对

30693 例 2 型糖尿病住院患者的调查显示，我国 2 型糖尿病患者冠心病的粗患病率为 23.5%[31]。石巴特尔门诊收治 2 型糖尿病病例 50 人（腹血糖值在 7.9~13.4mmol/L，且均未接受胰岛素治疗），使用蒙药电针配合每日 3 次饮用酸马乳治疗糖尿病，血糖恢复正常者，即治愈者 20 例，显效者 22 例（血糖达到 6.1~7.5mmol/L），有效 8 例（血糖达到 7.6~8.1mmol/L）[32]。Zhang 等利用自然发酵酸马乳分离的干酪乳酪杆菌 Zhang 可显著预防和改善果糖诱导的大鼠高胰岛素血症症状，其通过降低高血糖因子-2（GLP-2）预防大鼠口服葡萄糖耐量的增加，并通过促进脆弱芽孢杆菌丰度提升，增加维生素 K_2 和骨钙素水平，上调脂联素受体-2（Adipo R2）、肝 X 受体-α（LXR-α）和过氧化物酶体增殖物激活受体-γ（PPAR-γ）基因表达[33]。

三、酸马乳与高脂血症

高脂血症（hyperlipidemia，HLP）是一种由胆固醇或脂质水平异常引起的脂质代谢紊乱性疾病，主要特征为血中的总胆固醇（total cholesterol，TC）、甘油三酯（triglyceride，TG）和低密度脂蛋白胆固醇（low density lipoprotein-cholesterol，LDL-C）水平升高，高密度脂蛋白胆固醇（high density lipoprotein-cholesterol，HDL-C）水平降低。高脂血症是诱发心脑血管疾病、非酒精性脂肪肝和 2 型糖尿病的重要因素之一。常见治疗高脂血症的药物有他汀类、贝特类、烟酸类和胆汁酸螯合剂等。但他汀类药物在具有较好疗效的同时也伴有头痛、恶心及消化不良等副作用，多药物联用治疗也存在肌肉性疾病及肝损伤等不良反应。酸马乳含有丰富的乳酸菌和营养物质，富含亚油酸和亚麻酸等不饱和脂肪酸，有辅助降血脂、抗癌和预防心血管疾病等益处[28-30]。

（一）酸马乳对高脂血症临床症状的缓解作用

1. 招募高脂血症患者及相关观测指标

笔者团队结合内蒙古锡林郭勒盟蒙医医院多年从事酸马乳辅助治疗各种慢性疾病的经验和事实，通过团队成员和医生讲解，招募年龄在 18~65 周岁（胆固醇水平>5.72mmol 或甘油三酯水平>1.70mmol）、未患明显消化系统综合病症的高脂血症患者 188 人（男性 128 人，女性 60 人）自愿作为志愿者。根据《中国成年人血脂异常防治指南》对血脂指标的规定来判断患者程度。高脂血症患者病程分为 4 类。

（1）高胆固醇血症　血清总胆固醇含量增高，>5.72mmol/L，而血清甘油三酯含量正常，即<1.70mmol/L（志愿者 22 名）。

（2）高甘油三酯血症　血清甘油三酯含量增高，>1.70mmol/L，而血清总胆固醇含量正常，即血清总胆固醇<5.72mmol/L（志愿者 70 名）。

（3）混合型高脂血症　血清总胆固醇>5.72mmol/L，血清甘油三酯含量>1.70mmol/L（志愿者 77 名）。

（4）低高密度脂蛋白血症　血清高密度脂蛋白的含量<0.9mmol/L（志愿者 27 名）。

每位患者酸马乳的饮用量为每天 0.75kg。饮用 21d 为一个疗程，分别在早、中、晚餐前空腹饮用 0.25kg。在患者饮用酸马乳之前和结束后空腹采集其静脉血，检测血脂各项指标、肝肾功能的生化指标、血常规指标、尿常规指标和免疫球蛋白 G 等免疫指标，检测数据通过 SAS 统计软件分析处理。

高脂血症的判断标准：根据高脂血症患者的症状描述，依据蒙医酸马乳疗法治疗高脂血症症状评估量，对饮用酸马乳前后患者的相关精神状态进行打分（表 8-8）。参照《中国成人血脂异常防治指南（2016 年修订版）》和蒙医疗效评定标准方案来评定综合疗效。蒙医酸马乳疗法临床疗效判定标准如表 8-9 所示。

表 8-8 蒙医酸马乳疗法辅助治疗高脂血症症状评估量

主症	0 分	2 分	4 分	6 分
头晕	无	感觉轻微，偶发	感觉明显，经常发作	感觉严重，持续发作，影响工作
神疲乏力	无	感觉轻微，偶发	感觉明显，经常发作	感觉严重，持续发作，影响工作
失眠	无	感觉轻微，偶发	感觉明显，经常发作	感觉严重，持续发作，影响工作
健忘	无	感觉轻微，偶发	感觉明显，经常发作	感觉严重，持续发作，影响工作

表 8-9 蒙医酸马乳疗法临床疗效判定标准

有效程度	症状与体征	症状积分
临床控制	症状和体征全部或基本消失，不影响日常活动及工作	减少≥95%
显效	症状和体征有明显改善，仅在劳累和过度用力时出现轻微症状	减少≥75%
有效	症状和体征有所改善	减少≥30%
无效	症状和体征无变化，甚至加重	减少<30%

对每个患者饮用酸马乳前后的症状分别评分，依据尼莫地平法计算出蒙医酸马乳疗法的改善率，公式如式（8-2）所示。

$$改善率/\% = \frac{治疗前评分-治疗后评分}{治疗后积分} \times 100\% \tag{8-2}$$

2. 酸马乳对高脂血症患者相关精神症状的改善效果

188 例高脂血症患者连续 21d 饮用酸马乳后，在头晕、神疲乏力、失眠、健忘、肢体麻木、不耐烦、多梦和活力等方面均有良好改善，且服用酸马乳期间均未出现严重不良反应（图 8-5）。

高脂血症指的是人体脂质的代谢紊乱，会引起甘油三酯、胆固醇和高密度脂蛋白胆固醇水平的升高和低密度脂蛋白胆固醇水平的降低，当血液中的血脂水平比较高时，由于血液黏稠度增高而出观头晕、肢体乏力、视力模糊、胸闷、肢体麻木、肝区疼痛等症状。如图 8-5 所示，相关精神症状评分在连续饮用酸马乳 21d 后呈显著差异（$P<0.01$）。如表 8-10 所示，通过蒙医酸马乳疗法治疗高脂血症，在精神状态方面的疗效较好，总有效率高达 93.09%。扎木苏等对 50 例高脂血症患者进行临床观察，在连续饮用酸马乳 21d 后，有 28%的患者达到临床控制，有 92%患者的症状有不同程度的改善[34]。以上试验结果说明，高脂血症患者连续饮用酸马乳对其精神症状有不同程度的改善作用。

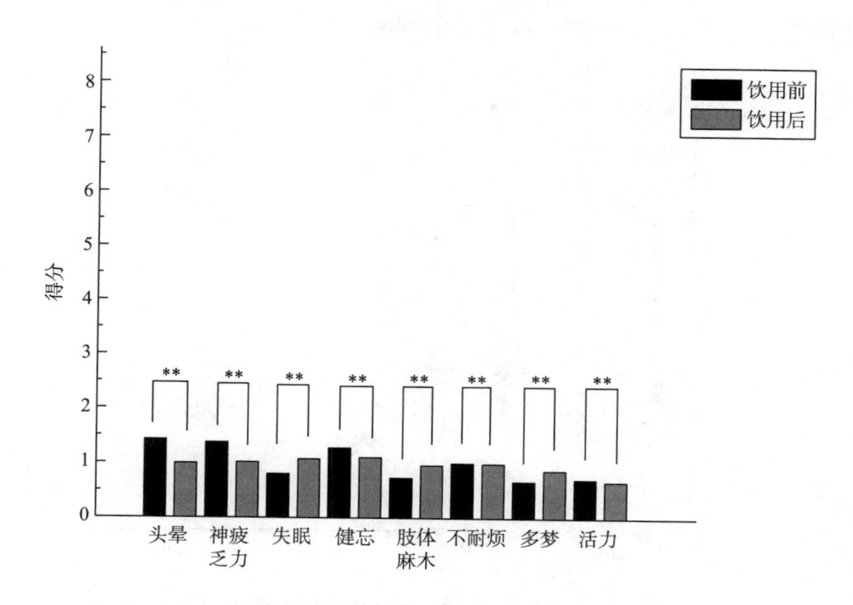

图 8-5　酸马乳对高脂血症患者相关精神症状的改善效果（n =118）

** 表示饮用前后指标差异极显著（P<0.01）。

表 8-10　蒙医酸马乳疗法辅助治疗高脂血症总体疗效评价结果（n =188）

有效程度	占比
临床控制	25.53%
显效	21.28%
有效	46.28%
无效	6.91%
总有效	93.09%

3. 酸马乳对高脂血症患者血脂指标的改善效果

甘油三酯是评价高脂血症患者血脂水平最重要的指标之一。如图 8-6 所示，高脂血症患者在连续饮用酸马乳 21d 后，其甘油三酯的平均浓度由 3.53mmol/L 降至 2.75mmol/L，具有显著差异（P<0.01）。甘油三酯主要存在于血液中的乳糜微粒和极低密度脂蛋白（VLDL）颗粒中，这两种颗粒统称为富含甘油三酯脂蛋白（triglyceride-rich lipoproteins，TRL）。现代流行病学研究已证明，高甘油三酯症是冠心病的独立危险因素[35]。胆固醇是动物组织细胞不可缺少的重要物质，它不仅参与形成细胞膜，而且是合成胆汁酸以及维生素 D 的原料。而长期过量摄入胆固醇，会使其沉积在血管壁周围形成血栓，阻塞血液流通，使血管弹性变弱，血压升高，形成冠状动脉硬化等。在笔者团队试验中，高脂血症患者连续饮用酸马乳 21d 后，其总的平均浓度由 5.86mmol/L 降至 5.65mmol/L，具有显著性差异（P<0.05）。Kris-Etherton 等研究报道，摄入饱和脂肪酸可提高血胆固醇水平，而 Takase 等

通过小鼠动物试验报道中链脂肪酸可降低总胆固醇水平[36,37]。

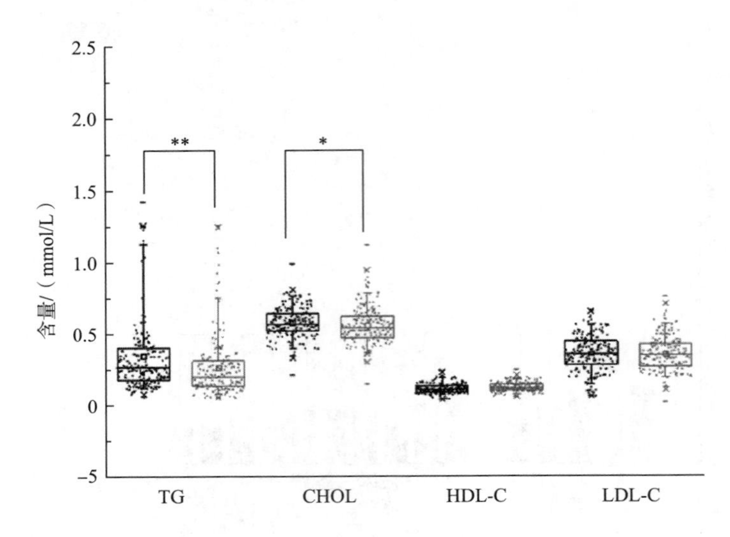

图 8-6 酸马乳对高脂血症患者血脂指标的改善效果（n = 188）

** 表示饮用前后指标差异极显著（P <0.01），* 表示饮用前后指标差异显著（P <0.05）。

酸马乳中含有钙、磷、铁、铜、锌、锰、镁、碘、钾等微量元素和常量元素，并且含有己酸甲酯、辛酸甲酯、癸酸甲酯等中链脂肪酸，进一步说明酸马乳具有降低高脂血症患者体内甘油三酯和胆固醇浓度的营养基础。高脂血症患者高密度脂蛋白胆固醇的平均浓度由 1.24mmol/L 升至 1.26mmol/L，在统计学上不具有显著性差异，但在饮用酸马乳后高密度脂蛋白胆固醇浓度呈上升趋势。高密度脂蛋白胆固醇为血清蛋白之一，具有输出胆固醇、促进胆固醇代谢的作用。流行病学资料已经表明血浆高密度脂蛋白胆固醇与冠状动脉疾病呈负相关，高密度脂蛋白胆固醇与甘油三酯也呈负相关。影响高密度脂蛋白胆固醇浓度的因素有很多，如年龄、性别、种族、饮食、肥胖、饮酒与吸烟、运动、药物等。据报道，高密度脂蛋白胆固醇水平每增加 1mg/dL，冠心病危险性就降低 2%~3%。高密度脂蛋白胆固醇水平<40mg/dL 被认为是冠心病的主要危险因素，而低高密度脂蛋白胆固醇水平被认为是动脉粥样硬化的独立危险因素。笔者团队的试验中，高脂血症患者低密度脂蛋白胆固醇的平均浓度由 3.65mmol/L 降至 3.62mmol/L，在统计学上不具有显著性差异，但在饮用酸马乳后高密度脂蛋白胆固醇浓度呈下降趋势。流行病学资料已经表明高脂蛋白血症，即低密度脂蛋白胆固醇水平过高可以导致动脉粥样硬化，是冠状动脉病的主要危险因素。显著降低低密度脂蛋白胆固醇水平可以减少低密度脂蛋白胆固醇血症患者患心血管病的危险。斯琴巴特尔等研究酸马乳治疗高脂血症的临床疗效，患者连续饮用酸马乳 6 周，每天上午饮用 2 次、下午 2 次，每次 250~400mL，发现患者的甘油三酯浓度由 3.36mmol/L 降至 1.18mmol/L，高密度脂蛋白胆固醇浓度由 0.95mmol/L 升至 1.72mmol/L，低密度脂蛋白胆固醇由 4.32mmol/L 降至 2.79mmol/L[38]。其对血脂指标的改善程度明显好于笔者团队的试验，说明适当提高酸马乳的饮用量可以增强酸马乳治疗高脂血症的临床疗效。

4. 酸马乳对高脂血症患者免疫指标的影响

188 例高脂血症患者在服用酸马乳期间均未出现严重不良反应，且患者的 IgG、IgA 和 IgM 指标在饮用酸马乳前后没有显著性差异，说明高脂血症患者在饮用酸马乳后未发生过敏反应，运用蒙医酸马乳疗法对预防高脂血症具有一定安全性。

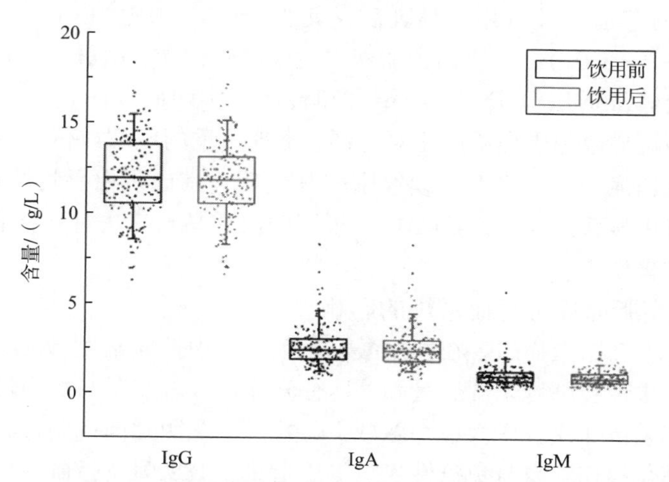

图 8-7　饮用酸马乳对高脂血症患者免疫指标的影响

5. 饮用酸马乳对高脂血症患者生化指标的影响

如图 8-8 所示，高脂血症患者在饮用酸马乳后，除总胆汁酸、总蛋白质和白蛋白外，其他指标均无显著性差异。总胆汁酸的生成与代谢和肝脏有十分密切的关联，一旦干细胞发生病变，血清总胆汁酸很容易升高，所以，总胆汁酸是反映肝实质损伤的一项重要指标。在患者连续饮用酸马乳后，其总胆汁酸平均浓度由 7.41μmol/L 降至 5.37μmol/L，具有极显著差异（$P<0.01$）。

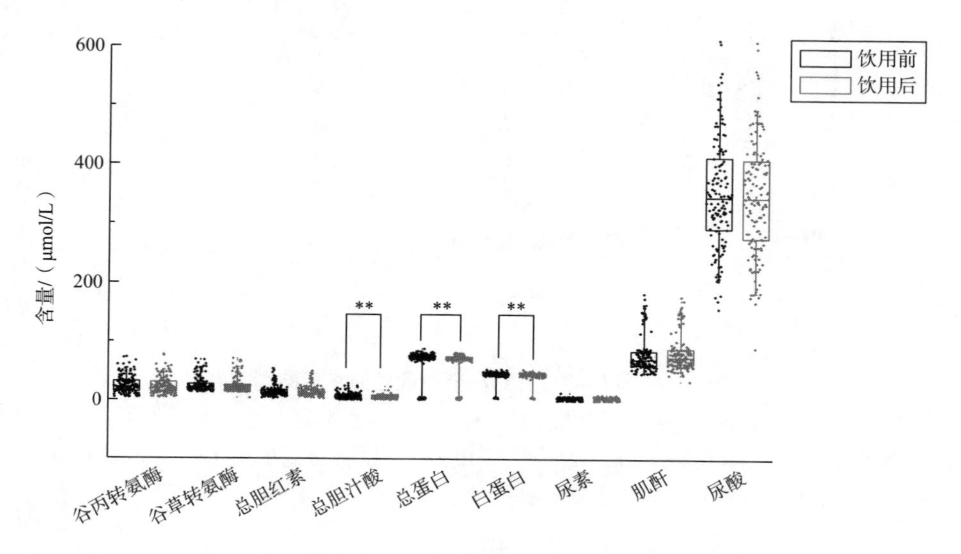

图 8-8　饮用酸马乳对高脂血症患者生化指标的影响

** 代表饮用酸马乳前后指标差异极显著（$P<0.01$）。

肝脏合成的蛋白质占人体蛋白质总量的40%以上，引起体内总蛋白升高的原因主要有：①患者发生呕吐、高热、休克等症状使血液浓缩；②患有系统性红斑狼疮或淋巴瘤等疾病使血液中的球蛋白含量增多；③生理性总蛋白升高，一般是暂时的，通过调理，总蛋白含量会回到正常水平。

188例高脂血症患者连续饮用酸马乳后，其总蛋白平均浓度由66g/L降至64.48g/L，具有极显著差异（$P<0.01$）。白蛋白为血液中主要的蛋白质，由肝脏合成，其主要生理作用包括维持血浆胶体渗透压恒定、物质结合和转运、协调血管内皮完整性、保护血细胞等。一般血液浓缩可导致白蛋白浓度相对升高，出现严重的脱水或休克、急性出血、慢性肾上腺皮质机能减退症等。在患者连续饮用酸马乳后，其白蛋白平均浓度由40.69g/L降至39.67g/L，具有极显著差异（$P<0.01$）。说明蒙医酸马乳疗法对高脂血症患者的肝脏功能有一定程度的改善作用。

6. 酸马乳对高脂血症患者血常规的影响

如图8-9所示，高脂血症患者在饮用酸马乳后，除中性粒细胞数和血小板外，其他指标均无显著差异。中性粒细胞来源于骨髓，具有分叶形或杆状的核，中性粒细胞具有趋化作用、吞噬作用和杀菌作用。中性粒细胞减少可能是革兰阴性菌或病毒感染、由X射线或化学物质造成的理化损伤、自身免疫性疾病等引起的。188例高脂血症患者连续饮用酸马乳后，其中性粒细胞平均浓度由54.86%上升至56.85%，具有极显著差异（$P<0.01$）。

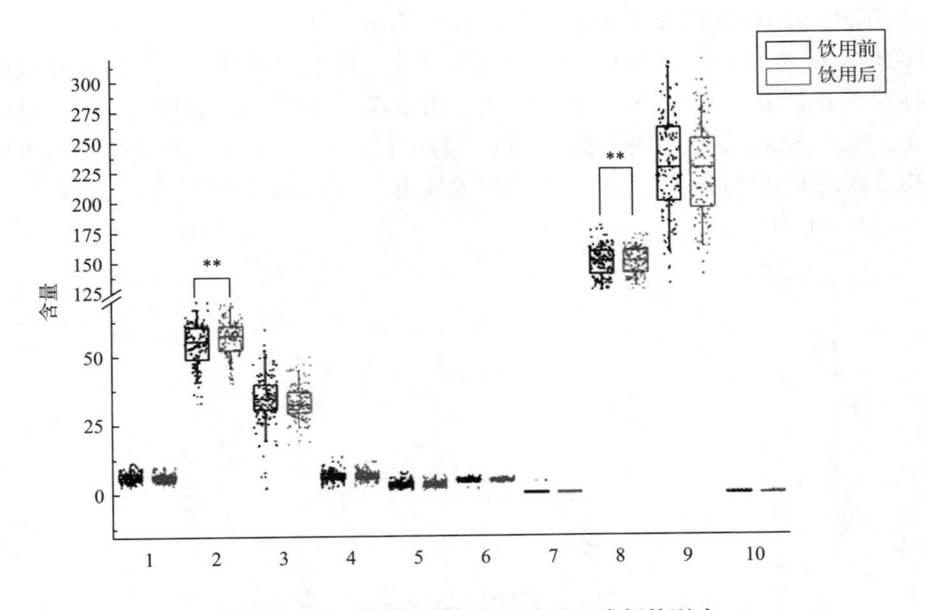

图8-9 饮用酸马乳对高脂血症患血常规的影响

1—白细胞（$\times10^9$/L）；2—中性粒细胞百分比（%）；3—淋巴细胞百分比（%）；4—单核细胞百分比（%）；5—中性粒细胞计数（$\times10^9$/L）；6—红细胞（$\times10^9$/L）；7—红细胞压积（%）；8—血红蛋白HGB（$\times10^9$/L）；9—血小板PLT（$\times10^9$/L）；10—血小板压积（%）。

血小板是哺乳动物血液中的有形成分之一，是骨髓成熟的巨核细胞细胞质裂解脱落下来的具有生物活性的小块细胞质。血小板在止血、伤口愈合、炎症反应、血栓形成及器官移植排斥等生理和病理过程中和具有重要作用，血小板浓度增高，会引起血栓等疾病。患者连续饮用酸马乳后，其血小板平均浓度由 230×10^9/L 下降至 223.23×10^9/L，具有极显著差异（$P<0.01$）。

7. 酸马乳对高脂血症患者尿常规的影响

如表 8-11 所示，高脂血症患者在饮用酸马乳后，其尿常规指标合格率整体呈上升趋势，说明蒙医酸马乳疗法对高脂血症患者的肾脏功能有一定程度的改善作用。

表 8-11　饮用酸马乳对高脂血症患者尿常规指标合格率的影响

项目	饮用前	饮用后
尿葡萄糖	94.97%	96.86%
尿胆红素	98.74%	98.74%
酮体	96.86%	100.00%
酸碱度	5.59%	5.62%
尿蛋白	96.86%	98.74%
尿胆原	99.37%	100.00%
亚硝酸盐	98.11%	98.74%
隐血	93.08%	96.86%
白细胞	98.11%	99.37%

（二）酸马乳对高脂血症患者粪便肠道菌群及代谢组的影响

笔者团队结合内蒙古锡林郭勒盟蒙医医院多年从事酸马乳辅助治疗各种慢性疾病的经验和事实，招募血脂水平明显升高患者 13 名（43~57 岁，男 7 名，女 6 名）。受试者进行为期 60d 的酸马乳辅助降血脂治疗，饮用酸马乳 750g/d（每日 3 次，每次饭前 250g）。在第 0 天、第 30 天和第 60 天分别收集粪便样品，立即运送回实验室并保存在-80°C 冰箱内，直至进行肠道菌群及代谢组检测分析。

1. 酸马乳对高脂血症患者肠道菌群 α 多样性的影响

采集 13 例高脂血症患者饮用酸马乳第 0 天、第 30 天和第 60 天 3 个时间点的粪便样品，应用 PacBio SMRT 测序技术对粪便中的微生物进行分析。从 39 份粪便样品中共获得 235844 条高质量、完整的 16S rRNA 基因序列，每个样品平均序列为 6047 条（范围为 2099~14025，方差 = 2425）。根据序列的 97%相似度水平划分操作分类单元后，共得到 90657 个具有代表性的 OUT。Chao1 指数和发现物种数用于评估样品中菌群的丰度，香农指数和辛普森指数用于评估样品中的微生物多样性。利用 Mann-Whitney 检验对 3 个时间点样品的 α 多样性指数进行比较分析，结果如图 8-10 所示。饮用酸马乳的第 60 天，患者肠道菌群的 Chao1 指数较第 30 天显著增加（$P=0.04$），饮用酸马乳的第 60 天，患者肠道菌群发现物种数、香农指数和辛普森指数显著高于第 0 天和第 30 天（$P<0.05$）。结果表明酸马乳显著增加了高脂血症患者肠道菌群的丰度和多样性。

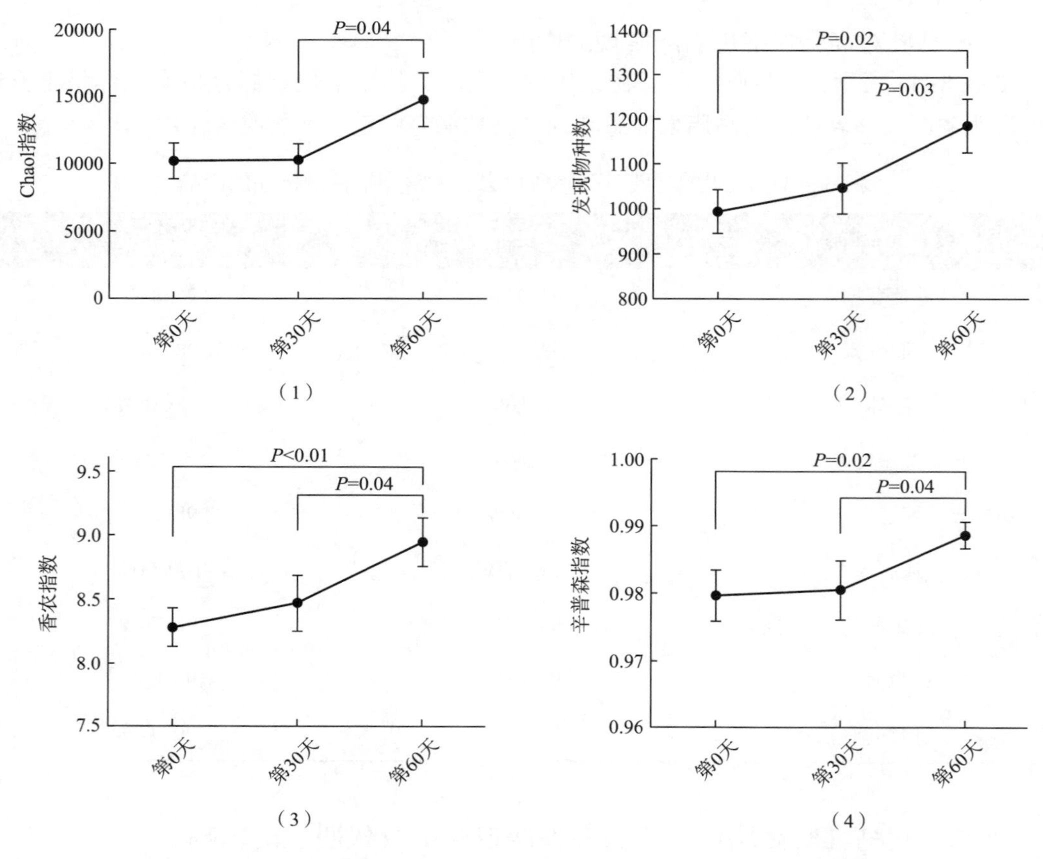

（1）Chao1 指数　（2）发现物种数　（3）香农指数　（4）辛普森指数

图 8-10　饮用酸马乳第 0 天、第 30 天和第 60 天患者肠道菌群 α 多样性

2. 酸马乳对高脂血症患者肠道菌群整体群落结构的影响

在门水平上，共检测到 12 个菌门，其中平均相对含量>1%的菌门有 4 个，包括拟杆菌门（47.56%）、厚壁菌门（43.50%）、变形菌门（3.72%）和梭杆菌门（2.38%）。在属水平上，共检测到 135 个细菌属，其中平均相对含量>1%的细菌属有 17 个，包括拟杆菌属（*Bacteroides*，34.87%）、普氏菌属（*Prevotella*，7.41%）、梭菌属（*Clostridium*，6.58%）、栖粪杆菌属（*Faecalibacterium*，5.61%）、瘤胃球菌属（*Ruminococcus*，5.29%）、真细菌属（*Eubacterium*，4.61%）、戴阿利斯特杆菌属（*Dialiste*，3.40%）、别样杆菌属（*Alistipes*，2.45%）、梭杆菌属（*Fusobacterium*，2.30%）、巨型球菌属（*Megasphaera*，2.04%）、副拟杆菌属（*Parabacteroides*，1.86%）、多尔氏菌属（*Dorea*，1.75%）、乳杆菌属（1.61%）、氏菌属（*Roseburia*，1.48%）、粪球菌属（*Coprococcus*，1.33%）、考拉杆菌属（*Phascolarctobacterium*，1.16%）、柠檬酸杆菌属（*Citrobacter*，1.02%）和肠杆菌属（*Escherichia/Shigella*，1.00%），如彩图 8-1 所示。

在种水平上，共检测到296个细菌种，其中平均相对含量>1%的菌种有21个，包括多氏居海事城球杆菌（*Phocaeicola dorei*，曾用名*Bacteroides dorei*，曾用中文名多氏拟杆菌，17.55%）、粪便普雷沃氏菌（*Prevotella copri*，7.39%）、柔嫩梭菌（*Faecalibacterium prausnitzii*，5.59%）、直肠真杆菌（*Eubacterium rectale*，3.33%）、单形拟杆菌（*Bacteroides uniformis*，3.12%）、浑浊戴氏菌（*Dialister invisu*，2.56%）、脆弱拟杆菌（*Bacteroides fragilis*，2.24%）、粪瘤胃球菌（*Ruminococcus faecis*，1.92%）、布氏瘤胃球菌（*Ruminococcus bromii*，1.89%）、死亡梭杆菌（*Fusobacterium mortiferum*，1.82%）、平常居海事城球杆菌（Phocaeicola plebeius 曾用名*Bacteroides plebeius*，1.78%）、罗氏乳杆菌（*Lactobacillus rogosae*，1.58%）、卵形拟杆菌（*Bacteroides ovatus*，1.42%）、长链多尔氏菌（*Dorea longicatena*，1.27%）、埃尔登氏巨球形菌（*Megasphaera elsdenii*，1.18%）、粪考拉杆菌（*Phascolarctobacterium faecium*，1.16%）、马西利亚居海事城球杆菌（*Phocaeicola massiliensis*，曾用名*Bacteroides massiliensis*，曾用中文名马西利亚拟杆菌，1.14%）、伴生粪球菌（*Coprococcus comes*，1.09%）、多形拟杆菌（*Bacteroides thetaiotaomicron*，1.05%）、昂氏别样杆菌（*Alistipes onderdonkii*，1.03%）、痢疾志贺氏菌（*Shigella dysenteriae*，1.00%）（彩图8-1）。

3. 酸马乳对高脂血症患者肠道菌群 β 多样性的影响

利用主坐标分析对患者饮用酸马乳第0天、第30天和第60天3个时间点的肠道菌群群落结构进行可视化，结果如彩图8-2所示。基于非加权和加权第一主成分、第二主成分和第三主成分的主坐标分析，均发现不同时间点的样品没有呈现出明显的聚类趋势，而同一个体的样本通常聚集在一起（相同颜色的线连接即为同一个体），结果表明个体差异比酸马乳对肠道菌群群落结构的影响更大。

进一步基于非加权UniFrac距离进行PERMANOVA分析，以评估个体差异和酸马乳对肠道菌群结构的影响。分析发现个体差异对肠道菌群结构有显著影响（$P<0.05$），而酸马乳对肠道菌群结构的影响较小（$P>0.05$），这一结果再次表明个体差异大于酸马乳对肠道菌群结构的影响。为了进一步探究饮用酸马乳不同时间点肠道菌群结构是否存在显著差异，在主坐标分析的基础上，分别选取基于非加权和加权主指标分析前85%的主成分进行MANOVA分析，基于加权UniFrac距离，第30天和第60天肠道菌群结构与第0天存在显著差异（$P=0.01$），第30天到第60天肠道菌群结构之间没有显著差异（$P>0.05$）（图8-11）。通过主坐标典型相关分析可以看出，相同时间点的样品有明显的聚类趋势。结果表明尽管个体差异对肠道菌群结构影响较大，但酸马乳仍对患者肠道中的一些菌群产生了显著影响。

4. 酸马乳对高脂血症患者肠道菌群相对含量的影响

在属水平上，饮用酸马乳期间持续增加的菌属主要有7个，分别为属于厚壁菌门的戴阿利斯特菌属、多尔氏菌属、链形杆菌属和厌氧棒状菌属，属于拟杆菌门的拟杆菌属，属于变形菌门的萨特氏菌属和弯钩菌属；持续减少的菌属主要有4个，分别为属于厚壁菌门的梭菌属，属于梭杆菌门的梭杆菌属，属于变形菌门的柠檬酸杆菌属和属于拟杆菌门的臭气杆菌属，如表8-12所示。

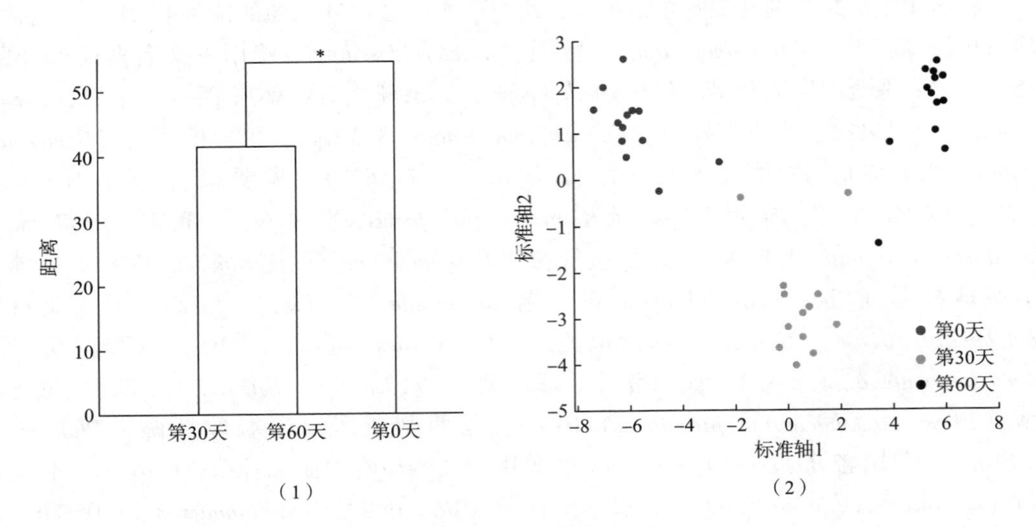

图 8-11　饮用酸马乳第 0 天、第 30 天和第 60 天患者肠道菌群结构的主坐标分析

图（1）（2）分别为基于非加权 Unifrac 距离主坐标前 85%主成分的 MANOVA 分析；* 表示 $P<0.05$。

表 8-12　饮用酸马乳期间相对含量持续增加和减少的主要菌属

细菌属	平均相对含量/%			变化趋势
	第 0 天	第 30 天	第 60 天	
拟杆菌属	31.18	36.58	36.86	↑
戴阿利斯特菌属	2.26	3.36	4.59	↑
多尔氏菌属	1.63	1.66	1.98	↑
萨特氏菌属	0.37	0.46	0.75	↑
弯钩菌属	0.00	0.27	0.52	↑
链形杆菌属	0.15	0.16	0.17	↑
厌氧棒状菌属	0.02	0.03	0.03	↑
梭菌属	7.60	6.20	5.94	↓
梭杆菌属	2.89	2.43	1.59	↓
柠檬酸杆菌属	1.02	0.38	0.01	↓
臭气杆菌属	0.10	0.09	0.08	↓

注：↑代表增加；↓代表减少。

在种水平上，饮用酸马乳期间持续增加的菌种主要有 10 个，包括单形拟杆菌、脆弱拟杆菌、长链多尔氏菌、马西利亚居海事城球杆菌、粪便罗斯氏菌（*Roseburia faecis*）、三冈链形杆菌（*Catenibacterium mitsuokai*）、诺德氏拟杆菌（*Bacteroides nordii*）、噬糖梭菌

(*Clostridium saccharogumia*)、啮齿拟杆菌（*Bacteroides rodentium*）和解葡糖酰胺布劳特氏菌（*Blautia glucerasea*）。饮用酸马乳期间持续减少的菌属主要有 8 个，包括死亡梭杆菌、产粪甾醇真杆菌（*Eubacterium coprostanoligenes*）、惰性真杆菌（*Eubacterium siraeum*）、内脏臭气杆菌（*Odoribacter splanchnicus*）、多枝梭菌（*Clostridium ramosum*）、象牙海岸梭菌（*Clostridium lituseburense*）、霍氏真杆菌（*Eubacterium hallii*）和淤泥布劳特氏菌（*Blautia luti*）等。每个时间点平均相对含量如表 8-13 所示。

表 8-13　饮用酸马乳期间相对含量持续增加和减少的主要菌种

细菌种	平均相对含量/%			变化趋势
	第 0 天	第 30 天	第 60 天	
马西利亚拟杆菌	2. 57	3. 32	3. 46	↑
脆弱拟杆菌	1. 67	2. 48	2. 57	↑
长链多尔氏菌	1. 12	1. 32	1. 38	↑
粪便罗斯氏菌	0. 31	0. 38	0. 62	↑
三冈链形杆菌	0. 15	0. 15	0. 17	↑
诺德氏拟杆菌	0. 02	0. 04	0. 04	↑
三冈链形杆菌	0. 02	0. 03	0. 04	↑
诺德氏拟杆菌	0. 01	0. 02	0. 03	↑
解葡糖酰胺布劳特氏菌	0. 00	0. 001	0. 003	↑
死亡梭杆菌	2. 38	1. 86	1. 21	↓
产粪甾醇真杆菌	0. 46	0. 41	0. 39	↓
惰性真杆菌	0. 14	0. 03	0. 02	↓
内脏臭气杆菌	0. 10	0. 09	0. 08	↓
多枝梭菌	0. 08	0. 07	0. 02	↓
象牙海岸梭菌	0. 04	0. 004	0. 003	↓
霍氏真杆菌	0. 03	0. 02	0. 02	↓
淤泥布劳特氏菌	0. 02	0. 01	0. 01	↓

注：↑代表增加；↓代表减少。

5. 酸马乳对高脂血症患者的肠型分析

对 13 例高脂血症患者饮用酸马乳第 0 天和第 60 天的肠道菌群进行聚类分析，结果如图 8-12 所示。由 Calinski-Harabasz（CH）指数结果可知，13 名高脂血症患者肠道菌群分为两种不同的肠型。在种水平上，B 型肠型的优势细菌种为多氏拟杆菌（第 0 天：20. 36%，第 60 天：20. 98%），P 型肠型的优势菌种为粪便普雷沃氏菌（第 0 天：40. 12%，第 60 天：34.74%）。

对受试者的肠道共生菌群进行分型，肠道菌群富含普氏菌的为 P 肠型；富含拟杆菌的为 B 肠型。在饮用酸马乳 0~60d 期间，肠型保持不变，但在属水平上，普氏菌型（P 型）肠型患者肠道中戴阿利斯特杆菌属的相对含量由 8.05%增加至 19.45%，别样杆菌属的相对含量由 2.91%下降至 0.51%。B 型肠型患者肠道中瘤胃球菌属的相对含量由 3.68%增加至 5.12%，副拟杆菌属的相对含量由 3.22%降低至 1.77%。表明酸马乳对不同肠型的患者的某些菌群的影响不同。

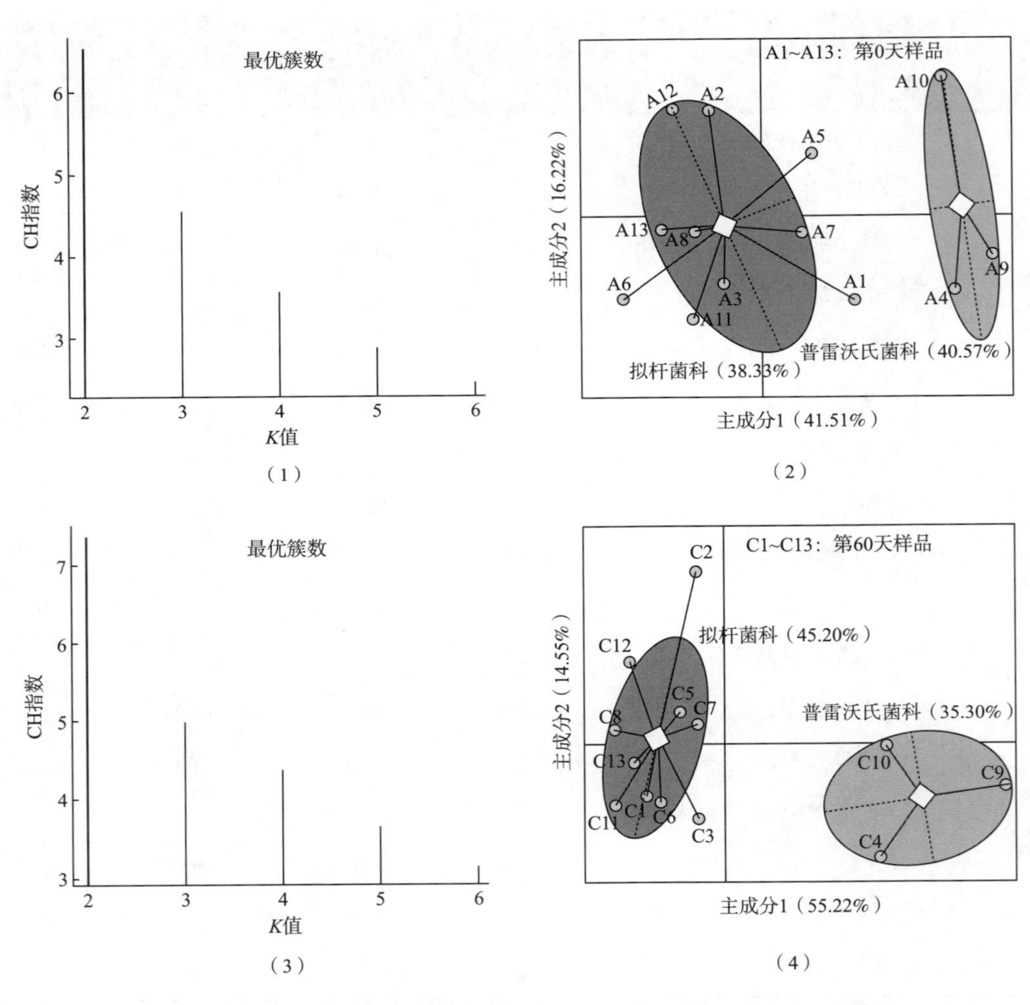

图 8-12 基于 K 均值聚类的肠道菌群 PCoA 图（第 0 天和第 60 天）

(三)酸马乳对高脂血症患者粪便差异代谢物的影响

1. 基于 UPLC-Q/TOF-MS 对高脂血症患者粪便差异代谢物分析

基于 UPLC-Q/TOF-MS 的代谢组对 13 例高脂血症患者饮用酸马乳第 0 天、第 30 天和第 60 天的粪便差异代谢物分析发现，与第 0 天的代谢物检测相比，89 个差异代谢物在第

30 天发生显著变化，其中 35 个差异代谢物发生上调，54 个差异代谢物发生下调。与第 0 天相比，第 60 天时共有 64 个差异代谢物发生显著变化，其中 31 个差异代谢物发生上调，33 个差异代谢物发生下调。如图 8-15 所示，PCA 显示，这些差异代谢物可以区分饮用和不饮用酸马乳的高脂血症患者，并从第 0 天与第 30 天和第 0 天与第 60 天的差异代谢物中筛选出 7 个共同的代谢物，这可能是与饮用酸马乳关系最密切的生物标志物。基于 LC-MS 技术检测到的代谢产物，通过 HMDB 和 METLIN 进行鉴定发现这些特征代谢物为脂肪酸（亚油酸和硬脂酸）、维生素（α-生育三烯醇、γ-生育三烯醇和吡哆醇）、鞘脂（鞘氨醇）和三萜（熊果酸）。

基于 UPLC-Q/TOF-MS 技术鉴定出的差异代谢物，通过 MetaboAnalyst 构建了由酸马乳引起的差异代谢途径，发现高脂血症患者饮用酸马乳 30d 后，代谢途径与初级胆汁酸的生物合成、色氨酸和磷酸戊糖代谢相关的途径有显著变化；饮用酸马乳 60d 后，与维生素 B_6 和脂肪酸代谢相关的途径受到显著影响。代谢途径包括脂肪酸代谢以及维生素 B_6 代谢，在这些代谢途径中，特征代谢物亚油酸、硬脂酸和吡哆醇的相对含量均增加。3 种特征代谢物在 60d 内的相对含量均保持上升趋势，硬脂酸和亚油酸在第 60 天时与第 30 天比有轻微下降现象，但仍显著高于初始相对含量。

如图 8-13 所示，高脂血症患者在第 0 天、第 30 天和第 60 天之间的差异结果表明，第 0 天与第 30 天、第 0 天与第 60 天差异较大，而第 30 天和第 60 天则相似。经 iECVA 和 ECVA 分析，第 60 天相较第 0 天患者粪便短链脂肪酸（乙酸和丁酸）和酪氨酸的相对含量增加，延胡索酸、葡萄糖和丙氨酸的相对含量则降低。

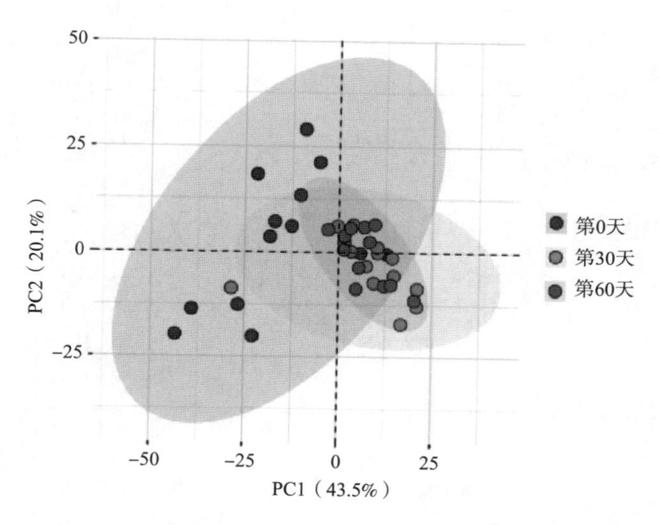

图 8-13 高脂血症患者一维核磁共振氢谱（^{1}H-NMR） PCA

2. 酸马乳对高脂血症患者粪便 15 种胆汁酸含量的影响

基于 UPLC-MS/MS 胆汁酸检测方法，定量检测粪便中的 15 种胆汁酸，即脱氢胆酸（DDCA）、牛磺脱氧胆酸（TDCA）、熊去氧胆酸（UDCA）、胆酸（CA）、甘氨熊脱氧胆酸（GUDCA）、甘氨胆酸（GCA）、牛磺熊脱氧胆酸（TUDCA）、牛磺胆酸（TCA）、鹅去氧胆酸（CDCA）、甘氨脱氧胆酸（GDCA）、去氧胆酸（DCA）、甘氨鹅脱氧胆酸（GCDCA）、牛磺鹅脱氧胆酸（TCDCA）、石胆酸（LCA）和牛磺石胆酸（TLCA）。如图 8-14 所示，检测到饮用酸马乳后高脂血症患者粪便中胆汁酸 CA、CDCA、DCA 和 LCA 的含量变化不显著，表明酸马乳对这 4 种胆汁酸代谢的影响不显著。胆汁酸 TDCA 和

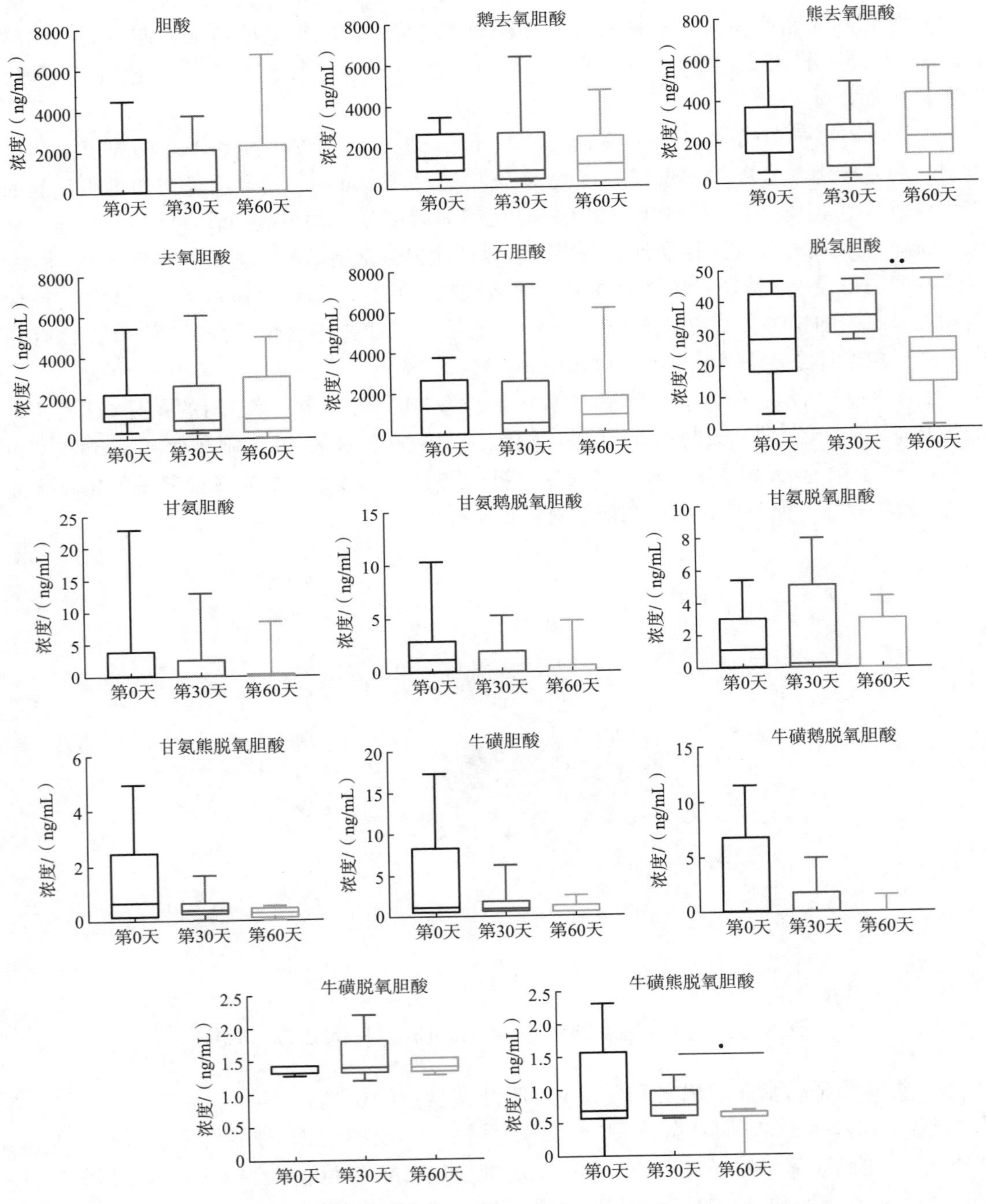

图 8-14　饮用酸马乳对高脂血症患者粪便中 14 种胆汁酸含量的影响

GDCA 的含量在第 30 天增多，第 60 天下降但不显著，UDCA 的变化趋势则刚好相反，同样也不显著。高脂血症患者粪便中胆汁酸 TCA、TCDCA 和 TUDCA 及 GCA、GCTCA 和 GUDCA 的含量在饮用酸马乳后均连续下降；其中第 60 天时 TUDCA 含量显著低于第 30 天（$P<0.05$）。第 30 天的胆汁酸 DDCA 含量高于第 0 天，且显著高于第 60 天（$P<0.01$）。本研究中对胆汁酸 TLCA 含量的检测低于检出限，不具有统计意义。通过对患者粪便中 14 种胆汁酸总量的分析发现，与第 0 天相比，HLP 患者在第 30 天和第 60 天的胆汁酸总排泄量分别增加 4.75%和 9.88%。

3. 代谢物的相关性分析

基于 STITCH 验证选择特征代谢物与高脂血症相关化学物质的相互作用。如图 8-15 所示，硬脂酸、亚油酸、葡萄糖、乙酸、丙氨酸、丁酸和鞘氨醇与胆固醇有直接的相互作用；其中硬脂酸、亚油酸、葡萄糖、乙酸和丙氨酸得分较高，说明数据有较高的支持度。延胡索酸、酪氨酸、吡哆醇、熊果酸、α-生育三烯醇和 γ-生育三烯醇与胆固醇没有直接作用，但能间接影响到胆固醇。硬脂酸、亚油酸、葡萄糖、乙酸和丙氨酸与甘油三酯也有直接的相互作用，但强度低于胆固醇。如图 8-16 所示，代谢物在体内的代谢途径。丁酸和鞘氨醇能抑制胆固醇和甘油三酯从肠道到血液的转化运输，丁酸还能够阻断 LDL-C 从肝脏到血液的跨膜转运；酪氨酸和熊果酸能够加速脂肪酸水解和 LDL-C 氧化，从而降低血脂浓度；丁酸和生育三烯酚抑制内源性胆固醇的合成；乙酸、亚油酸和熊果酸可以减少内源性甘油三酯的合成。由此可见，笔者团队选择的代谢物可能在改善高脂血症方面发挥着关键作用。

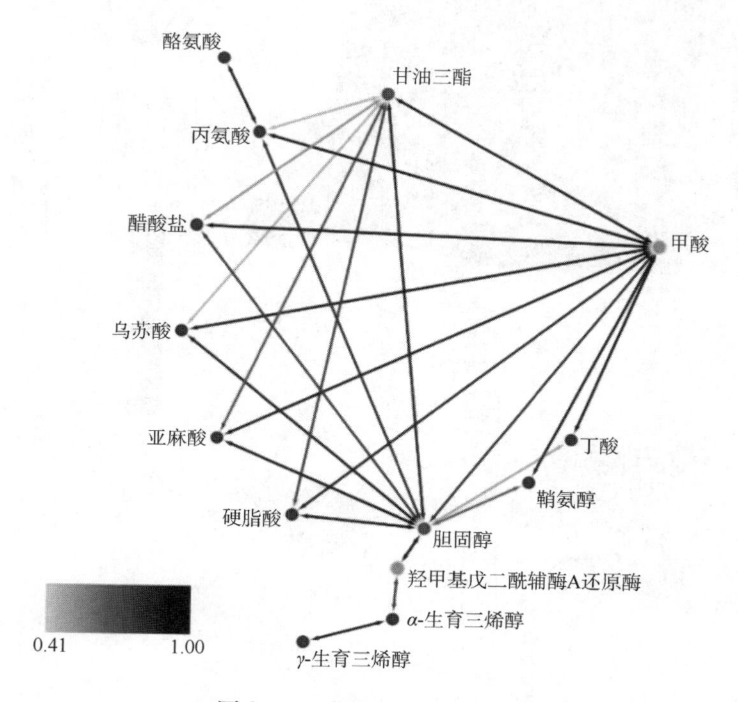

图 8-15　代谢物相互作用网

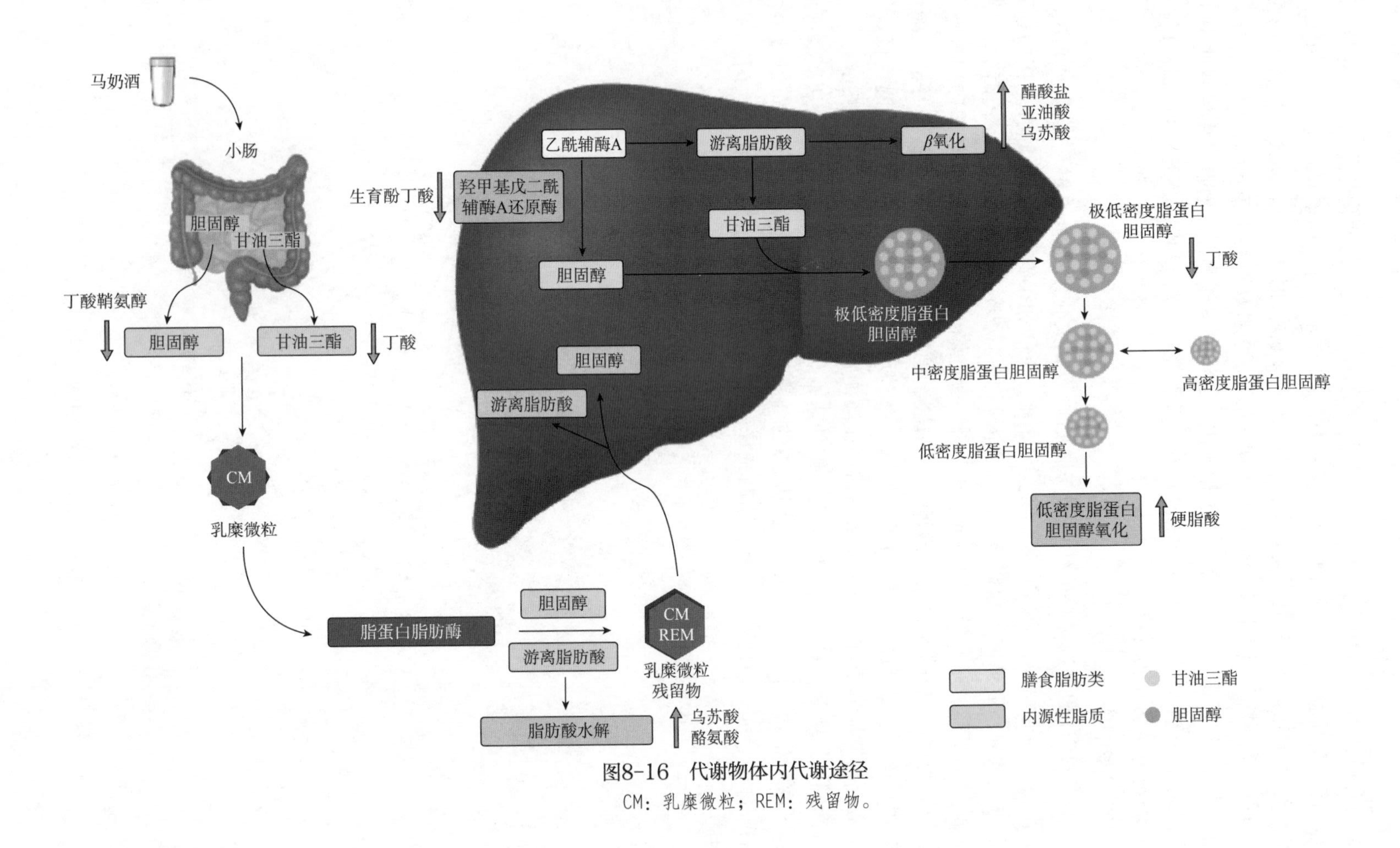

图8-16　代谢物体内代谢途径

CM：乳糜微粒；REM：残留物。

4. 代谢物与肠道菌群的相关性分析

对饮用酸马乳的高脂血症患者粪便代谢物与肠道微生物进行相关性分析，结果如彩图 8-3 所示。在属水平上，埃希菌属/志贺菌属（*Escherichia/Shigella*）与 CA（r=-0.61，P<0.01）和 TCA（r=-0.53，P<0.01）、梭菌属（*Clostridium*）与 TCA（r=-0.43，P<0.01）、拟杆菌属（*Bacteroides*）与 TCDCA（r=-0.41，P<0.05）和栖粪杆菌属（*Faecalibacterium*）与硬脂酸（r=-0.44，P<0.01）呈负相关，埃希氏菌属/志贺氏菌属与 LCA（r=0.42，P<0.05）和戴阿利斯特菌属（*Dialister*）与 CA（r=0.42，P<0.05）呈正相关。在种水平上，埃希菌属/痢疾志贺氏菌（*Escherichia/Shigella dysenteriae*）与 CA（r=-0.61，P<0.01）和 TCA（r=-0.53，P<0.01）、马西利亚居海事城球杆菌与 TCA（r=-0.54，P<0.01）、多氏居海事城球杆菌（*Phocaeicola dorei*，曾用名 *Bacteroides dorei*）与 TCDCA（r=-0.48，P<0.01）和 TUDCA（r=-0.44，P<0.01）、卵形拟杆菌与 GCDCA（r=-0.41，P<0.05）呈负相关，埃希菌属/痢疾志贺氏菌与 LCA（r=0.42，P<0.05），平常居海事城球杆菌与 TCA（r=0.59，P<0.01）、TCDCA（r=0.56，P<0.01）、TUDCA（r=0.51，P<0.01）以及 CA（r=0.44，P<0.01）和单形拟杆菌（*Bacteroides uniformis*）与亚油酸（r=0.41，P<0.05）呈正相关。

TCDCA 是法尼酯 X 受体（FXR）最有效的内源性激动剂，能促进肠道脂质吸收，并与 FXR、TGR5 和 S1PR2 等不同受体结合，平常居海事城球杆菌（*Phocaeicola plebeius*，曾用名 *Bacteroides plebeius*）与 TCA 及其衍生物 TCDCA 等均呈正相关，也可能对胆汁酸的代谢产生间接影响[39]。拟杆菌属（*Bacteroides*）是 B 族维生素合成的主要菌群，而吡哆醇是 B 族维生素的一种形式，与脆弱拟杆菌（*Bacteroides fragilis*）呈正相关，经过维生素 B_6 代谢途径形成[40]。我们测定粪便的胆汁酸含量中，LCA 含量有不明显的降低趋势，据报道，饮食中的维生素 B_6 被证实可以减少高脂饮食诱导的大鼠肠道中有毒的胆汁酸 LCA 的产生[41]。本研究发现高脂血症患者在饮用酸马乳后，其胆汁酸总排泄量增加。胆汁盐解结合的关键酶是胆汁酸水解酶（BSH），由拟杆菌属、双歧杆菌属、梭菌属和乳杆菌属等细菌产生，BSH 通过解除肠道微生物与胆汁酸的连接降低胆汁酸的重吸收，使粪便排泄量增加。

（四）影响酸马乳对高脂血症患者辅助治疗效果的因素分析

1. 患者性别

对 188 例高脂血症患者的血脂数据按性别进行分类，分析患者性别对饮用酸马乳效果的影响，结果如表 8-14 所示。

表 8-14 饮用酸马乳对不同性别患者血脂指标的影响 单位：mmol/L

血脂指标	男性（n=128）		女性（n=60）	
	饮用前	饮用后	饮用前	饮用后
TG	4±0.26**	3.12±0.21**	2.51±0.24**	1.94±0.14**
CHOL	5.78±0.09	5.59±0.11	6.04±0.14	5.79±0.19

续表

血脂指标	男性（n=128）		女性（n=60）	
	饮用前	饮用后	饮用前	饮用后
HDL-C	1.15±0.03	1.17±0.02	1.42±0.05	1.43±0.05
LDL-C	3.42±0.11	3.40±0.09	4.12±0.17	3.97±0.18

注：** 表示饮用前后指标差异极显著（P<0.01）；无显著性差异（P >0.05）不标记。

连续饮用酸马乳 21d 后，男性和女性患者的 TG 浓度均与饮用前的 TG 浓度有显著差异（P <0.05），男性的平均降幅为 0.88mmol/L，而女性的平均降幅为 0.57mmol/L，略低于男性；男性 HDL-C 的平均升幅为 0.02mmol/L，而女性的平均降幅仅为 0.01mmol/L，略低于男性；男性 CHOL 的平均降幅为 0.19mmol/L，而女性的平均降幅为 0.25mmol/L，略高于男性；男性 LDL-C 的平均降幅为 0.02mmol/L，而女性的平均降幅为 0.25mmol/L，明显高于男性。说明饮用酸马乳对男性患者 TG、HDL-C 水平的改善程度大于对女性患者，而饮用酸马乳对女性患者 CHOL 和 LDL-C 水平的改善程度大于对男性患者。

2. 患者年龄

根据世界卫生组织提出的新年龄分段，将本试验的高脂血症患者分为：青年人（18~44 岁）、中年人（45~59 岁）和年轻老年人（60~74 岁），分析患者年龄对饮用酸马乳效果的影响。如表 8-15 所示，连续饮用酸马乳 21d 后青年高脂血症患者的血脂指标改善程度好于中年人和年轻老年人，中年人血脂指标改善程度好于年轻老年人，说明青年人在蒙医酸马乳疗法作用下具有更快的血脂指标恢复能力。可据此为不同年龄段患者酌情调整酸马乳辅助治疗方案。

表 8-15　饮用酸马乳对不同年龄段患者血脂指标的影响　单位：mmol/L

血脂指标	青年人（n=51）		中年人（n=94）		年轻老年人（n=43）	
	饮用前	饮用后	饮用前	饮用后	饮用前	饮用后
TG	4.01±0.4**	2.87±0.27**	3.55±0.28**	2.91±0.24**	2.9±0.37**	2.24±0.31**
CHOL	5.72±0.15**	5.22±0.14**	5.82±0.11	5.71±0.14	6.13±0.17	6.05±0.21
HDL-C	1.1±0.04	1.17±0.03	1.24±0.04	1.22±0.03	1.38±0.06	1.40±0.06
LDL-C	3.24±0.17	3.12±0.14	3.71±0.13	3.59±0.12	4.07±0.2	4.06±0.21

注：** 表示饮用前后指标差异极显著（P <0.01）；无显著性差异（P >0.05）不标记。

3. 患者病程

如表 8-16 所示，高胆固醇血症患者在饮用酸马乳前后，其血脂指标不具有显著差异。高甘油三酯血症患者在饮用酸马乳前后，其 TG 水平显著下降（P <0.05）。混合型高脂血症患者在连续饮用酸马乳 21d 后，其 TG 和 CHOL 含量均比饮用前的含量显著下降（P <0.01）。低高密度脂蛋白血症患者在饮用酸马乳后，其 TG、HDL-C 和 LDL-C 均有显著改善（P <0.01），其 CHOL 也呈明显下降趋势。说明饮用酸马乳对低高密度脂蛋白血症患者

和混合型高脂血症患者的血脂指标具有更加明显的改善作用，可据此对患有不同高脂血症类型的患者酌情调整酸马乳辅助治疗方案。

表 8-16　饮用酸马乳对不同类型高脂血症患者血脂指标的影响　单位：mmol/L

血脂指标	高胆固醇血症（$n=22$）		高甘油三酯血症（$n=70$）		混合型高脂血症（$n=77$）		低高密度脂蛋白血症（$n=27$）	
	饮用前	饮用后	饮用前	饮用后	饮用前	饮用后	饮用前	饮用后
TG	1.39±0.04	1.33±0.07	3.9±0.25*	3.27±0.25*	4.34±0.37**	2.96±0.28**	6.99±0.82**	3.96±0.48**
CHOL	6.51±0.13	6.24±0.23	5.13±0.08	5.07±0.12	6.69±0.09**	6.13±0.17**	5.66±0.18	5.24±0.18
HDL-C	1.57±0.07	1.58±4.75	1.09±0.03	1.10±3.06	1.2±0.04	1.24±3.9	0.77±0.02**	0.94±2.67**
LDL-C	4.75±0.19	4.48±0.22	3.06±0.11	3.05±0.1	3.9±0.18	3.86±0.16	2.67±0.25**	3.13±0.19**

注：** 代表饮用前后指标差异极显著（$P<0.01$）；无显著性差异（$P>0.05$）不标记。

第三节　酸马乳与胃脏健康

一、酸马乳与慢性胃炎

慢性胃炎是常见、高发的消化系统疾病，在幽门螺杆菌（HP）感染、不健康饮食和生活习惯等多方面因素的作用下，患者的胃黏膜受损，发生慢性炎细胞浸润。慢性胃炎会出现恶心、呕吐、腹胀、腹痛等躯体症状。此外，疾病也会增加患者的心理负担，产生焦虑、烦躁的情绪[42]。临床多应用具有抗菌、抑酸、保护胃黏膜等功效的药物，可缓解临床症状，促进胃功能的恢复。

将 100 例慢性胃炎患者分为酸马乳治疗组、酸马乳蒙药结合组以及西药治疗对照组，通过测定患者各项症状指标，了解酸马乳疗法对治疗慢性胃炎的临床疗效。

（一）患者招募及观测指标

笔者团队结合内蒙古锡林郭勒盟蒙医医院多年从事酸马乳辅助治疗各种慢性疾病的经验和事实，在 2015 年 6 月—2016 年 9 月期间，招募 100 例慢性胃炎患者志愿者，分为酸马乳治疗组（34 例）、酸马乳蒙药结合组以及西药对照治疗组（33 例）。参照 2012《中国慢性胃炎共识意见》，进行诊断和辨证分型，所有病例均进行电子胃镜确诊。并通过^{14}C（^{13}C）——尿素呼气试验判断幽门螺杆菌的感染情况。蒙医诊断依据 2002 年出版的《蒙古学百科全书——医学卷（蒙文版）》《中国医学百科全书——蒙医学（汉语版）》

进行。

1. 组间用药情况

(1) 酸马乳治疗组　三餐前喝 250mL 酸马乳。

(2) 酸马乳蒙药结合组　早：蒙药哈日嘎布日-10 3g 开水送服；中：壮西-21 3g；晚：巴特日-7+汤钦-25，各 3g 开水送服，三餐前喝 250mL 酸马乳。

(3) 西药治疗对照组　阿莫西林胶囊 0.5g/次，三餐后口服；克拉霉素胶囊 0.25g/次，早晚餐后口服；奥美拉唑肠溶胶囊 20mg/次，早晚空腹口服；服用 14d 后阿莫西林和克拉霉素停药，奥美拉唑继续早晨空腹口服 20mg/次。服用 3 个疗程，21d 为一个疗程。

2. 观察指标

(1) 患者一般资料（如姓名、性别、年龄等）。

(2) 患者病史（如症状、体征、诱因、脉象、舌象、尿象等）。

(3) 记录胃镜资料，胃黏膜的病变部位和程度。

(4) HP 感染情况，通过 ^{14}C（^{13}C）——尿素呼气试验。

3. 病情疗效判定标准

(1) 临床痊愈　临床相关症状、体征消失。

(2) 显效　临床主要症状、体征基本消失，积分减少 2/3 以上。

(3) 有效　主要症状、体征减轻，积分减少 1/3 以上。

(4) 无效　达不到上述有效标准或有恶化者。

4. 症候疗效判定标准

(1) 临床痊愈　主要症状、体征消失或基本消失，疗效指数≥95%。

(2) 显效　主要症状、体征明显改善，70% <疗效指数<95%。

(3) 有效　主要症状、体征明显好转，30% <疗效指数≤70%。

(4) 无效　主要症状，体征无明显改善，甚或加重，疗效指数≤30%。

疗效指数的计算采用尼莫地平法计算公式，如式（8-3）。

$$\text{疗效指数} = \frac{\text{治疗前症状积分和} - \text{治疗后症状积分和}}{\text{治疗前症状积分和}} \times 100\% \quad (8-3)$$

（二）酸马乳对慢性胃炎症状的改善效果

将 3 组慢性胃炎患者在治疗前后的相关症状进行统计和描述，发现在连续饮用 21d 后慢性胃炎患者在上腹疼痛、胀满、进食后症状加重、嗳气、食欲不振、消瘦、恶心呕吐、消化不良、口中黏腻不爽、口干口苦、反酸、饮食减少、疲倦无力等方面均有良好改善，3 组患者治疗前后的总症状积分如图 8-17 所示，患者在服用酸马乳期间均未出现严重不良反应。

慢性胃炎是由各种致病因素引起的胃黏膜慢性炎症。治疗慢性胃炎的原则是保护胃黏膜，隔离有害物质吸附在胃黏膜上，促进胃黏膜修复。如表 8-17 所示，酸马乳治疗组、结合组和对照组的慢性胃炎患者的相关症状在连续饮用酸马乳后均有显著改善（$P<0.01$），具有统计学意义。西药治疗慢性胃炎主要采用质子泵抑制剂、胃黏膜保护剂等药物进行治疗，其中，质子泵抑制剂能够有效抑制胃酸分泌，而胃黏膜保护剂能够对胃黏膜起到一定

的保护作用，从而缓解患者的临床症状，加快胃功能的恢复[43]。

如表 8-17 所示，结合组与酸马乳治疗组的疗效评价结果较一致，疗效指数为 91%～94%，并在临床痊愈、显效方面明显好于对照组，说明饮用酸马乳单独治疗或酸马乳和蒙医药结合治疗慢性胃炎具有较好的临床效果。进一步说明利用酸马乳辅助及蒙医治疗慢性胃炎，能够改善患者的临床症状，提高治疗效果，保障患者的生活质量。

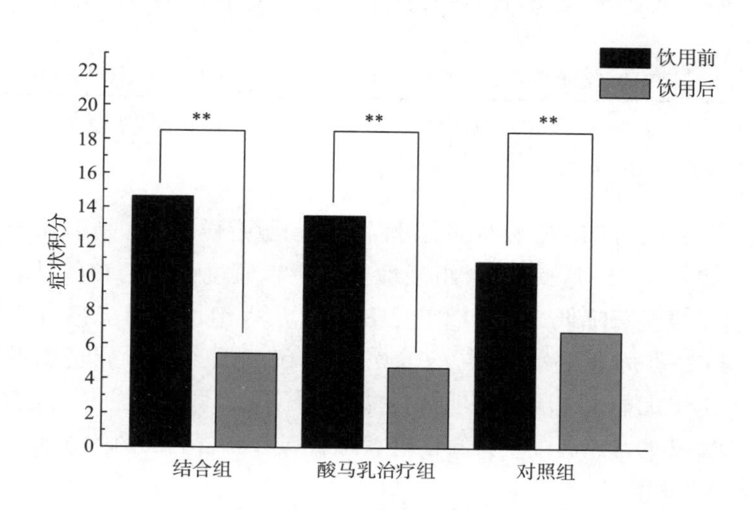

图 8-17　各治疗组治疗前后症状积分

** 表示饮用前后指标差异极显著（$P<0.01$）。

表 8-17　酸马乳对慢性胃炎症状缓解作用的评价

疗效	疗效指数	样本数量			比例		
		结合组	酸马乳治疗组	对照组	结合组	酸马乳治疗组	对照组
临床痊愈	>95%	2	4	0	6.06%	11.76%	0
显效	70%～95%	15	12	5	45.45%	35.29%	15.15%
有效	30%～70%	13	16	14	39.39%	47.06%	42.42%
无效	<30%	3	2	14	9.09%	5.88%	42.42%

（三）酸马乳对慢性胃炎患者血脂指标的影响

甘油三酯、胆固醇、高密度脂蛋白和低密度脂蛋白 4 项血脂指标是诊断患者的血脂情况的标准之一。如表 8-18 所示，结合组慢性胃炎患者经过蒙医药和酸马乳治疗后，其血液中的 TG 浓度显著降低（$P<0.05$），而酸马乳治疗组和对照组的慢性胃炎患者在治疗前后，其血液中 TG 浓度不具有显著性差异。TG 主要存在于血液中的乳糜微粒和极低密度脂蛋白（VLDL）颗粒中，这两种颗粒统称为富含甘油三酯脂蛋白（triglyceride-rich lipoproteins，TRL）。现代流行病学研究已证明，高甘油三酯症是冠心病的独立危险因素[44]。以上试验结果说明，连续服用蒙药和饮用酸马乳，不仅能改善慢性胃炎患者腹痛、胀满、食欲不振、恶心呕吐、消化不良等症状，还能调节患者血液中的 TG 浓度。

表 8-18 饮用酸马乳前后慢性胃炎患者血脂指标变化 单位：mmol/L

试验组	TG		CHOL		HDL-C		LDL-C	
	饮用前	饮用后	饮用前	饮用后	饮用前	饮用后	饮用前	饮用后
结合组	1.68±0.2^{*a}	1.53±0.19*	5.24±0.18^{ab}	4.78±0.18	1.44±0.05	1.42±0.07	3.67±0.16**	3.19±0.15**
酸马乳治疗组	1.50±0.11^{b}	1.45±0.21	4.78±0.14^{ab}	4.84±0.16	1.62±0.09	1.57±0.09	3.51±0.17*	3.11±0.18*
对照组	1.58±0.17^{ab}	1.52±0.08	4.39±16.15^{a}	4.04±0.27	1.52±0.07	1.49±0.05	3.44±0.15	3.28±0.22

注：* 表示饮用前后指标差异显著（$P<0.05$）；** 表示饮用前后指标差异极显著（$P<0.01$）；字母 ab 表示不同试验组间差异显著（$P<0.05$）。

流行病学资料表明，LDL-C 水平过高可以导致动脉粥样硬化，是引起冠状动脉病的主要危险因素[44]。如表 8-18 所示，结合组慢性胃炎患者通过蒙医药和酸马乳治疗后，其血液中的 LDL-C 水平极显著降低（$P<0.01$）；酸马乳治疗组慢性胃炎患者通过酸马乳治疗后，其血液中的 LDL-C 水平显著降低（$P<0.05$）；而对照组慢性胃炎患者在治疗前后其血液中 LDL-C 的水平无显著差异。说明饮用酸马乳不仅能改善胃炎方面的症状，还可以降低患者血液中 LDL-C 的水平，可减少慢性胃炎患者患心血管病的风险，而且酸马乳配合蒙医药可以增强这种改善作用。

（四）酸马乳对慢性胃炎患者生化指标的影响

如图 8-18 和表 8-19 所示，对照组的慢性胃炎患者在服用阿莫西林胶囊、克拉霉素胶

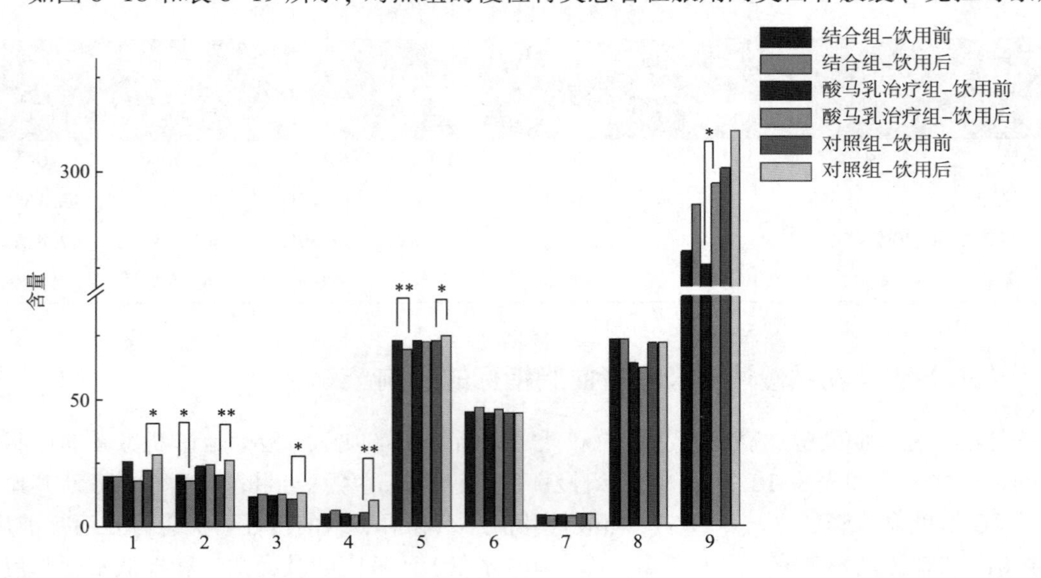

图 8-18 饮用酸马乳前后慢性胃炎患者生化指标变化

1—谷丙转氨酶（U/L）；2—谷草转氨酶（U/L）；3—总胆红素（μmol/L）；4—总胆汁酸（μmol/L）；5—总蛋白（g/L）；6—白蛋白（g/L）；7—尿素（mmol/L）；8—肌酐（mol/L）；9—尿酸（μmol/L）。

* 为饮用酸马乳前后指标差异显著（$P<0.05$）；** 为饮用前后症状差异极显著（$P<0.01$）。

囊和奥美拉唑肠溶胶囊后，其谷丙转氨酶、谷草转氨酶、总胆红素、总胆汁酸的浓度均显著上升（$P<0.05$）。谷丙转氨酶升高是肝脏功能出现问题的一个重要指标。一些药物如抗肿瘤药、抗结核药都会引起肝脏功能损害。当肝脏受损害时，谷草转氨酶血清浓度升高。总胆红素主要用来诊断是否有肝脏疾病或胆道是否发生异常。总胆汁酸的生成和代谢与肝脏状态有十分密切的关联，当肝细胞发生病变时，血清总胆汁酸很容易升高，所以，总胆汁酸是反映肝实质损伤的一项重要指标。

表8-19　饮用酸马乳前后慢性胃炎患者生化指标变化

实验组	结合组		酸马乳治疗组		对照组	
	饮用前	饮用后	饮用前	饮用后	饮用前	饮用后
谷丙转氨酶/(U/L)	20.48±1.39[a]	20.15±1.65[ab]	26.12±6.76[ab]	18.65±1.65[b]	22.53±2.45[ab]*	28.95±1.16[b]*
谷草转氨酶/(U/L)	20.63±1.4*	18.56±1.25*	24.13±3.05	24.53±4.48	20.62±1.2**	26.47±0.96**
总胆红素/(μmol/L)	12.28±0.74	13.18±0.93	12.65±0.94	13.26±0.81	11.23±0.8*	13.68±0.53*
总胆汁酸/(μmol/L)	5.45±0.61[cde]	6.78±0.64	5.69±0.77[def]	4.84±0.48	6.07±0.53[defg]**	10.69±0.83**
总蛋白质/(g/L)	73.23±0.92**	69.6±1.26**	73.18±0.96	72.79±1.11	73.06±0.55*	75.06±0.76*
白蛋白/(g/L)	45.23±0.92[fgh]	47.32±0.72[gh]	44.88±0.61[fgh]	46.09±0.58[h]	45.01±0.43[gh]	44.84±0.62[h]
尿素/(mmol/L)	4.89±0.2	4.79±0.24	5.11±0.29	4.77±0.25	5.35±0.26	5.45±0.22
肌酐/(mol/L)	73.59±3.27	73.44±3.37	64.33±2.42	62.39±3.46	71.98±3.14	72.02±2.21
尿酸/(μmol/L)	279.46±16.14	291.58±11.73	275.96±11.36*	296.76±10.65*	301.06±14.03	310.97±9.51

注：*表示饮用前后指标差异显著（$P<0.05$）；**表示饮用前后指标差异极显著（$P<0.01$）；字母a~h表示不同试验组间差异显著（$P<0.05$）。

谷丙转氨酶、谷草转氨酶、总胆红素、总胆汁酸等指标的上升说明，对照组患者长期服用阿莫西林胶囊、克拉霉素胶囊和奥美拉唑肠溶胶囊西药，可能对肝功能造成了一定程度的消极作用。而在服用蒙医和酸马乳后，谷草转氨酶和总蛋白浓度呈显著下降（$P<0.05$）。进一步说明结合蒙医药和酸马乳疗法不仅能治疗慢性胃炎患者的胃炎症状，还对其肝脏功能的改善起到了积极作用。

（五）酸马乳对慢性胃炎患者血常规指标的影响

如图 8-19 和表 8-20 所示，对照组中的白细胞、中性粒细胞、淋巴细胞百分比、红细胞和血小板指标，在治疗后均发生显著改变（$P<0.05$），但这种变化均在正常范围内。中性粒细胞减少可能是由革兰阴性菌或病毒感染、由 X 射线或化学物质造成的理化损伤、自身免疫性疾病等引起的。

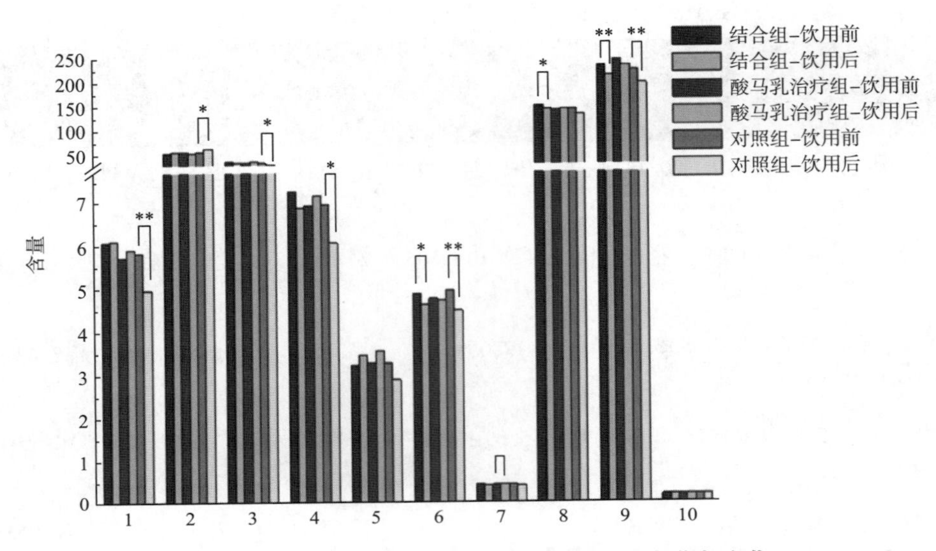

图 8-19 饮用酸马乳前后慢性胃炎患者血常规指标变化

1—白细胞计数（$\times10^9$/L）；2—中性粒细胞百分比（%）；3—淋巴细胞百分比（%）；4—单核细胞百分比（%）；5—中性粒细胞计数（$\times10^9$/L）；6—红细胞（$\times10^{12}$/L）；7—红细胞压积（%）；8—血红蛋白（$\times10^9$/L）；9—血小板（$\times10^9$/L）；10—血小板压积（%）。

* 表示饮用前后指标差异显著（$P<0.05$）；** 表示饮用前后指标差异极显著（$P<0.01$）；无显著性差异不标记（$P>0.05$）。

表 8-20 饮用酸马乳前后慢性胃炎患者血常规指标变化

指标	结合组		酸马乳治疗组		对照组	
	饮用前	饮用后	饮用前	饮用后	饮用前	饮用后
白细胞计数/L	$(6.09\pm0.27)\times10^{9\,a}$	$(6.12\pm0.30)\times10^{9\,bc}$	$(5.75\pm0.27)\times10^{9\,ab}$	$(5.92\pm0.25)\times10^{9\,cd}$	$(5.85\pm0.21)\times10^{9\,ab**}$	$(4.99\pm0.19)\times10^{9\,d**}$
中性粒细胞百分比/%	54.06 ± 1.76	54.88 ± 1.53	56.61 ± 1.59	53.65 ± 1.22	$55.68\pm1.14^{*}$	$62.75\pm2.68^{*}$
淋巴细胞百分比/%	35.45 ± 1.63	34.37 ± 1.34^{ef}	34.13 ± 1.52	35.13 ± 1.34^{efg}	$34.26\pm1.16^{*}$	$28.73\pm2.37^{efgh*}$
单核细胞百分比/%	7.27 ± 0.33^{fghi}	6.89 ± 0.29^{ghi}	6.94 ± 0.39^{fghi}	7.16 ± 0.46^{hi}	$6.95\pm0.21^{ghi*}$	$6.06\pm0.42^{i*}$

续表

指标	结合组		酸马乳治疗组		对照组	
	饮用前	饮用后	饮用前	饮用后	饮用前	饮用后
中性粒细胞计数/L	(3.22±0.20) ×10^9	(3.47±0.22) ×10^9	(3.28±0.21) ×10^9	(3.55±0.23) ×10^9	(3.28±0.15) ×10^9	(2.89±0.18) ×10^9
红细胞/L	(4.89±0.10) ×10^12 *	(4.63±0.12) ×10^12 *	(4.77±0.09) ×10^12	(4.73±0.12) ×10^12	(4.95±0.09) ×10^12 *	(4.49±0.09) ×10^12 *
红细胞压积/%	0.44±1.34	0.42±0.01	0.42±0.01 *	0.44±0.01 *	0.44±0.01	0.42±0.38
血红蛋白/L	(148.39±2.56) ×10^9 *	(140.88±2.49) ×10^9 *	(142.52±2.59) ×10^9	(244.21±15.22) ×10^9	(130.94±2.33) ×10^9	(223.41±8.22) ×10^9 *
血小板/L	(231.91±8.29) ×10^9 **	(211.64±9.15) ×10^9 **	(244.21±15.22) ×10^9	(233.15±8.74) ×10^9	(223.41±8.22) ×10^9 *	(195.59±8.30) ×10^9 *
血小板压积/%	0.20±0.01	0.21±0.01	0.21±0.01	0.21±4.36	0.20±0.01	0.20±0.01

注：* 表示饮用前后指标差异显著（$P<0.05$）；** 表示饮用前后指标差异极显著（$P<0.01$）；字母 a~h 表示不同试验组间差异显著（$P<0.05$）。

在本实验中对照组患者在治疗后，其中性粒细胞平均浓度由 55.68%上升至 62.75%。淋巴细胞属白细胞的一种，由淋巴器官产生，是机体免疫应答功能的重要细胞成分。正常生理情况下，淋巴细胞比率为 20%~40%，当机体被病毒感染患感染性疾病时，机体淋巴细胞增多。血小板是哺乳动物血液中的有形成分之一，是从骨髓成熟的巨核细胞细胞质裂解脱落下来的具有生物活性的小块细胞质。血小板在止血、伤口愈合、炎症反应、血栓形成及器官移植排斥等生理和病理过程中有重要作用。

在蒙医药和酸马乳结合组中，慢性胃炎患者在治疗后其红细胞、血红蛋白和血小板指标均发生显著改变（$P<0.05$），这种变化均在正常范围内。血红蛋白是高等生物体内负责运载氧的一种蛋白质。若机体出现连续剧烈呕吐、大面积烧伤、严重腹泻、大量出汗等症状，或患有慢性肾上腺皮质功能减退、尿崩症、甲状腺功能亢进等，体内血红蛋白会相对增多。以上试验数据说明，3 组试验组在治疗后，慢性胃炎患者的血常规指标会出现一定波动，其中对照组患者的白细胞计数、中性粒细胞百分比、淋巴细胞百分比、红细胞和血小板指标均出现波动，结合组患者的红细胞、血红蛋白和血小板指标出现波动，而酸马乳治疗组患者仅红细胞压积指标出现波动，并且以上出现波动的指标均在正常范围内。

（六）酸马乳对慢性胃炎患者尿常规指标的影响

如表 8-21 所示，3 组患者经过不同的治疗手段，其尿常规指标合格率整体均呈上升趋势，说明 3 组试实验组在经过治疗后，不仅患者的慢性胃炎症状得到了改善，其肾脏功能也有一定程度的改善。

表 8-21 饮用酸马乳前后慢性胃炎患者尿常规各指标合格率变化

指标	结合组		酸马乳治疗组		对照组	
	饮用前	饮用后	饮用前	饮用后	饮用前	饮用后
尿葡萄糖	96.88%	96.88%	93.94%	96.97%	100.00%	100.00%
尿胆红素	90.63%	96.88%	90.91%	100.00%	96.97%	100.00%
酮体	90.63%	100.00%	90.91%	93.94%	96.88%	100.00%
酸碱度	100.00%	100.00%	100.00%	100.00%	100.00%	100.00%
尿蛋白	100.00%	100.00%	96.97%	100.00%	100.00%	100.00%
尿胆原	96.88%	100.00%	96.97%	100.00%	96.97%	96.97%
亚硝酸盐	100.00%	100.00%	96.97%	100.00%	100.00%	100.00%
白细胞	90.63%	94.38%	81.82%	91.82%	84.85%	95.00%
维生素 C	93.75%	94.38%	81.82%	87.88%	90.91%	92.88%

二、酸马乳与慢性萎缩性胃炎

笔者团队选取 10 例女性慢性萎缩性胃炎患者为研究对象，连续饮用酸马乳 60d 后，其症状显著改善，血小板和总胆固醇水平显著下降，且患者粪便微生物群发生明显变化，通过调节肠道微生物群，可以缓解慢性萎缩性胃炎患者症状。每位患者每天喝 0.75kg 酸马乳，在早中晚餐前空腹饮用 0.25kg，持续 60d。在第 0 天（开始饮用酸马乳的前一天）、第 30 天和第 60 天以及停止饮用酸马乳后 30d 收集粪便样品。在第 0 天和第 60 天对患者的症状进行评分问卷调查。根据中药临床研究指导原则，结合症状评分量表评估其症状严重程度，以各项评分之和为最终症状评分[45]。

（一）酸马乳对慢性萎缩性胃炎患者症状评分及血脂功能指标的影响

对 10 例慢性萎缩性胃炎患者饮用酸马乳前后的相关症状进行统计和描述（表 8-22），发现在连续饮用 60d 酸马乳对患者症状有良好的改善作用，且患者在饮用酸马乳期间均未出现严重不良反应（图 8-20）。

表 8-22 慢性萎缩性胃炎症状评分标准[46]

评估参数	症状严重程度				
	正常	轻微	中度	严重	重度
上腹部痛	0	1	2	3	4
腹部胀痛	0	1	2	3	4
饭后严重	0	1	2	3	4

续表

评估参数	症状严重程度				
	正常	轻微	中度	严重	重度
嗳气	0	1	2	3	4
食欲不振	0	1	2	3	4
消瘦	0	1	2	3	4
恶心呕吐	0	1	2	3	4
消化不良	0	1	2	3	4
口腔黏性	0	1	2	3	4
口干	0	1	2	3	4
胃酸	0	1	2	3	4
饮食下降	0	1	2	3	4
疲倦	0	1	2	3	4

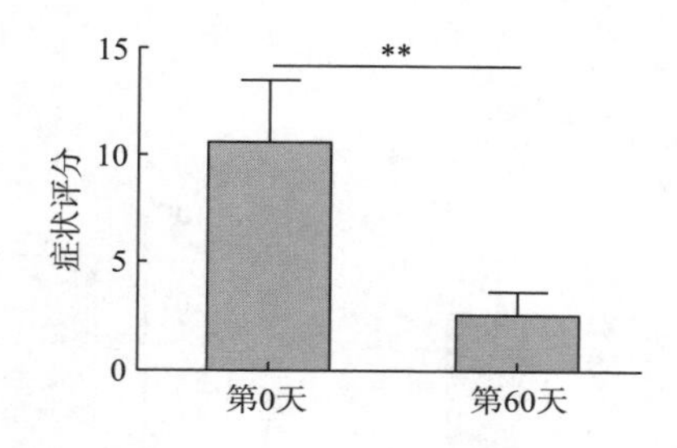

图 8-20　饮用酸马乳第 0 天和第 60 天对慢性萎缩性胃炎症状的影响

** 表示饮用前后指标差异极显著（$0.001<P<0.01$）。

如图 8-20 所示，患者症状等级直接反映了疾病严重程度。患者症状评分从试验开始（第 0 天）的 10.6±2.9 显著下降至饮用酸马乳第 60 天的 2.6±1.1（$P=0.006$）。同时测定第 0 天和第 60 天慢性萎缩性胃炎患者的血液指标水平，这些指标反映了血液成分（白细胞、红细胞、血红蛋白和血小板计数）、肾脏（尿素、肌酐和尿酸）和肝脏（谷丙转氨酶和谷草转氨酶）在饮用酸马乳前后的变化。如图 8-21 所示，饮用酸马乳第 0 天和第 60 天慢性萎缩性胃炎患者肾脏、肝脏功能指标水平差异不显著（$P>0.05$）。

如图 8-22、图 8-23 所示，在第 60 天，血小板计数由 269.4×10^9/L 降至 245.6×10^9/L 和总胆固醇由 5.55mmol/L 降至 4.69mmol/L，存在显著差异（$P<0.05$）；然而，白细胞、甘油三酯和低密度脂蛋白胆固醇水平差异不显著（$P>0.05$）。

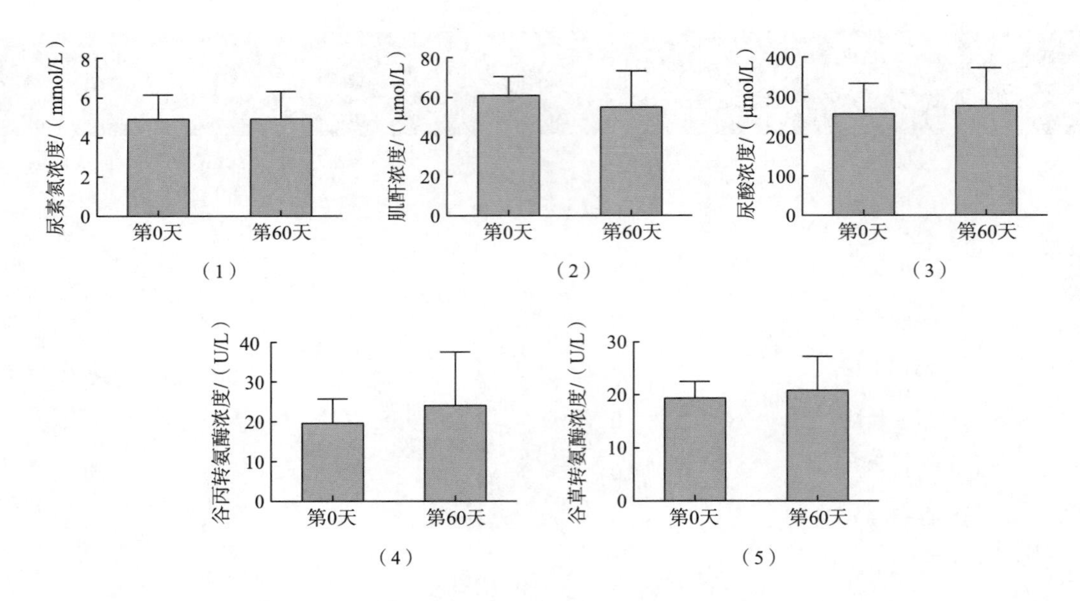

（1）尿素氮　（2）肌酐　（3）尿酸　（4）谷丙转氨酶　（5）谷草转氨酶

图 8-21　饮用酸马乳第 0 天和第 60 天的慢性萎缩性胃炎患者肾脏、肝脏指标

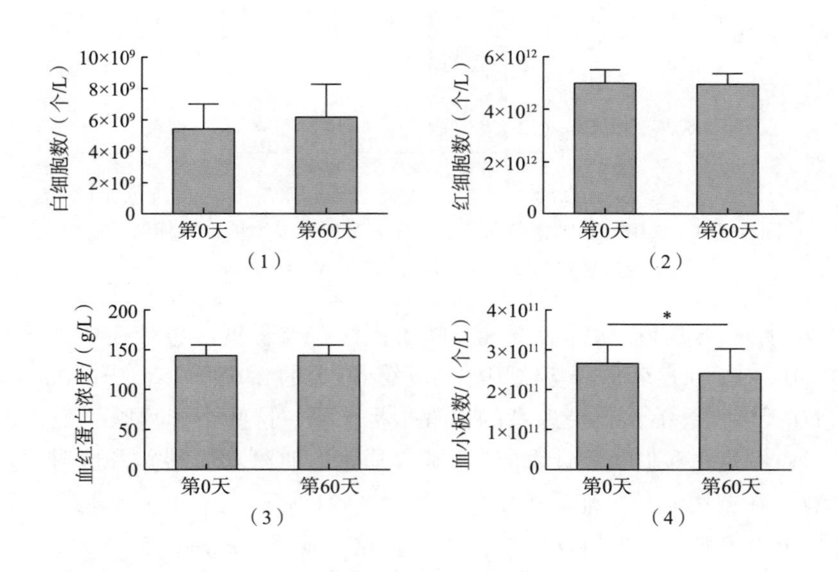

（1）白细胞　（2）红细胞　（3）血红蛋白　（4）血小板

图 8-22　饮用酸马乳第 0 天和第 60 天的慢性萎缩性胃炎患者血常规的影响

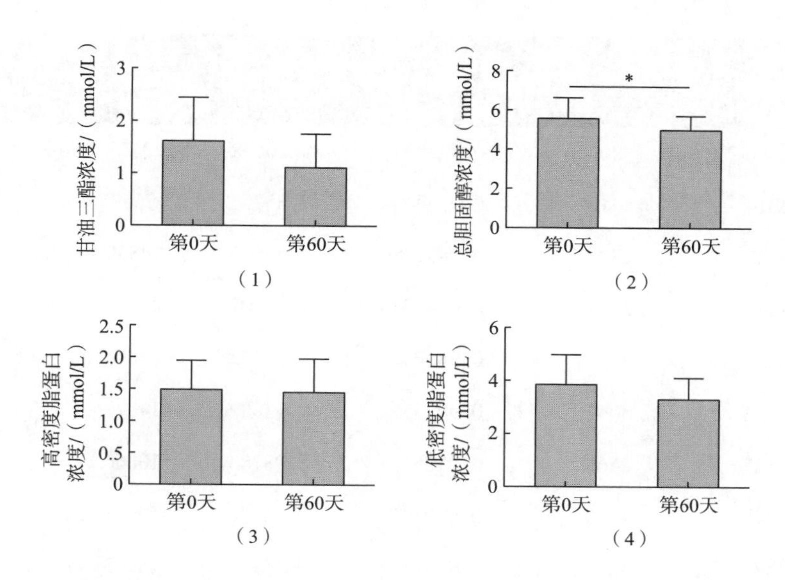

（1）甘油三酯　（2）总胆固醇　（3）高密度脂蛋白　（4）低密度脂蛋白

图 8-23　饮用酸马乳第 0 天和第 60 天对慢性萎缩性胃炎患者血脂水平的影响

（二）酸马乳对慢性萎缩性胃炎患者粪便样品中微生物菌群组成 α 多样性的影响

本研究在 4 个时间点，即饮用酸马乳第 0 天（A）、第 30 天（B）、第 60 天（C）和停止饮用 30d（D），采集慢性萎缩性胃炎患者的粪便样品并编号（例如 A1、B1、C1、D1 是同一患者在四个时间点采集的样品）。如表 8-23 所示，通过 PacBio SMRT 测序，酸马乳样品中共包含 255401 条 16S rRNA 原始序列读数，每个样品平均为（6385±1557）条（范围为 3607~9917）。通过 PyNAST 比对和 100%相似度水平划分 OTU 后，共获得 204822 条具有代表性的细菌 OTU 序列，根据序列的 98.65%相似度水平划分 OTU 后，共得到 100735 个 OTU，每个样品平均为 2988 个 OTU（范围为 910~4237）。利用 RDP 和 Greengenes 数据库进行同源性序列比对，尽可能确定每个 OTU 最低分类地位，比对结果表明约 7.41%的序列不能鉴定到属水平，约 20.48%的序列不能鉴定到种水平[47]。

表 8-23　酸马乳样品测序序列信息和 α 多样性指数

样品	读取数	OTU 数量	辛普森指数	香农指数	Chao1 指数	Observed species 指数
A1	6222	2440	0.986611	8.53949	9585.58	1307.84
A2	5523	3240	0.990237	9.50412	20797.00	1862.02
A3	7328	3266	0.984325	8.92506	13144.00	1508.00
A4	5312	2972	0.980202	9.12778	20074.80	1769.06
A5	5601	3197	0.995061	9.70267	22740.80	1818.42

续表

样品	读取数	OTU 数量	辛普森指数	香农指数	Chao1 指数	Observed species 指数
A6	6896	3200	0. 992894	9. 20672	13527. 60	1549. 36
A7	8014	2310	0. 976449	7. 85255	5667. 61	1039. 74
A8	5160	2329	0. 980188	8. 45510	14839. 40	1442. 34
A9	4843	2984	0. 994604	9. 81707	26914. 70	1927. 54
A10	8634	3852	0. 988237	8. 93835	13860. 20	1517. 18
B1	6472	3042	0. 993352	9. 33092	14878. 40	1601. 76
B2	6325	2565	0. 990527	8. 98783	10866. 00	1459. 82
B3	8443	4105	0. 992592	9. 34498	16671. 00	1660. 70
B4	8881	4237	0. 990218	9. 15909	13963. 30	1630. 50
B5	7771	3285	0. 992083	9. 10503	11894. 90	1482. 58
B6	5345	2716	0. 993778	9. 39247	15391. 40	1641. 00
B7	6439	3210	0. 987394	9. 25545	14493. 00	1652. 04
B8	3607	2214	0. 996343	10. 11170	23491. 80	2009. 72
B9	5562	3623	0. 996582	10. 21760	27942. 40	2088. 90
B10	9917	4217	0. 985978	8. 90834	12174. 60	1518. 90
C1	6748	2583	0. 988816	8. 77913	9045. 85	1357. 82
C2	5835	1641	0. 966500	7. 48232	7814. 07	1026. 80
C3	7619	3332	0. 988866	9. 18443	14992. 30	1626. 36
C4	7323	3769	0. 970481	8. 69180	21798. 70	1664. 58
C5	5518	2749	0. 993681	9. 34767	19502. 40	1622. 22
C6	4928	2787	0. 995510	9. 74319	22006. 20	1813. 40
C7	8017	3549	0. 993908	9. 28988	11718. 60	1532. 68
C8	3660	1823	0. 995588	9. 77946	15316. 50	1789. 24
C9	6643	910	0. 872527	4. 81860	3154. 15	489. 18
C10	8694	4138	0. 977986	8. 98376	14517. 30	1635. 72
D1	8772	2602	0. 981117	7. 90139	7321. 51	1056. 66
D2	7140	2549	0. 985361	8. 25962	9684. 22	1215. 80

续表

样品	读取数	OTU 数量	辛普森指数	香农指数	Chao1 指数	Observed species 指数
D3	6851	3732	0. 982247	9. 15446	20383. 90	1766. 06
D4	6223	2854	0. 971553	8. 36543	14002. 20	1487. 32
D5	5969	3515	0. 980102	9. 18814	30590. 70	1853. 32
D6	5610	3272	0. 990281	9. 69719	17736. 80	1875. 74
D7	4593	3297	0. 996911	10. 40570	39576. 20	2219. 46
D8	4101	2491	0. 987984	9. 55963	21173. 10	1886. 22
D9	4016	2465	0. 977101	9. 42448	26040. 00	1889. 92
D10	4846	2462	0. 981185	8. 72348	17812. 30	1594. 06

通过 QIIME 平台（Chao1 指数、香农指数、OTU 数量和辛普森指数）评估肠道菌群丰富度和多样性变化。如图 8-24 所示，在 Chao1 指数、OTU 数量和香农指数中，不同时间点的样本之间无显著差异（P>0. 05）。然而，辛普森指数中，酸马乳饮用期间第 30 天组明显高于酸马乳停用 30d 组（P = 0. 02）。

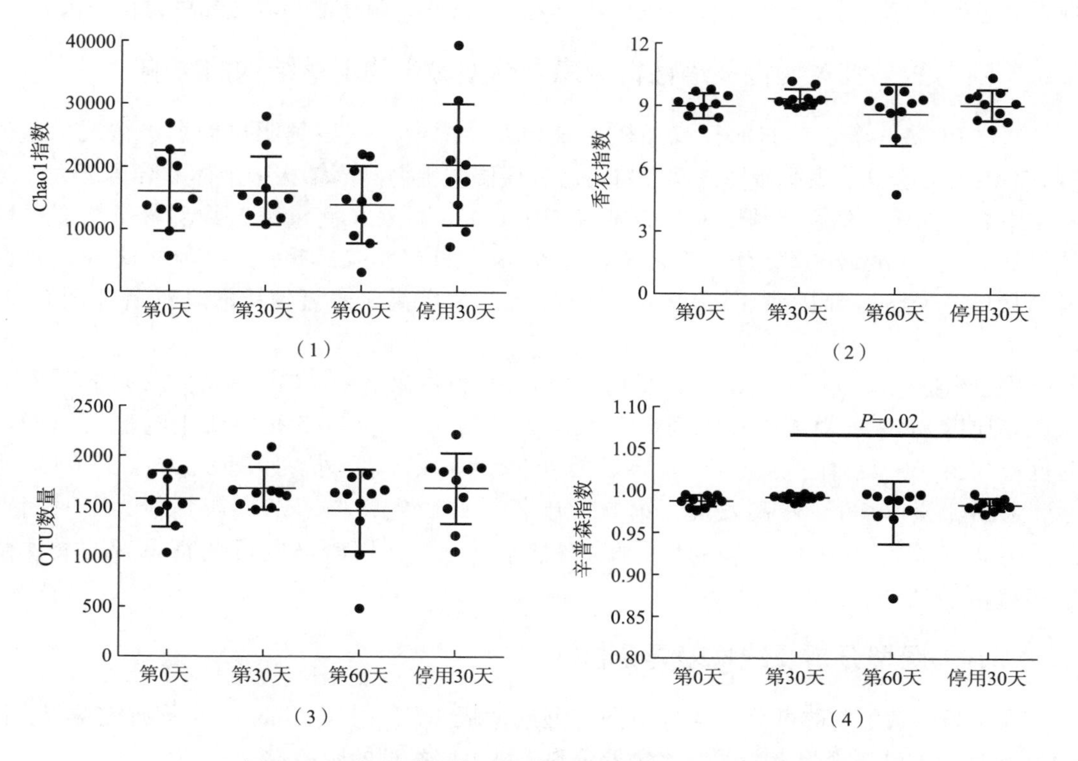

图 8-24　饮用酸马乳不同时间肠道菌群 α 多样性变化

（三）酸马乳对慢性萎缩性胃炎患者粪便微生物菌群结构的影响

通过不同分类水平分析慢性萎缩性胃炎患者的粪便微生物菌群组成。在门的水平上，最主要的门（相对丰度>1%）占微生物菌群总数98.85%（第0天，即试验开始时），包括拟杆菌门（57.65±7.48）%、厚壁菌门（38.39±8.68）%、变形菌门（1.62±2.69）%和放线菌门（1.20±2.51）%。

在属水平上，如彩图8-4（1）（2）所示，14个属的相对丰度超过1%，占微生物菌群的87.29%（第0天），包括拟杆菌属（36.16±22.53）%、普雷沃氏菌属（14.02±22.64）%、栖粪杆菌属（6.54±4.89）%、真杆菌属（5.00±5.54）%、戴阿利斯特菌属（5.00±6.26）%、别样杆菌属（3.99±7.09）%、梭菌属（3.89±2.46）%、瘤胃球菌属（2.63±2.48）%、罗斯拜瑞氏菌属（2.37±3.89）%、多尔氏菌属（2.00±1.38）%、副拟杆菌属（1.98±1.75）%、考拉杆菌属（1.89±2.97）%、巴恩斯氏菌属（1.71±3.10）%和柯林斯氏菌属（1.10±2.50）%。在种水平上，如彩图8-4（3）（4）所示，17个种的相对丰度超过1%，占微生物菌群落的68.75%（第0天），包括多氏居海事城球杆菌［曾用名多氏拟杆菌，（15.57±12.95）%］、粪便普雷沃氏菌（13.96±22.56）%、普氏栖粪杆菌（6.52±4.89）%、单形拟杆菌（6.48±6.64）%、直肠有益杆状菌［曾用名直肠真杆菌，（3.58±5.50）%］、卵形拟杆菌（4.42±5.58）%、腐烂别样杆菌（2.89±6.10）%、混浊戴阿利斯特菌（2.50±4.47）%、嗜琥珀酸戴阿利斯特菌（2.47±5.72）%等。此外，慢性萎缩性胃炎患者具有较低水平的乳杆菌属和乳球菌属，这些细菌在酸马乳样品中是优势菌属。

（四）酸马乳对慢性萎缩性胃炎患者粪便微生物群落结构的影响

通过PCoA分析，在非加权或加权主成分得分图中未观察到明显的聚类情况。通过PERMANOVA分析，表明慢性萎缩性胃炎患者粪便微生物群落结构中个体差异可能大于患者饮用酸马乳后。然而，基于非加权或加权UniFrac距离（衡量微生物群落结构多样性的指标）的PCoA分析聚为一类属于同一个体。如图8-25所示，患者粪便微生物群落结构中，个体差异因素［图8-25（1）（2）］显著高于患者饮用酸马乳后［图8-25（3）（4）］。

用主坐标典型分析（CAP）提取基于PCoA分析最大信息。如图8-26（1）（2）所示，采用非加权UniFrac距离表示时间点（第0天和第30天）患者粪便微生物群落结构与时间点（第60天和停用30d）差异显著（$P<0.001$）。此外，如图8-26（3）（4）所示，采用加权UniFrac距离发现，第0天患者粪便微生物群落结构与其他3个时间点的差异极显著（$P<0.01$）。由此可知，在种水平上，饮用酸马乳可调整患者的粪便微生物群落结构。

（五）肠型分析及线性差异分析

人类肠道微生物群可分为3种不同类型或“肠型”。采用Arumugam等研究结果，将10例慢性萎缩性胃炎患者粪便微生物群分为2种不同类型的肠型[48]。

如图8-25所示，两种优势菌属分别是多氏居海事城球杆菌（曾用名多氏拟杆菌）或

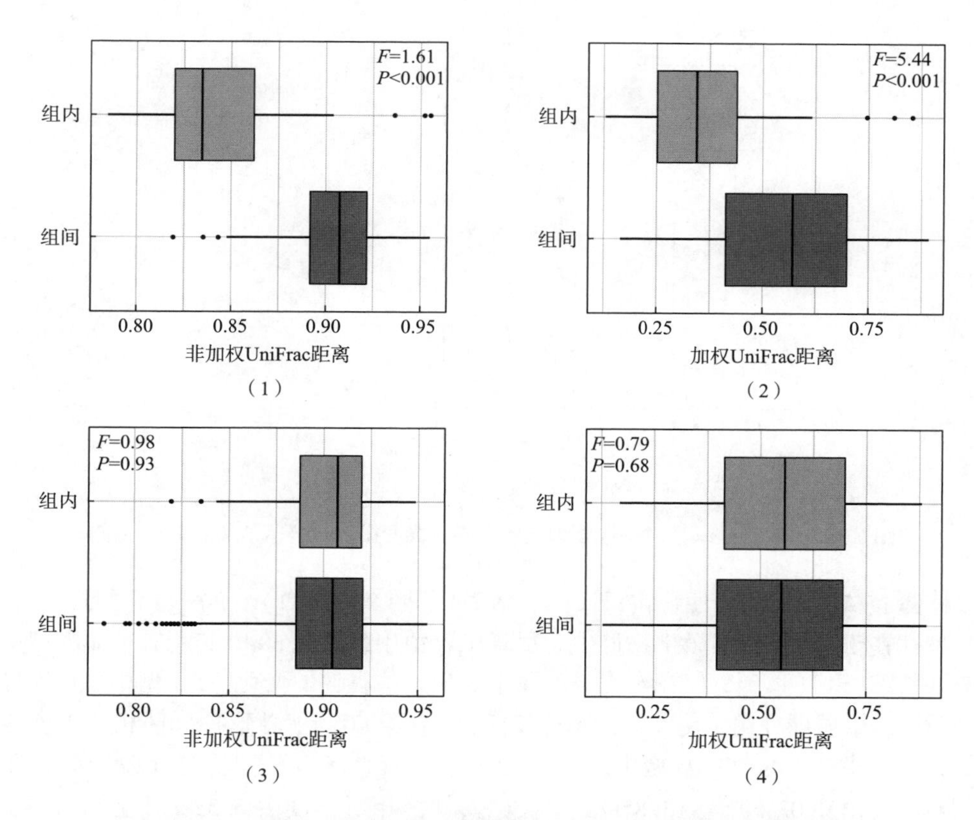

图 8-25 饮用酸马乳对慢性萎缩性胃炎患者粪便微生物群结构的影响

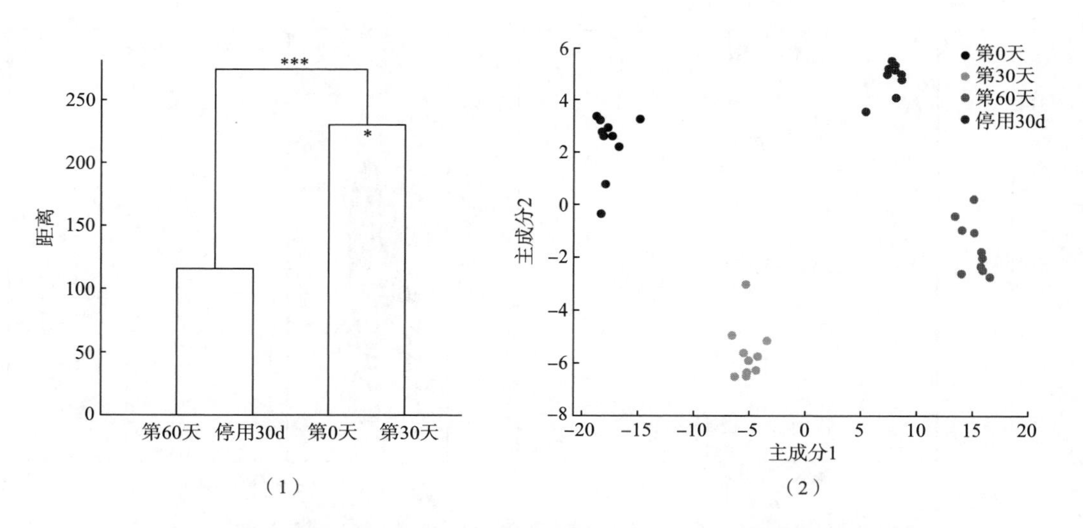

图 8-26 饮用酸马乳对慢性萎缩性胃炎患者粪便微生物群落结构的影响

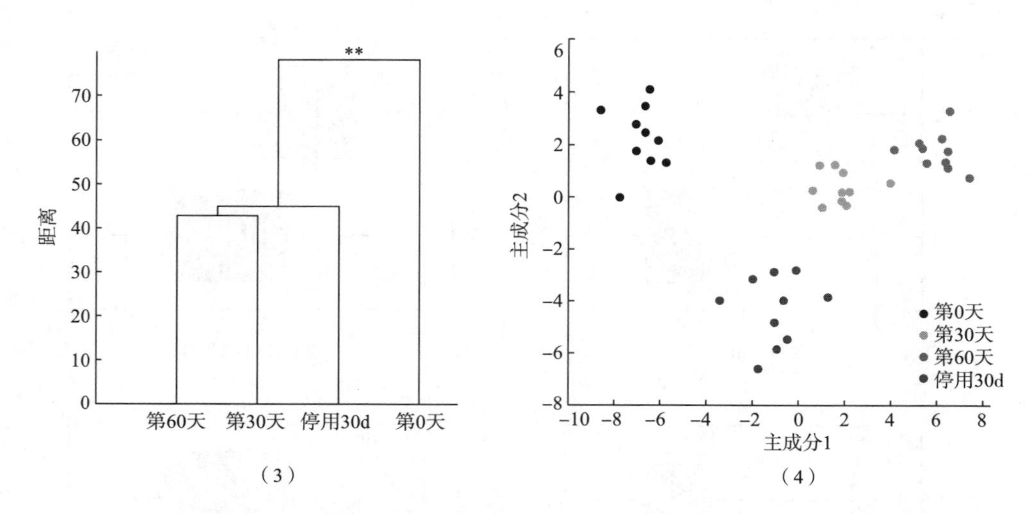

图 8-26 饮用酸马乳对慢性萎缩性胃炎患者粪便微生物群落结构的影响（续）

单形拟杆菌（BB 型）和粪便普雷沃氏菌（P 型）[图 8-27（1）（2）]。同时，只有低丰度的 P 型存在于 BB 型肠型微生物群中。尽管患者饮用酸马乳 60d，其所有个体肠型保持不变［图 8-27（3）（4）］，仅在次优势菌属中发生一些有趣的变化。BB 型中，其优势菌属仍是多氏居海事城球杆菌，其次是普氏栖粪杆菌，在第 60 天，单形拟杆菌相对丰度显著降低，由 9.16%降至 1.86%。P 型中，在第 60 天，尽管直肠有益杆状菌（曾用名直肠真杆菌）相对丰度由 2.03%升至 13.85%，普氏栖粪杆菌相对丰度由 6.52%升至 8.68%，但粪便普雷沃氏菌是其优势菌，此时嗜琥珀酸戴阿利斯特菌的相对丰度由 7.20%降至 3.26%。

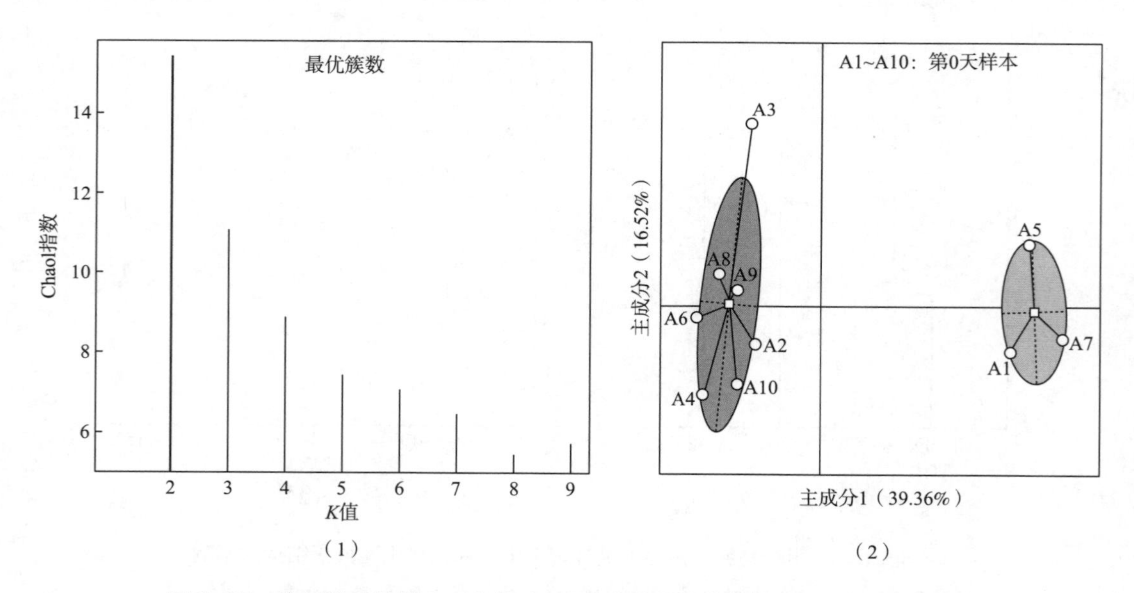

图 8-27 饮用酸马乳第 0 天和第 60 天患者粪便微生物群落 PCoA 聚类分析

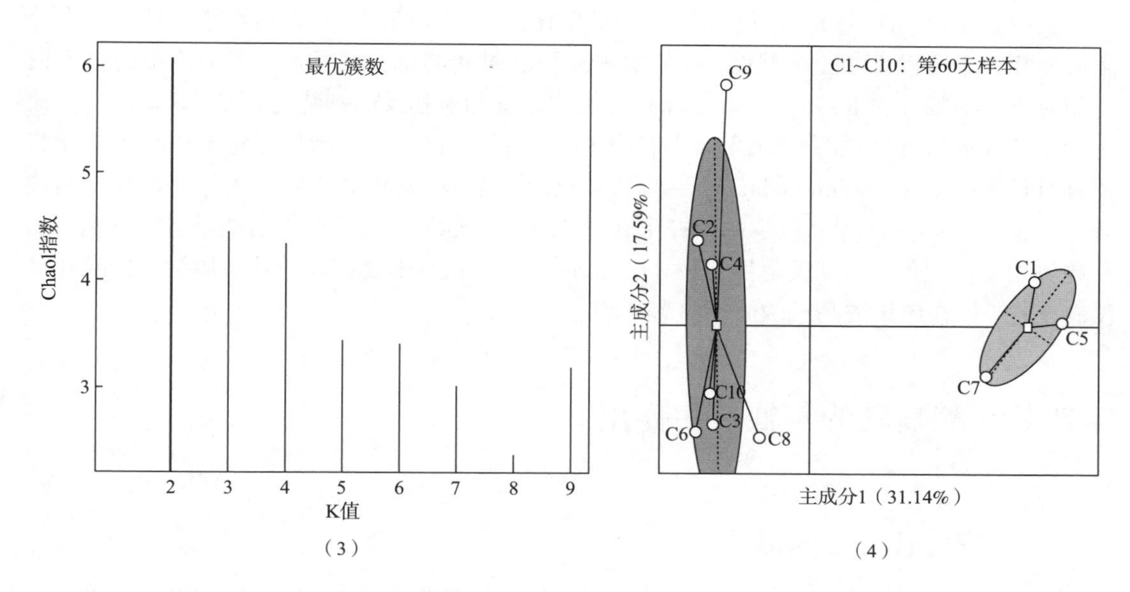

图 8-27　饮用酸马乳第 0 天和第 60 天患者粪便微生物群落 PCoA 聚类分析（续）

K 值指在序列分析中用于定义 K 元组（K-tuple）的长度。

线性差异分析效应（linear discriminant analysis effect size，LEfSe）可用于确定各组间差异分类[49]。本研究利用该分析筛选出 13 个特征性菌群［彩图 8-5（1）］，有 4 个不同差异分类群（LDA 评分>3）。彩图 8-5（2）所示为 13 种差异类群与其他分类群系统层次结构。

如图 8-28 所示，本试验结果发现有 4 个不同差异分类群（LDA 评分>3）。由图 8-28（2）可知 13 种差异类群与其他分类群系统发育层次结构。

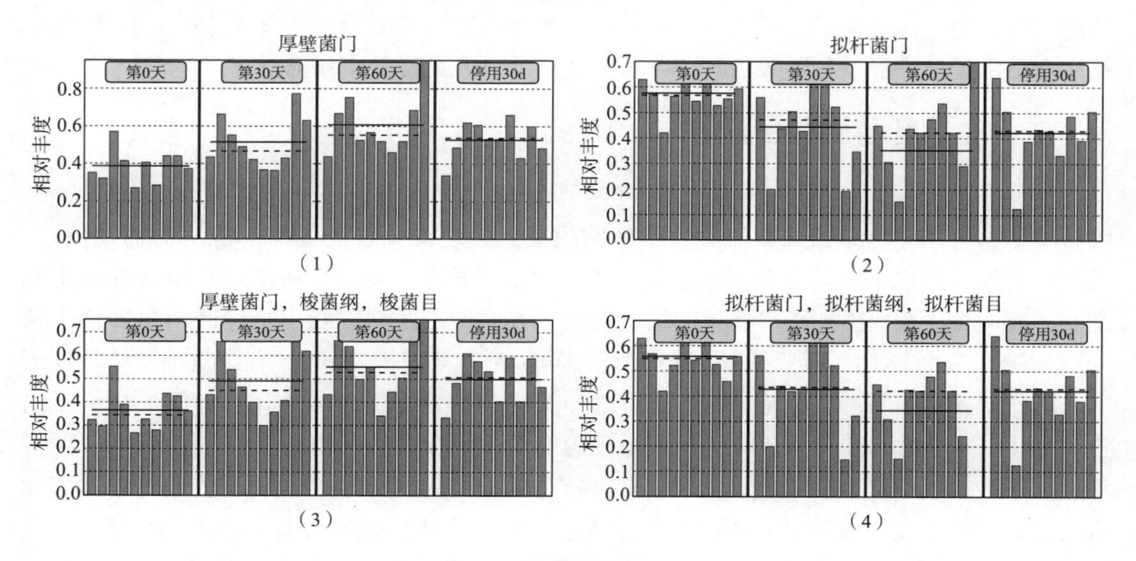

图 8-28　不同类群相对丰度变化

如图8-28所示，饮用酸马乳后，肠道厚壁菌门、拟杆菌门、梭菌目和拟杆菌目4个分类群的相对丰度发生变化。然而，随着饮用酸马乳时间的延长，每个患者个体中的厚壁菌门相对丰度增加［图8-28（1）］，而拟杆菌门丰度却有相反的趋势［图8-28（2）］。梭菌目和拟杆菌目分别是厚壁菌门和拟杆菌门的代表分类群。上述趋势对每个患者个体而言不具有显著的变化，Mann-Whitney检验结果显示：第60天相比于第0天，含有较多的梭菌目［图8-28（3）］和较少的拟杆菌目［图8-28（4）］。停止饮用酸马乳30d后，这种趋势相反。此外，伯克氏菌目（Burkholderiales）的相对丰度在酸马乳整体饮用期间几乎没有变化，但在停用酸马乳30d后显著增加。

第四节　酸马乳的其他益生作用

一、酸马乳与皮肤健康

草原上素有以酸马乳洗脸的传统，可滋润皮肤、祛黑、祛斑，使皮肤光滑、柔嫩、细腻、白嫩。吴江媛等利用酸马乳制作涂抹面霜，清洁皮肤去除角质层细胞后，面部涂上酸马乳面膜，以揉、按、捏等手法，加速局部的血液循环，待皮肤微微发热后，以无菌水面膜覆盖眉、眼和口周，后制作医用石膏面膜，30min后去除全部面膜，可缓解皮肤干燥，增加皮肤弹性[50]。包德必理格等将酸马乳制作成面霜和面膜治疗黄褐斑，临床诊断黄褐斑并有完整记录者44例，其中，痊愈18例、显效13例、有效11例，总有效率95.45%。患者自述使用后，皮肤变得光滑、柔润、白皙，细嫩而富有弹性，对干性皮肤尤为显著[51]。包金荣实施的银屑病蒙医护理方案中，将饮用酸马乳作为常规护理上增设的护理措施，60例银屑病患者中，观察组30例，总有效率90%，显著高于对照组[52]。以酸马乳为原料开发的护肤产品有肥皂、沐浴乳、护肤霜等，对皮肤过敏和湿疹等皮肤问题具有缓解作用，相较于化学合成的护肤产品，利用酸马乳开发的护肤产品具有良好的市场前景。

二、酸马乳与肺脏健康

《中国医学百科全书蒙医学》记载，酸马乳甘酸，性冷利，有补肺益肾、疗伤等功效。蒙医将酸马乳用于肺结核、肺气肿、干性胸膜炎、慢性支气管炎等肺部疾病的辅助治疗，或在患者恢复期以酸马乳作为辅助恢复的天然食品。例如，贝尔宁将结核杆菌接种在牛乳脂和马乳脂中，发现牛乳脂中接种的结核杆菌生长良好，而马乳脂中接种的结核杆菌生长受到抑制[53]。侯文通、孙惠平等得到相似的实验结果，即马乳脂肪具有有效抑制结核杆菌生长的作用。Koroleva等发现，马乳对结核分支杆菌有特异性免疫作用，能保护马免受结核菌感染，使得酸马乳成为治疗结核病最理想的辅助治疗天然药物之一[54]。俄罗斯、蒙古等设立了酸马乳疗养院，将酸马乳用于肺结核等肺脏疾病的治疗[55]。我国内蒙古锡林郭勒盟蒙医研究所在夏、秋季都有用酸马乳疗法辅助治疗肺结核等肺脏疾病的临床应用。

内蒙古兴安盟精神卫生中心白雪梅利用蒙药结合酸马乳疗法辅助治疗慢性支气管炎。临床诊断病例收治了60例慢性支气管炎患者（观察组：对照组=1：1，各30人），除蒙药外，给酸马乳 100mL/ 次、3 次/d 的干预，两组均连续治疗 2 周。观察组临床总有效率为 83. 3%，显著高于对照组临床总有效率（$P<0.05$）。蒙药结合酸马乳服用，具有提升药物治疗效果、补充患者所需的必需营养物质和减少肝肾损害及耐药等副作用，在改善患者临床症状方面具有重要意义，同时也可有效预防慢性支气管炎的发生和复发[55]。

鄂托克旗蒙医院的苏雅拉吉日嘎用酸马乳与蒙药结合辅助治疗肺结核及结核性胸膜炎。临床诊断病例收治肺结核患者 31 例，结核性胸膜炎患者 27 例。临床治愈率 62%，好转率 34. 5%[56]。青海省海西州蒙藏医医院红纲等使用酸马乳结合蒙药辅助治疗肺结核，30d 为一个疗程。研究发现，早期诊断患者 3 个疗程可痊愈，晚期或慢性期复发性患者 5 个疗程可痊愈[57]。

三、酸马乳与肥胖

单纯性肥胖是指单纯因饮食导致的脂肪囤积过多，排除内分泌代谢、神经等多种原因导致的肥胖，是临床上常见的一种代谢性疾病，也是造成 2 型糖尿病、糖脂代谢异常和各种心血管疾病发生的危险因素。刘金英等利用酸马乳辅助针刺治疗单纯性肥胖症，门诊收治肥胖病例 80 人（体重超标准体重≥30% 的单纯性肥胖患者），使用针刺穴位配合每日 3 次饮用酸马乳治疗。以体重及相关症状、体征变化作为疗效标准，结果显示，治愈（体重恢复正常）28 例，显效（重明显减轻<50%）39 例，有效（体重减轻<20%）13 例，有效率为 100%。同时，患者相关血压、血脂、血糖、心电图、脂肪肝、心脑供血等体征等都得到了显著改善[58]。

参考文献

[1] 佚名．蒙古秘史（民文）[M]．呼和浩特：内蒙古人民出版社，1985.

[2] 威廉·鲁布鲁克．蒙古游记 [M]．北京：中国社会科学出版社，1979.

[3] 罗布桑却因泊勒．哲对宁诺尔（民文）[M]．呼和浩特：内蒙古人民出版社，1974.

[4] 哈斯宝鲁日．策格疗法的临床文献研究 [D]．通辽：内蒙古民族大学，2022.

[5] GAN-OD N. 马奶酒发酵工艺的研究 [D]．哈尔滨：东北农业大学，2016.

[6] Foekel C, Schubert R, Kaatz M, et al. Dietetic effects of oral intervention with mare's milk on the Severity Scoring of Atopic Dermatitis, on faecal microbiota and on immunological parameters in patients with atopic dermatitis [J]. Int J Food Sci Nutr, 2009, 60 (7): 41-52.

[7] Li Q, Zhang C, Xilin T, et al. Effects of koumiss on intestinal immune modulation in immunosuppressed rats [J]. Front Nutr, 2022, 14 (9): 765499.

[8] Chen, Y, Aorigele C, Wang C, et al. Effects of antibacterial compound of *Saccharomyces cerevisiae* from koumiss on immune function and caecal microflora of mice challenged with pathogenic *Escherichia coli* O8 [J]. Acta Vet Brno, 2019, 88: 233-241.

[9] Wang Y, Xie J, Wang N, et al. *Lactobacillus casei* Zhang modulate cytokine and toll-like receptor expression and beneficially regulate poly Ⅰ: C-induced immune responses in RAW264. 7 macrophages [J]. Microbiol Immunol, 2013, 57: 54-62.

[10] Ya T, Zhang Q, Chu F, et al. Immunological evaluation of *Lactobacillus casei* Zhang: a newly isolated strain from koumiss in Inner Mongolia, China [J]. BMC Immunol, 2008, 9: 68.

[11] Yan, Xinlei, Yufei Sun, Guangzhi Zhang, et al. Study on the antagonistic effects of koumiss on toxoplasma gondii infection in mice [J]. Frontiers in Nutrition, 2022, 9: 1014344.

[12] 张惠敏，李玲孺，倪诚，等．脱敏止嚏汤治疗 52 例成年人变应性鼻炎的病例系列研究 [J]．中华中医药杂志，2012（2）：492-495.

[13] 王永芹．非酒精性脂肪肝患者免疫球蛋白及补体水平的变化及临床意义 [J]．国际检验医学杂志，2016（8）：1153-1154.

[14] 戴海玲，苏屿，韩景辉，等．126 例儿童过敏性疾病血清总 IgE 含量及特异性过敏原检测分析 [J]．中国实验诊断学，2011（3）：478-481.

[15] 文洁，朱建梅，李婕，等．玉屏风颗粒治疗过敏性鼻炎的实验研究 [J]．中成药，2011（6）：934-937.

[16] 罗星星，陈展泽，许扬扬，等．血清 IgG4 和 IgE 在儿童过敏性哮喘和过敏性鼻炎中的应用 [J]．国际检验医学杂志，2017（4）：442-443，446.

[17] 张家超．蒙古族肠道核心菌群及其与饮食关联性研究 [D]．呼和浩特：内蒙古农业大学，2014.

[18] Björkstén B, Naaber P, Sepp E. The intestinal microflora in allergic Estonian and Swedish 2-year-old children [J]. Clinical and Experimental Allergy, 1999, 29: 342-346.

[19] 王小卉，杨毅，王莹，等．婴儿肠道菌群的形成及其与食物过敏的关系 [J]．实用儿科临床杂志，2004（9）：756-758.

[20] 戴晓青．应用乳酸杆菌治疗婴幼儿过敏性疾病的疗效观察 [J]．当代医药论丛，2015（2）：

199-200.

[21] Giovannini M, Agostoni C, Riva E. A randomized prospective double blind controlled trial on effects of long-term consumption of fermented milk containing *Lactobacillus casei* in pre-school children with allergic asthma and/or rhinitis [J]. Pediatric research, 2007, 62 (2): 215-220.

[22] Morita H, He F, Kawase M. Preliminary human study for possible alteration of serum immunoglobulin E production in perennial allergic rhinitis with fermented milk prepared with *Lactobacillus gasseri* TMC0356 [J]. Microbiology and immunology, 2006, 50 (9): 701-706.

[23] 孙天松，王俊国，张列兵，等．中国新疆地区酸马奶中乳酸菌生物多样性研究 [J]. 微生物学通报，2007 (3): 451-454.

[24] 杨钦泰，黄雪琨，陈玉莲，等．变应性鼻炎吸入性变应原特异性 IgE 检测分析 [J]. 中山大学学报（医学科学版），2009 (4): 446-449.

[25] 覃倩，李凤，赵越．心血管疾病高危人群早期筛查及临床预防服务研究进展 [J]. 公共卫生与预防医学，2024, 35 (2): 133-136.

[26] 《中国心血管健康与疾病报告 2022》编写组．《中国心血管健康与疾病报告 2022》要点解读 [J]. 中国心血管杂志，2023, 28 (4): 297-312.

[27] Y Chen, Z Wang, X Chen, et al. Identification of angiotensin I-converting enzyme inhibitory peptides from koumiss, a traditional fermented mare's milk [J]. Journal of Dairy Science, 2010, 93 (3): 884-892.

[28] Tang R, Wang K, Guo Y, et al. Optimized co-fermentation of horse milk by yeast and lactic acid bacteria to produce angiotensin-converting enzyme-inhibiting peptides [J]. Food Science, 2022, 43 (6): 236-245.

[29] Wang H K, Dong C, Chen Y, et al. A new probiotic cheddar cheese with high ACE-inhibitory activity and *Gamma*-aminobutyric acid content by koumiss-deri ved *Lactobacillus casei* Zhang [J]. Food Technol Biotechnol. 2010, 48 (1): 62-70.

[30] 乌·扎木苏．酸马奶疗法 [M]. 呼和浩特：内蒙古人民出版社，1986.

[31] Wang C, Xie Z, Huang X, et al. Prevalence of cardiovascular disease risk factors in Chinese patients with type 2 diabetes mellitus, 2013-2018 [J]. Curr Med Res Opin, 2022, 38 (3): 345-354.

[32] 石巴特尔，刘金英，斯琴托娅，等．蒙药电针配合策格治疗糖尿病的体会 [J]. 中国民族医药杂志，2016, 22 (12): 73-74.

[33] Zhang Y, Wang L, Zhang J, et al. Probiotic *Lactobacillus casei* Zhang ameliorates high-fructose-induced impaired glucose tolerance in hyperinsulinemia rats [J]. Eur J Nutr, 2014, 53 (1): 221-232.

[34] 扎木苏，刘月英，金柱．酸马奶降脂及抗凝作用 50 例临床观察 [J]. 内蒙古中药，1994 (4): 1616.

[35] 张震，惠汝太．高密度脂蛋白（HDL）和甘油三酯作为治疗的靶点 [J]. 中国分子心脏病学杂志，2003, 3 (5): 296-304.

[36] Krisetherton P M, Yu S. Individual fatty acid effects on plasma lipids and lipoproteins: human studies [J]. American Journal of Clinical Nutrition, 1997, 65 (5): 1628S.

[37] Takase S, Morimoto A, Nakanishi M, et al. Long-term effect of medium-chain triglyceride on hepatic enzymes catalyzing lipogenesis and cholesterogenesis in rats [J]. Journal of Nutritional Science &

Vitaminology, 1977, 23 (1): 43-51.

[38] 斯琴巴特尔，布仁毕力格，乌萨其拉，等．酸马奶治疗高脂血症临床研究 [J]. 世界最新医学信息文摘：连续型电子期刊, 2016, 16 (25): 192-193.

[39] Wang Z, Koonen D, Hofker M, et al. Gut microbiome and lipid metabolism: from associations to mechanisms [J]. Current opinion in lipidology, 2016, 27 (3): 216-224.

[40] Yadav M, Verma M K, Chauhan N S. A review of metabolic potential of human gut microbiome in human nutrition [J]. Archives of microbiology, 2018, 200 (2): 203-217.

[41] Li M, Shu X, Xu H, et al. Integrative analysis of metabolome and gut microbiota in diet-induced hyperlipidemic rats treated with berberine compounds [J]. Journal of translational medicine, 2016, 14 (1): 237.

[42] 武玉春．慢性胃炎规范化健康教育护理的应用效果探讨 [J]. 中国标准化, 2024 (4): 273-276.

[43] 召日格图．蒙医治疗慢性胃炎的临床效果研究 [J]. 世界最新医学信息文摘, 2016, 16 (44): 108.

[44] 斯琴巴特尔，布仁毕力格，乌萨其拉，等．酸马奶治疗高脂血症临床研究 [J]. 世界最新医学信息文摘, 2016 (25): 192-193.

[45] Zheng X. Guiding principle of clinical research on new drugs of traditional Chinese medicine [M]. Beijing: China Medic-Pharmaceutical Sciences and Technology Publishing House, 2002.

[46]《蒙古学百科全书》编委会．蒙古学百科全书·医学卷 [M]. 呼和浩特：内蒙古人民出版社, 2012.

[47] Kim M, Oh H-S, Park S-C, et al. Towards a taxonomic coherence between average nucleotide identity and 16S rRNA gene sequence similarity for species demarcation of prokaryotes [J]. International journal of systematic and evolutionary microbiology, 2014, 64: 346.

[48] Arumugam M, Raes J, Pelletier E, et al. Enterotypes of the human gut microbiome [J]. Nature, 2011, 473 (7346): 174-180.

[49] Segata N, Izard J, Waldron L, et al. Metagenomic biomarker discovery and explanation [J]. 2011, 12 (6): R60.

[50] 吴江媛．策格ワリームの美容作用 [C] 中华中医药学会．第二届国际传统医学美容学术大会论文集．呼和浩特内蒙古病院, 1998.

[51] 包德必理格，吴江媛，马凤珍，等．策格（酸马奶）霜倒模面膜治疗黄褐斑 44 例疗效观察 [J]. 中国皮肤性病学杂志, 1998 (2): 47.

[52] 包金荣．实施蒙医护理方案对银屑病患者临床疗效的观察 [J]. 中国民族医药杂志, 2018, 24 (6): 76-78.

[53] 姜巴，巴达日胡，都日娜．蒙医酸马乳疗法的演变及其临床应用 [J]. 中国民族医药杂志, 2019, 25 (2): 33-36.

[54] Koroleva, R R Kudayarova, L T Gilmutdinova, et al. Historical aspects of the use of koumiss in medicine. [J] Siberian Medicine Bulletin, 2010, 9: 186-189.

[55] 白雪梅．蒙药结合酸马奶疗法治疗慢性支气管炎临床观察 [J]. 中国民族医药杂志, 2019, 25 (1): 27.

[56] 苏雅拉吉日嘎，胡毕斯哈拉图．用酸马奶治疗肺结核及结核性胸膜炎 58 例临床疗效观察 [J].

中国民族民间医药杂志，2005（3）：142.
[57] 红纲，乌兰白力．齐格（酸马奶）结合蒙药治疗肺结核病临床观察［J］．中国民族医药杂志，2014，20（9）：28.
[58] 刘金英，晓荣，王建，等．针刺配合策格治疗单纯性肥胖症 80 例临床疗效观察［J］．中国民族医药杂志，2015，21（9）：13-16.

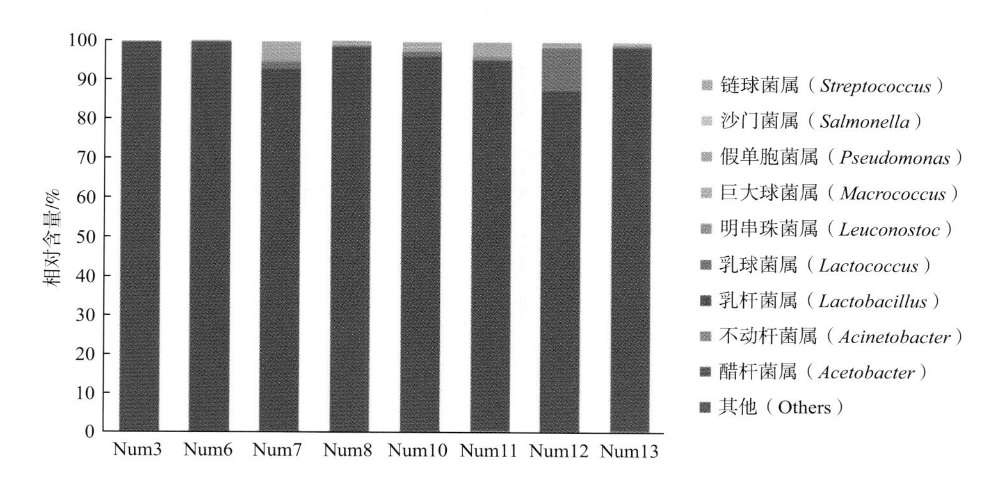

彩图 4-1　基于属水平的蒙古酸马乳样品中的细菌多样性

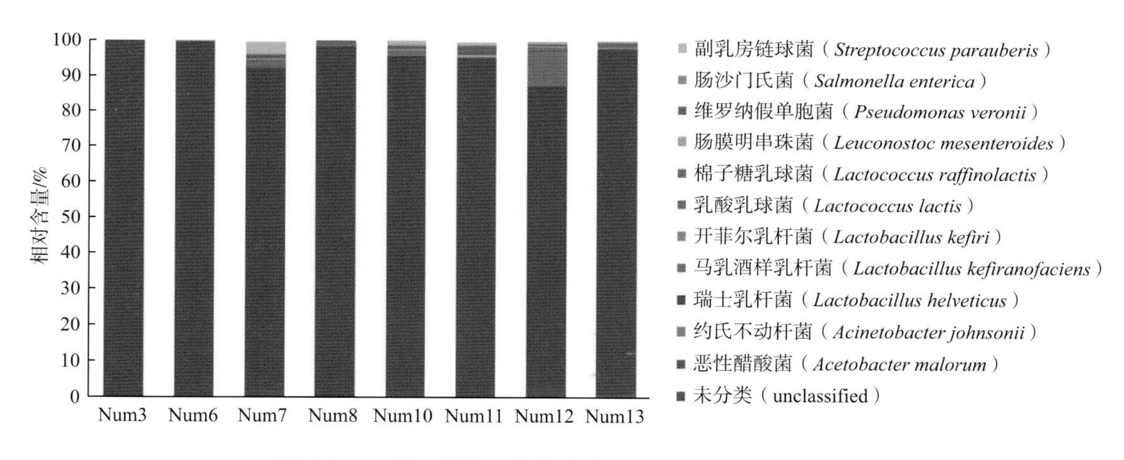

彩图 4-2　基于种水平的蒙古酸马乳样品中的细菌多样性

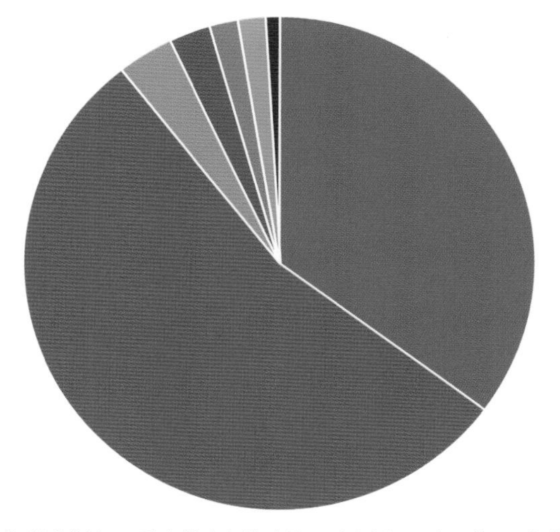

彩图 5-1　不同地区酸马乳中酵母菌菌种组成

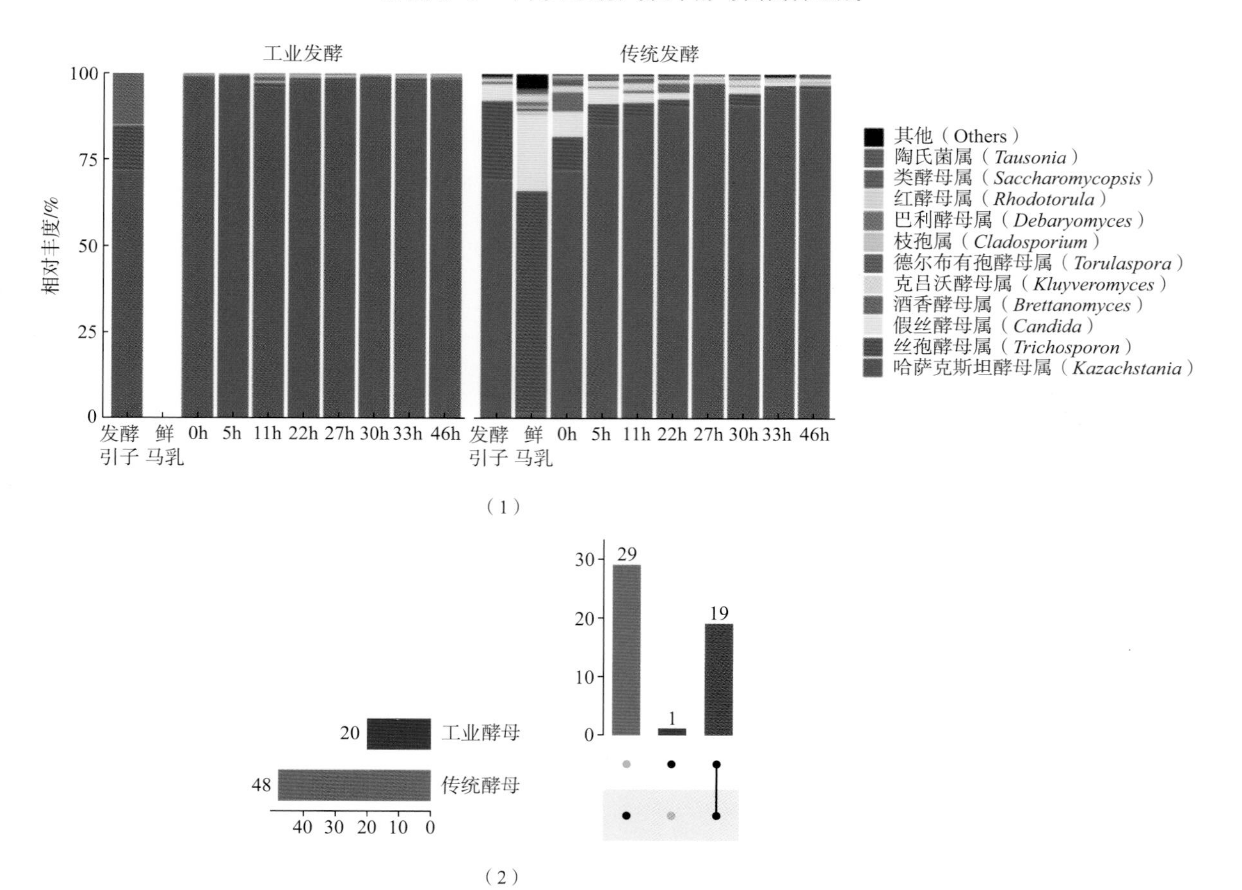

彩图 5-2　基于纯培养方法分离鉴定酸马乳中的真菌多样性[38]

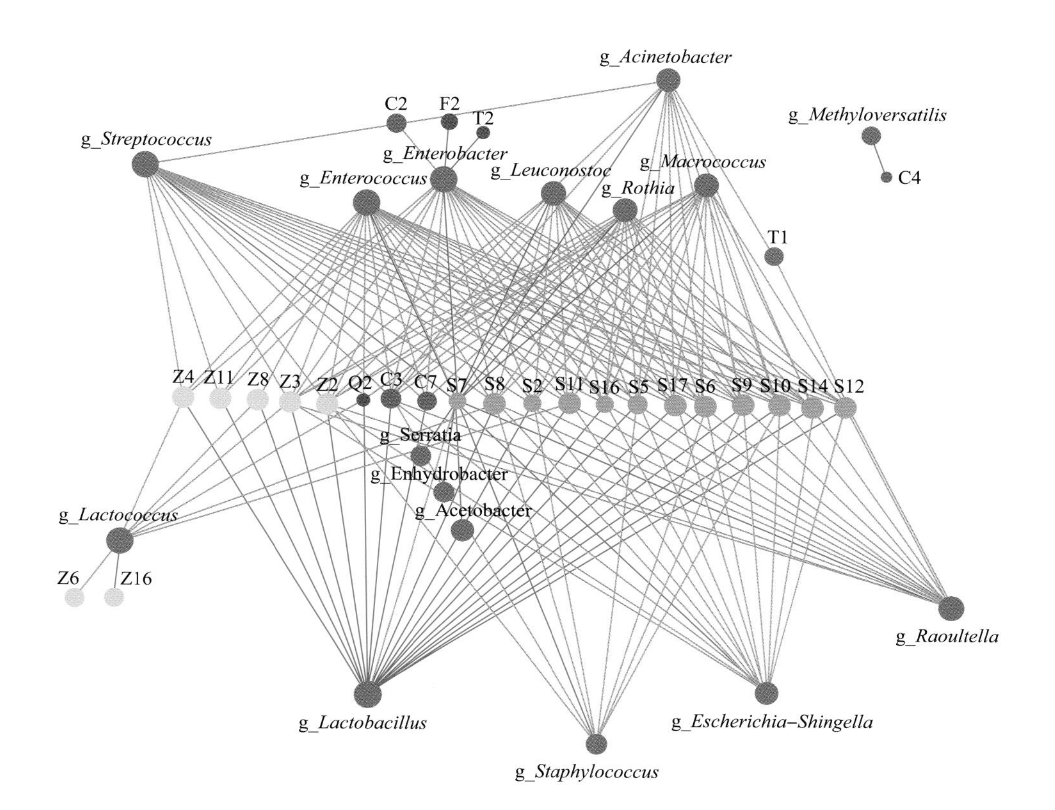

彩图 6-1　酸马乳发酵过程中的细菌组成与挥发性风味物质的相关性网络

g_*Streptococcus* 为链球菌属，g_*Enterococcus* 为肠球菌属，g_*Enterobacter* 为肠杆菌属，g_*Leuconostoc* 为明串珠菌属，g_*Acinetobacter* 为不动杆菌属，g_*Rothia* 为罗氏菌属，g_*Macrococcus* 为巨球菌属，g_*Methyloversatilis* 为嗜甲基菌属，g_*Lactococcus* 为乳球菌属，g_*Lactobacillus* 为乳杆菌属，g_*Serratia* 为沙雷氏菌属，g_*Enhydrobacter* 为氢杆菌属，g_*Acetobacter* 为醋酸杆菌属，g_*Staphylococcus* 为葡萄球菌属，g_*Escherichia-Shigella* 为志贺氏杆菌属，g_*Raoultella* 为拉乌尔氏菌属。

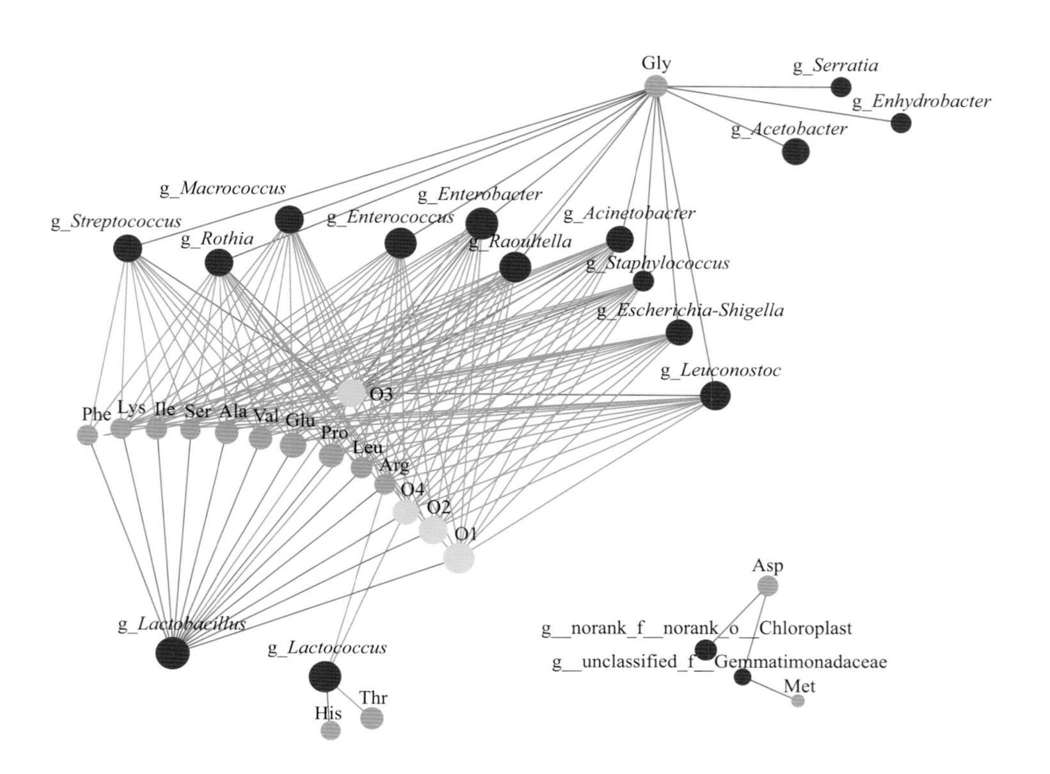

彩图 6-2　酸马乳发酵过程中的细菌组成与非挥发性风味物质的相关性网络

g_*Streptococcus* 为链球菌属，g_*Rothia* 为罗氏菌属，g_*Macrococcus* 为巨球菌属，g_*Enterococcus* 为肠球菌属，g_*Enterobacter* 为肠杆菌属，g_*Leuconostoc* 为明串珠菌属，g_*Acinetobacter* 为不动杆菌属，g_*Raoultella* 为拉乌尔氏菌属，g_*Serratia* 为沙雷氏菌，g_*Enhydrobacter* 为氢杆菌，g_*Acetobacter* 为醋酸杆菌，g_*Staphylococcus* 为葡萄球菌属，g_*Escherichia-Shigella* 为志贺氏杆菌属，g_*Lactobacillus* 为乳杆菌属，g_*Lactococcus* 为乳球菌属，g_norank_ f_ norank_ o_ Chloroplast 为细胞内叶绿体，g_unclassified_f_Gemmatimonadaceae 为未分类广古菌。

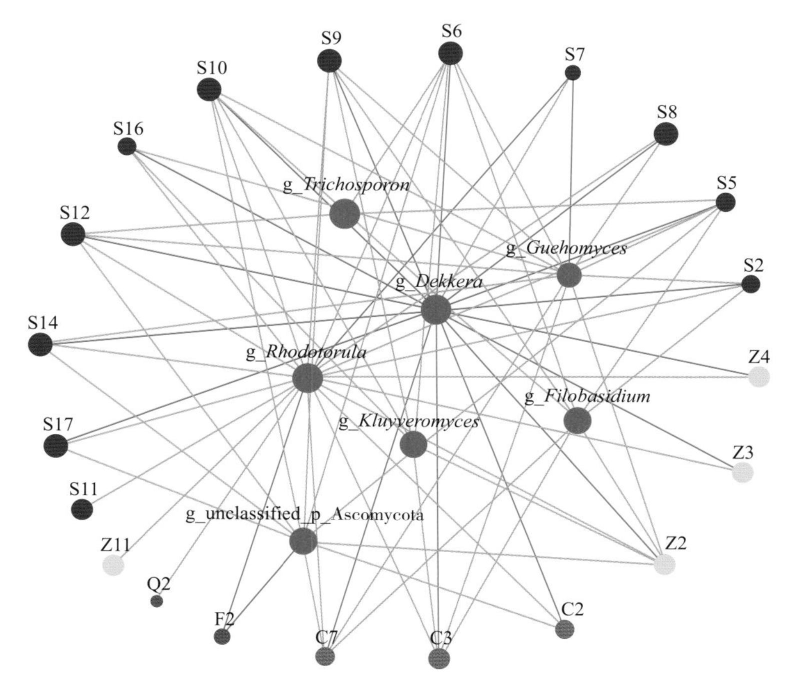

彩图 6-3　酸马乳发酵过程中的真菌组成与挥发性风味物质的相关性网络

g_*Trichosporon* 为毛孢子菌属，g_*Dekkera* 为德克酵母属，g_*Guehomyces* 为耐冷酵母属，g_*Rhodotorula* 为红酵母属，g_*Kluyveromyces* 为克鲁维酵母属，g_*Filobasidium* 为线黑粉酵母属，g_unclassified_p_Ascomycota 为未分类子囊菌。

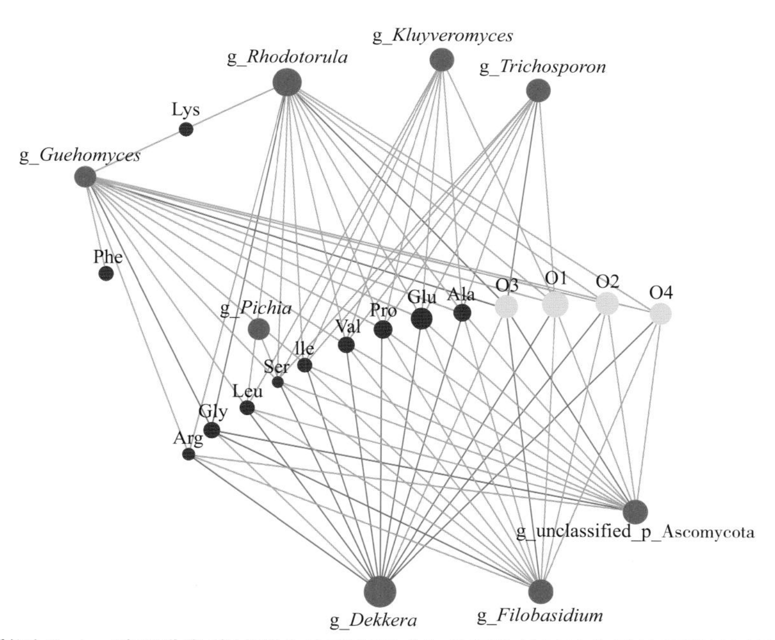

彩图 6-4　酸马乳发酵过程中的真菌组成与非挥发性风味物质的相关性网络

O1 为乳酸，O2 为乙酸，O3 为柠檬酸，O4 为丙酸。g_*Guehomyces* 为耐冷酵母属，g_*Rhodotorula* 为红酵母属，g_*Kluyveromyces* 为克鲁维酵母属，g_*Trichosporon* 为毛孢子菌属，g_*Dekkera* 为德克酵母属，g_*Filobasidium* 为线黑粉酵母属，g_*Pichia* 为毕赤酵母属，g_unclassified_p_Ascomycota 为未分类子囊菌。

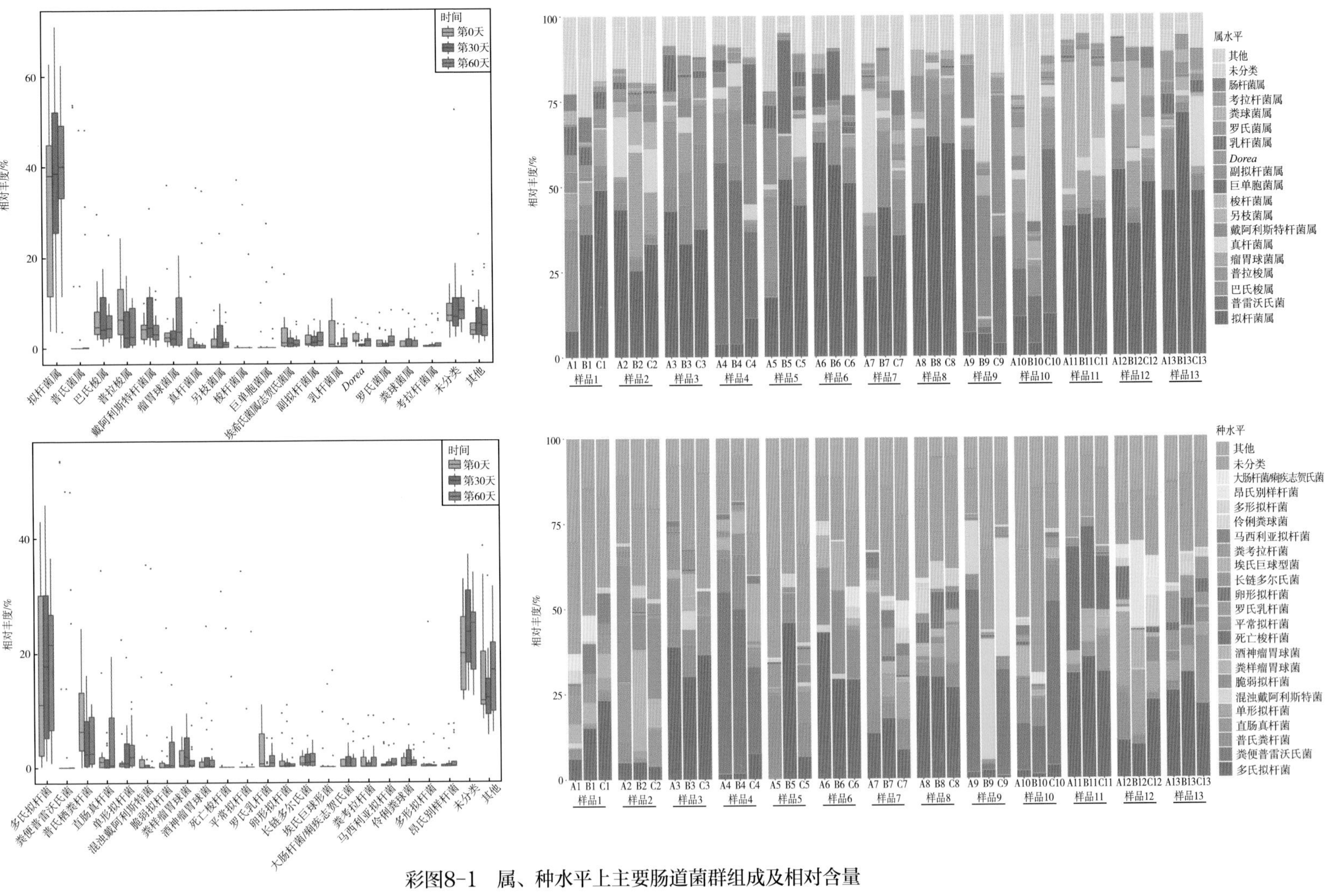

彩图8-1 属、种水平上主要肠道菌群组成及相对含量

A、B、C分别代表饮用酸马乳第0天、第30天和第60天。

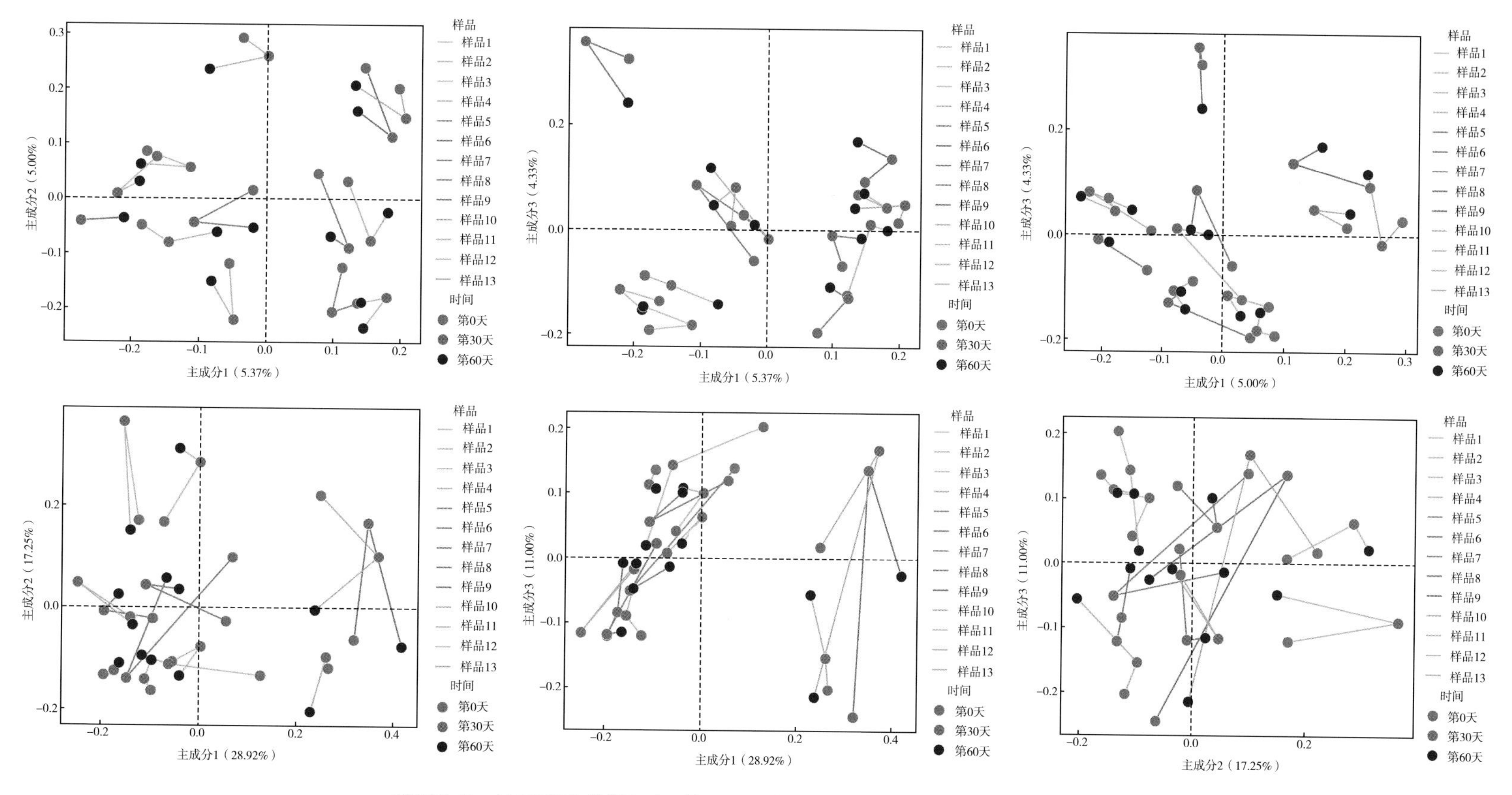

彩图8-2　饮用酸马乳第0天、第30天和第60天患者肠道群落结构的主成分分析

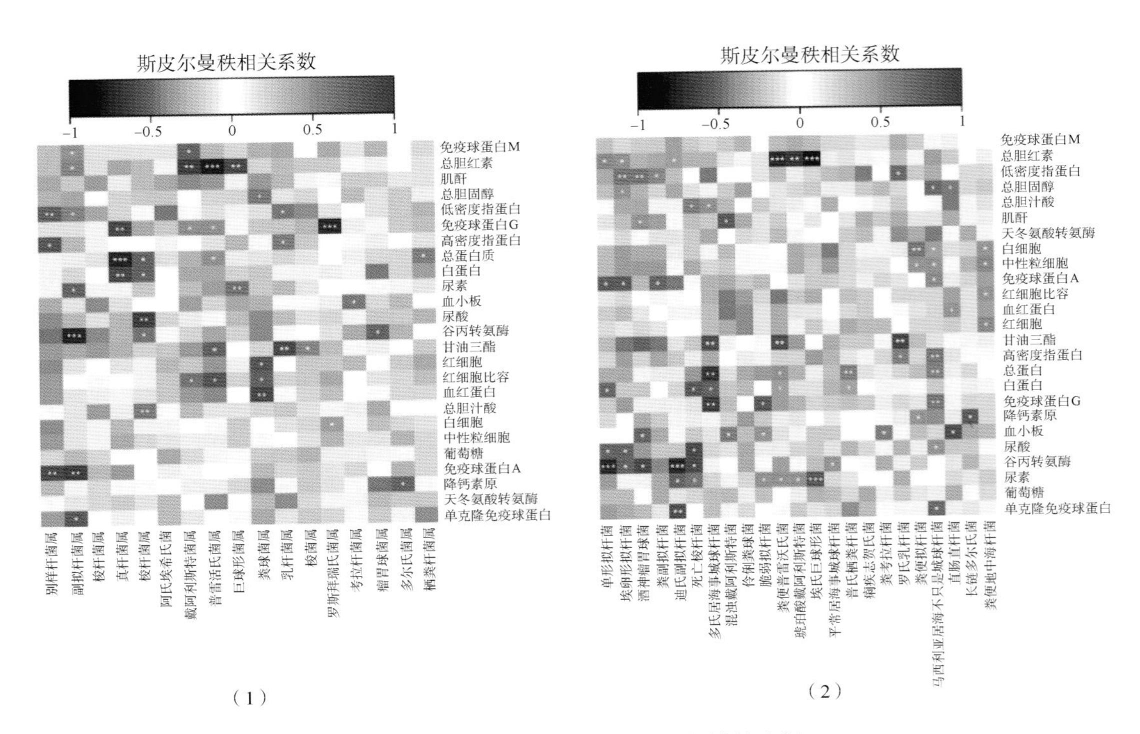

彩图 8-3　代谢物与肠道微生物相关性分析

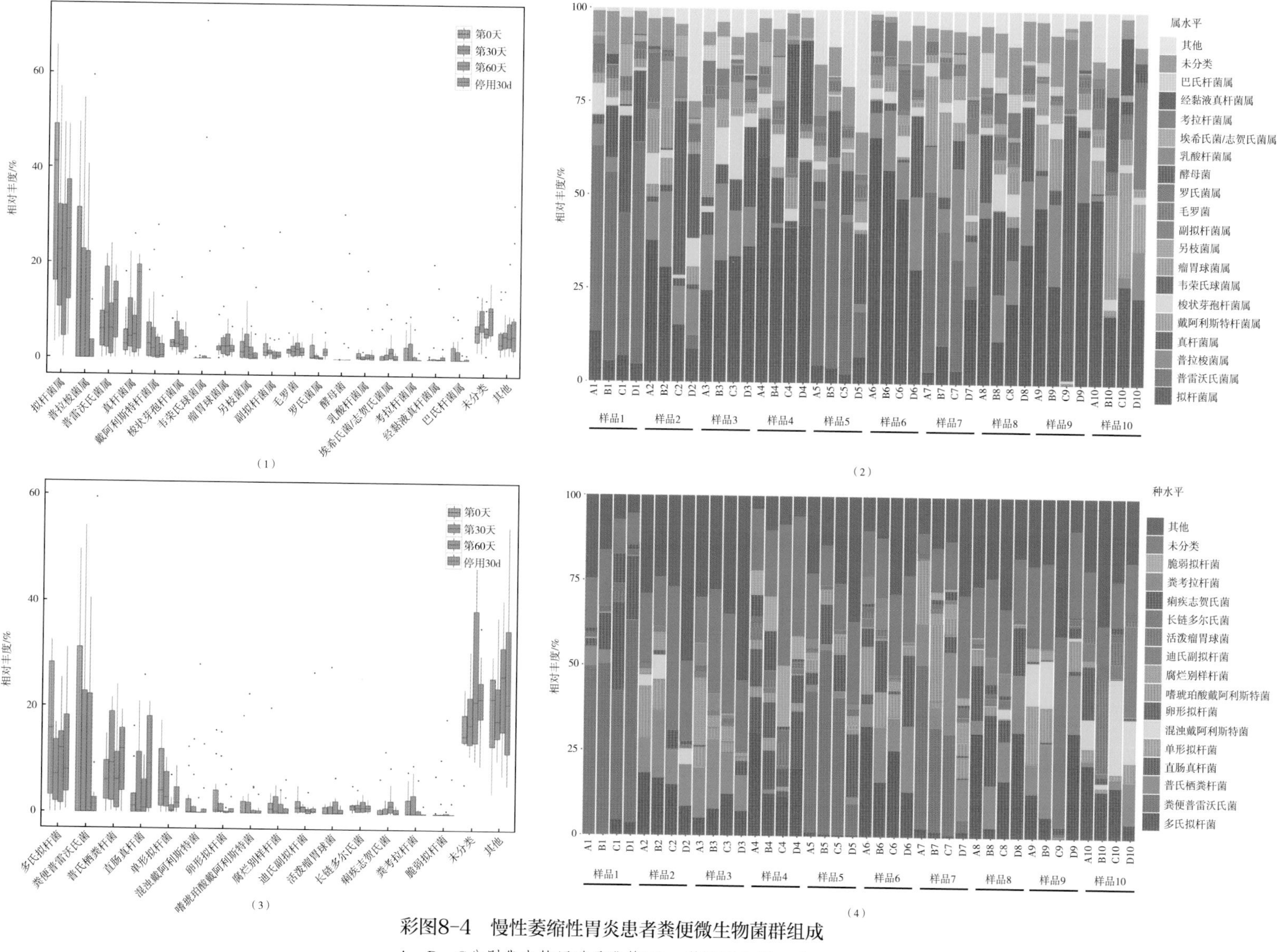

彩图8-4　慢性萎缩性胃炎患者粪便微生物菌群组成

A、B、C分别代表饮用酸马乳第0天、第30天和第60天。

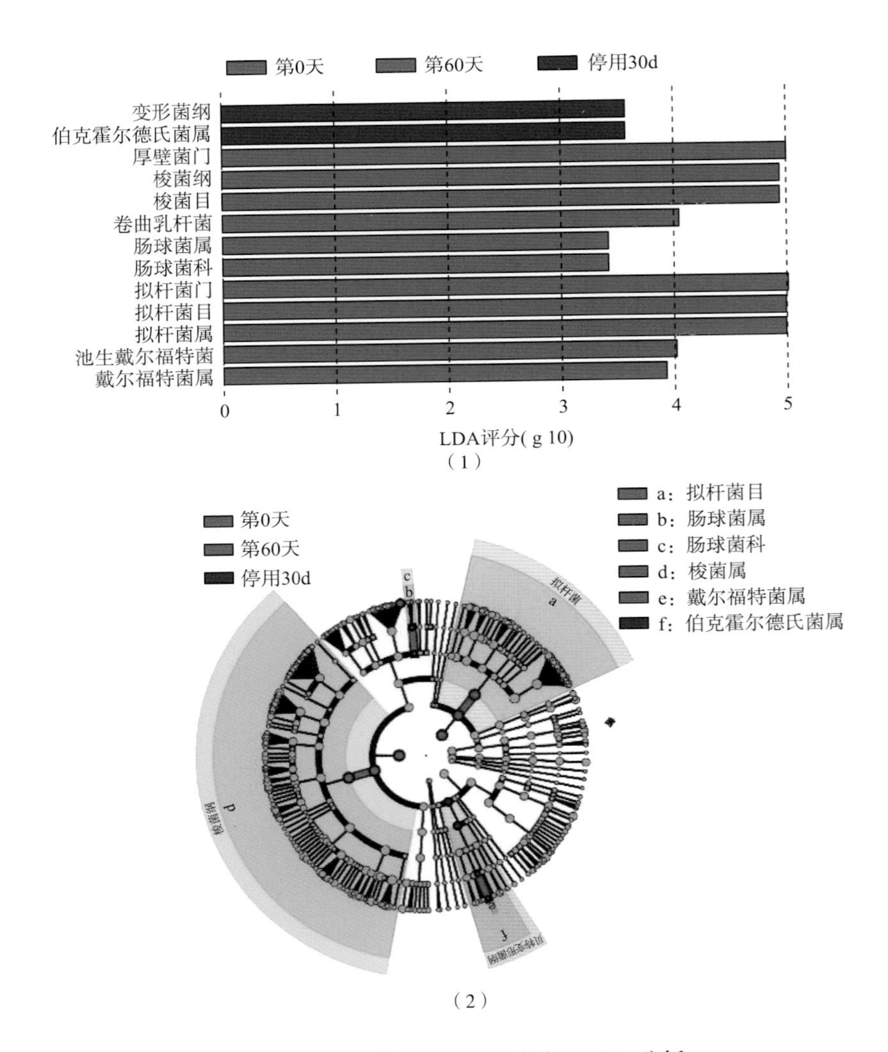

彩图 8-5　慢性萎缩性胃炎患者 LEfSe 分析

LDA 评分是线性判别分析指标（linear discriminant analysis effect size），用来评估差异显著的物种影响力。